教育部高等学校电子信息类专业教学指导委员会规划教材

高等学校电子信息类专业系列教材

嵌入式系统设计基础及应用

基于ARM Cortex-M4微处理器

郭建　陈刚　刘锦辉　江先阳　谢国琪　陈勉　谢勇　编著

清华大学出版社

北京

内容简介

本书介绍了嵌入式系统的基本原理和基础知识。在硬件方面详细讲述了微处理器的系统架构、常见的总线与总线协议、存储器的分类和存储保护机制及相关的性能分析，并具体介绍了基于 ARM Cortex-M4 微处理器的编程模式、中断机制、流水线技术、总线技术、存储器系统。在软件方面详细介绍了嵌入式系统软件开发的特点，并介绍了嵌入式 C 语言开发的元素。编译器在嵌入式系统开发中起着重要的作用，翻译过程及优化技术对设计良好的嵌入式程序也至关重要，本书介绍了编译技术和优化方法，以及程序级的性能分析。实时操作系统是嵌入式软件开发的基础，因此介绍了嵌入式实时操作系统（以 μC/OS Ⅲ为例）。另外，通过最小系统设计开发的介绍，使读者了解嵌入式系统开发的整个过程。最后介绍了嵌入式系统的调试、测试和验证方法，以及多核嵌入式微处理器。

本书可作为高等院校软件工程、计算机、电子信息和电气工程、自动化、物联网等相关专业的本科生、研究生授课教材，也可作为广大从事嵌入式系统开发的工程技术人员的参考用书。

图书在版编目（CIP）数据

嵌入式系统设计基础及应用：基于 ARM Cortex-M4 微处理器/郭建等编著. —北京：清华大学出版社，2022.2（2023.8重印）

高等学校电子信息类专业系列教材

ISBN 978−7−302−59530−4

Ⅰ. ①嵌… Ⅱ. ①郭… Ⅲ. ①微处理器–系统设计–高等学校–教材 Ⅳ. ①TP332.021

中国版本图书馆 CIP 数据核字(2021)第 230601 号

责任编辑：刘　星　李　晔
封面设计：刘　键
责任校对：李建庄
责任印制：杨　艳

出版发行：清华大学出版社

　　　　　网　　　址：http://www.tup.com.cn，http://www.wqbook.com
　　　　　地　　　址：北京清华大学学研大厦 A 座　　　　　邮　　编：100084
　　　　　社　总　机：010-83470000　　　　　　　　　　　邮　　购：010-62786544
　　　　　投稿与读者服务：010-62776969，c-service@tup.tsinghua.edu.cn
　　　　　质　量　反　馈：010-62772015，zhiliang@tup.tsinghua.edu.cn
　　　　　课　件　下　载：http://www.tup.com.cn，010-83470236

印　装　者：三河市铭诚印务有限公司
经　　　销：全国新华书店
开　　　本：185mm×260mm　　　　印　张：21　　　　字　　数：472 千字
版　　　次：2022 年 4 月第 1 版　　　　　　　　　　印　　次：2023 年 8 月第 2 次印刷
印　　　数：1501～2300
定　　　价：69.00 元

产品编号：079886-01

序 言
FOREWORD

嵌入式系统是以应用为中心，以计算机技术为基础，软硬件可以裁剪，对性能、成本、体积、功耗及可靠性有严格要求的专用计算机系统。在现实生活中，凡是涉及计算机控制的电子产品几乎都用到了嵌入式计算机系统，特别是在目前热门的人工智能、无人驾驶、机器人、无人机、汽车电子、航空航天、海洋监测、智能监控、智慧健康等领域。嵌入式技术和人们日常生活的方方面面关系越来越紧密，如消费电子、计算机、通信一体化趋势日益明显。作为计算机领域的一个重要组成部分，嵌入式系统已成为教学、研究与应用的热点。

由于嵌入式系统的专用性和多样性，以及新技术、新工艺、新需求的不断涌现，嵌入式系统设计面临巨大挑战。在微电子技术、处理器性能、操作系统、通信技术、接口技术和封装技术的推动下，涌现出大量新的系统和应用。随着相关技术的迅速发展，嵌入式技术的不断演化和更新，对嵌入式系统新技术的学习也跨入了一个新阶段。

中国计算机学会（CCF）是中国计算机领域最大、最活跃的学术团体，包括 30 多个专业委员会，拥有 8 万多名的专业会员。嵌入式系统专委会是 CCF 中非常活跃的专委会之一。其前身是成立于 20 世纪 80 年代的"微机专委会"，首任专委会主任是著名嵌入式计算机芯片与系统设计专家沈绪榜院士。专委会委员大多是来自高校的教授和企业研发工程师，具有很好的教学经历和开发经验，拥有一批嵌入式系统方面的专家和学者。

在 2017 年武汉召开的第十六届全国嵌入式系统大会上，我作为嵌入式系统专委会秘书长呼吁大家编写一本适合高校嵌入式教学的教材，此举得到了委员们的理解和鼎力支持，特别是得到了北京大学软件与微电子学院吴中海院长、湖南大学计算机学院李仁发院长、东北大学计算机学院王义院长、西安电子科技大学计算机学院王泉院长、华东师范大学教育部软硬协调设计工程中心陈仪香主任等领导的大力支持，以及武汉大学、南京邮电大学教师的积极响应，分别派出精兵强将负责落实编写工作。北京大学是国内第一个创办"嵌入式系统系"的高等院校（2002年），所以在北京大学组织召开了第一次教材研讨会，邀请了清华大学出版社参加，会议决定由华东师范大学郭建牵头编写教材。"聚沙成塔，集腋成裘"，几经努力，教材终于定稿。这里面凝聚了诸多老师的辛勤汗水，在此表示感谢！

本书的出版，将会为嵌入式系统领域的本科生、研究生掌握嵌入式领域的先进理论和技术提供方便，为进一步深入探讨、研究相关国际发展动态和热点问题、加强交流、促进多学科交叉融合与嵌入式系统产业的发展打下坚实基础，为促进我国嵌入式系统卓越人才的培养做出贡献！

曹喜信于北京大学燕园

2022 年 1 月

前 言
PREFACE

嵌入式系统涉及医疗设备、过程控制、通信、汽车、航空、航天、军事装备、消费类电子等众多领域。随着物联网、信息物理融合系统的发展，嵌入式系统技术已经得到飞速发展。

本书针对各个高校相关专业的本科生教学而设计，也可以作为研究生及嵌入式系统开发者的参考用书。本书以嵌入式系统的基本原理为主线，以 ARM Cortex-M4 芯核为基础，系统地介绍了嵌入式系统的硬件、软件基本知识，并通过最小系统的设计开发流程阐述了嵌入式系统的开发，最后介绍了多核微处理器架构。

全书共 11 章，分为嵌入式系统、硬件知识、软件知识、调试、最小系统和多核系统 6 部分，其具体知识架构如图 0.1 所示。

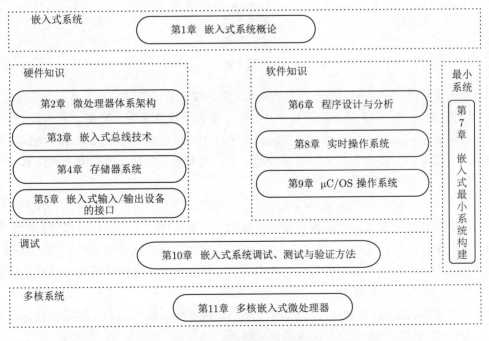

图 0.1　本书的知识架构

本书立足于理论与实践相结合，从嵌入式系统开发的特点出发，努力做到内容的系统性、全面性、实践性、先进性和实用性。其系统性体现在内容涵盖嵌入式系统的基本知识、体系架构；全面性体现在对嵌入式的硬件、软件及调试等知识的全面介绍；实践性表现为以 Cortex-M4 芯核为基础，全面介绍了基于 Cortex-M4 的嵌入式系统的开发方法；先进性和实用性体现在以目前最常用的嵌入式芯核 Cortex-M4 为平台，介绍其上的软件开发及最小系统的设计。

在本书编写过程中，参考了国内已出版的同类图书 (见参考文献 [1]～[14])，在吸收这些文献的精华和优点的同时，本书还具有如下特色。

（1）图文并茂，以增加读者对嵌入式系统的理解。

（2）取材新颖、阐述严谨、内容丰富、重点突出、推导详尽、思路清晰、深入浅出、富启发性，便于教学与自学。

（3）以嵌入式系统设计方法和过程为主线，介绍各个重要环节的知识，并关注性能、能耗。

（4）通过一章（第 7 章）介绍如何综合各个知识点，完成嵌入式系统的开发。

（5）本书配套资源丰富：程序代码、教学课件、教学大纲、单元测验、章节讨论、习题答案等资源，习题答案仅供教师参考，可与编者联系，其他资源请扫描下方二维码下载或到清华大学出版社官方网站本书页面下载；配套实验教材——《嵌入式系统设计实验教程》（ISBN：9787302593850），提供 13 个基础实例和 1 个综合实例；MOOC 课程——中国大学 MOOC "嵌入式系统设计"（华东师范大学，郭建），供读者学习参考。

资源下载

全书由多所高校联合编写，其中华东师范大学郭建主持编写并负责第 6～11 章统稿，武汉大学江先阳负责第 1～5 章统稿。具体分工：北京大学林金龙编写第 1 章和第 11 章；华东师范大学郭建编写第 2 章和第 9 章；武汉大学江先阳编写第 3 章和第 4 章；南京邮电大学谢勇编写第 5 章；湖南大学谢国琪编写第 6 章；西安电子科技大学刘锦辉和陈勉编写第 7 章；东北大学陈刚编写第 8 章和第 10 章。

北京大学曹喜信教授在本书的编写过程中，提出了许多宝贵的修改意见，并多次组织了针对本书编写的研讨会，在此表示衷心的感谢。感谢清华大学出版社郑寅堃和刘星两位老师多次参加我们的研讨会，并给出很多编撰意见，使得本书能够顺利完成。非常感谢 CCF 嵌入式系统专委会对编写本书的支持。本书受到 "华东师范大学精品教材建设专项基金项目" 的资助，在此一并感谢。

出好书是作者追求的目标，但由于水平所限，尽管作了很大努力，可能还会有若干不妥甚至是错误，望广大读者给予批评指正，谢谢。

编者

2022 年 1 月

目 录
CONTENTS

嵌入式系统概论

学习目标与要求

1. 掌握嵌入式系统的定义。
2. 熟悉嵌入式系统的组成。
3. 掌握嵌入式系统的设计过程。
4. 了解本书的基本内容。

计算机是 20 世纪人类最伟大的发明之一，由此带来的信息化改变了人们的生活方式，也推动了人类社会的变革。嵌入式系统是应用最广的计算机系统之一，从个人信息服务、智能家居、工业控制到航空航天，无处不存在其身影。手机就是最典型的计算机产品之一，现已成为人们生活中不可缺少的一部分。不同于个人计算机、服务器等通用计算机产品，手机为移动应用而设计，其中集成的计算机系统就是嵌入式系统。

本章将简单介绍嵌入式系统定义、嵌入式系统组成、嵌入式系统设计过程、嵌入式操作系统及嵌入式系统发展。

1.1 嵌入式系统概念

什么是嵌入式系统呢？先看几个实例。

手机是普及率最高的个人电子产品之一，也是典型的嵌入式系统。2018 年全球市场手机销量大约 15.5 亿部。如图 1.1 所示是一款手机及其内部结构，它包括处理器、通信、存储、电源、SIM 卡（Subscriber Identity Module，用户识别卡）、触摸屏、GPS（Global Positioning System，全球定位系统）、音频及视频处理等部分。可见，手机实质上是以处理器为核心，集成多种外设，用于个人移动通信及相关应用的特殊计算机系统。

汽车工业是现代社会主要支柱产业之一，2018 年全球汽车销量达 8400 多万辆。快速发展的汽车产业为汽车电子产品提供了广阔的发展空间和应用市场。汽车内部的车载信息系统、音视频播放系统、导航系统、与驾车安全密切相关的防抱死刹车系统（Anti-lock Brake System，ABS）、安全气囊、电动转向系统（Electric Power Steering，EPS）、胎压检测系统（Tire Pressure Monitoring System，TPMS）、电子控制单元（Electronic Control Unit，

ECU）等都是嵌入式系统。特别是近年来兴起的电动汽车和自动驾驶汽车更是高性能嵌入式系统的集成。如图 1.2 所示是一款汽车内部电子系统分布。一辆汽车中包括几十个直至上百个电子控制单元，每个单元都是一个嵌入式系统。从计算能力的角度看，现今一些汽车公司出售的汽车集成的计算能力甚至超过传统的计算机公司。

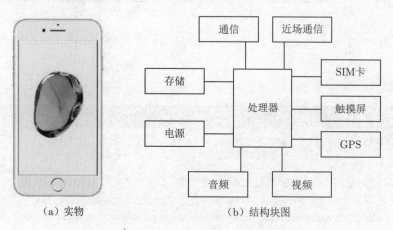

（a）实物 （b）结构块图

图 1.1 一款手机及其内部结构

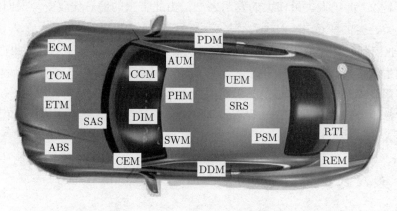

图 1.2 汽车内部电子系统分布

洗衣机是最为普及的家用电器之一，其中全自动洗衣机占有大部分市场份额。全自动洗衣机中工作模式选择、洗衣过程控制等都是由一个以微控制器为核心的嵌入式系统完成。如图 1.3 所示是一款洗衣机控制板原理示意。如图 1.3（a）所示的 AT89S52 是微控制器，通过 P2.0、P2.3 端口控制洗衣机电机，如图 1.3（b）所示。

如图 1.4 所示的是于 2003 年 6 月 10 日发射的"勇气号"火星探测器所采用的太空车效果图。太空车具有与地球控制中心的通信功能，并能够根据火星表面状态和来自地球的控制命令进行运动和操作。其通信和控制任务均由嵌入式系统管理和执行。

手机、汽车、洗衣机和太空车中的计算机系统在产品内部，且其中的软件和硬件为特定应用而设计，其中的计算机系统称为嵌入式系统。那么如何具体定义嵌入式系统呢？国际电气和电子工程师协会（Institute of Electrical and Electronics Engineers，IEEE）将嵌入式系统定义为"用于控制、监视或者辅助操作机器或设备的装置"。嵌入式系统已经充满人们生活的各个方面，且功能已经不仅限于控制、监视和辅助操作机器。因此，下面给出关于嵌入式系统更宽泛的定义：嵌入式系统是在产品内部，具有特定功能的计算机系统。多样化应用衍生出不同形态的嵌入式系统。例如，手机是完整的嵌入式系统，而汽车中包含多个嵌入式系统。根据对完成任务的时限要求，嵌入式系统通常分为实时嵌入式系统和非实时嵌入式系统。如果要求在一定时限内完成任务（否则将产生不可接受的后果），则该类嵌入式系统称为实时嵌入式系统，简称实时系统。反之，则为非实时嵌入式系统，简称非实时系统。例如，导弹拦截系统就是典型的实时系统，智能手机是非实时系统。

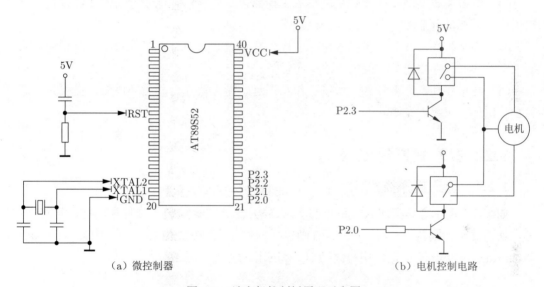

（a）微控制器　　　　　　　　　　　　　　（b）电机控制电路

图 1.3　洗衣机控制板原理示意图

图 1.4　太空车效果图

不同嵌入式系统的结构有很大差别。复杂嵌入式系统可以包含高性能多核处理器、通信、多媒体等多种外设，采用 Linux、iOS、Android 等复杂操作系统，上面有丰富的应用。简单的嵌入式系统可能只有单片微控制器（Micro Control Unit，MCU）和简单控制程序。

与通用计算机系统相比，嵌入式系统具有以下主要特点。

（1）专用性强。通常，嵌入式系统的硬件和软件面向特定应用和产品设计，不同产品中的嵌入式系统不能通用。例如，智能手机与智能电视中的计算机系统不能互换，甚至同一厂商同一系列中不同型号手机中的嵌入式系统也不能互换。

（2）资源受限。产品在尺寸、功耗及成本等方面的要求限制了其中嵌入式系统的处理器性能和存储资源，从而为软硬件开发带来了困难。

（3）知识集成度高。嵌入式系统集成了计算机、半导体和电子方面的先进技术，学习它需要掌握相关行业的专业知识和先进技术。

（4）高实时性。汽车、飞机等集成的嵌入式系统必须对外部事件做出及时反应，要求嵌入式系统必须在限定的时间内完成相应任务。

（5）高可靠性。许多嵌入式系统工作在遥远、无人值守及恶劣环境中，需要具有高可靠性。例如，火星太空车。

1.2　嵌入式系统组成

1.2.1　嵌入式系统结构

如图 1.5 所示是典型嵌入式系统的层次结构。嵌入式系统包括硬件和软件，其中硬件部分由处理器及外围器件组成；软件部分则包括固件、操作系统、中间件（API）（Application Programming Interface，应用程序接口）和应用程序。

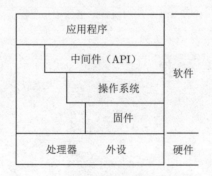

图 1.5　嵌入式系统层次结构

实际嵌入式系统中的软件层次结构与系统的复杂性有关。应用于空调、洗衣机控制的简单嵌入式系统往往没有中间件、操作系统等中间层，应用程序直接在处理器平台上运行；而智能手机上的软件环境则涵盖了所有软件层次。这里中间件是一个比较宽泛的概念，既包括为特定应用提供的库函数，也包括在操作系统上运行的数据库等其他应用程序软件支撑环境。

如图 1.6 所示是一种嵌入式系统的硬件结构。系统外设包括电源模块、GP 时钟模块和存储模块等保障处理器运行的基本功能单元，还包括网络接口、USB 接口、IO 设备接口及其他外围设备。网络接口包括有线和无线接口。以太网（Ethernet）、RS-485、USB 等都是典型的有线通信方式；WiFi、蓝牙（Bluetooth）、ZigBee 等是常用的无线通信方式。显示、声音等输出设备，以及键盘、触摸屏、视频图像、语音等输入设备是典型的 I/O 设备。

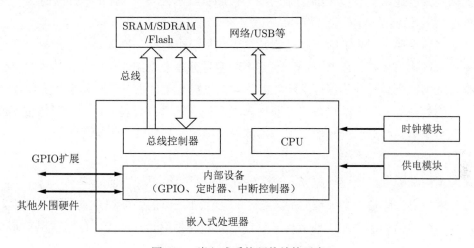

图 1.6   嵌入式系统硬件结构示意

随着集成电路技术的不断发展，越来越多的嵌入式微处理器将更多的外设集成到芯片上，形成片上系统（System on a Chip, SoC）。SoC 集成 RAM（Random Access Memory, 随机存取存储器）、ROM（Read Only Memory，只读存储器）、通信、I/O 等外设，从而简化了系统设计，提高了产品的可靠性。

1.2.2   嵌入式微处理器

1. 嵌入式微处理器的特点

嵌入式微处理器是嵌入式系统的核心。为了满足嵌入式系统实时性强、功耗低、体积小、可靠性高的要求，嵌入式微处理器具有以下特点。

（1）速度快。实时应用要求处理器必须具有高处理速度，以保证在限定的时间内完成从数据获取、分析处理到控制输出的整个过程。

（2）功耗低。电池续航能力是手机等移动设备的一项重要的性能指标。电子气表、电子水表、电子锁等产品要求电池续航时间达一年甚至更长的时间。进一步地，嵌入式处理器不仅要求低功耗，还需具有管理外设功耗的能力。

（3）接口丰富，I/O 能力强。手机、个人数字助理（Personal Digital Assistant, PDA）以及个人媒体播放器（Personal Media Player, PMP）等设备要求系统具有液晶显示、扬声器等输出设备，支持键盘、手写笔等输入设备及 WiFi、蓝牙、USB 等通信能力。这类产品要求嵌入式微处理器能够集成多种接口，满足系统丰富的功能需求。

（4）可靠性高。不同于通用计算机，嵌入式系统经常工作在无人值守的环境中，一旦系统出错难以得到及时纠正。为此，嵌入式微处理器常采用看门狗（Watchdog）电路等技术提高可靠性。

（5）生命周期长。一些嵌入式系统的应用需求比较稳定，长时间内不发生变化。另外，稳定成熟的嵌入式微处理器不仅可以保证产品质量的稳定性，而且具有较低的价格。因此，嵌入式微处理器通常具有较长的生命周期。例如英特尔公司于 1980 年推出的 8 位微控制器 8051，至今仍然是全球流行的产品。

（6）产品系列化。为了缩短产品的开发周期和上市时间，嵌入式微处理器产品呈现出系列化、家族化的特征。通常，同一系列不同型号处理器采用相同的架构，其内部组成和接口有所区别。产品系列化保证了软件的兼容性，提高了软件升级和移植的方便性。

通常的处理器分类方法可以用于对嵌入式微处理器进行分类，例如，可以依据嵌入式微处理器指令集的特点、处理器字长、内部总线结构和功能特点等进行分类。

2. 嵌入式微处理器的组成

在分类的基础上，描述一款嵌入式微处理器通常包括下列方面。

（1）内核。内核是一个处理器的核心，它影响处理器的性能和开发环境。通常，内核包括内部结构、指令集。而内部结构又包括运算和控制单元、总线、存储管理单元及异常管理单元等。

（2）片内存储资源。高性能处理器通常片内集成高速 RAM，以提高程序执行速度。一些 MCU 和 SoC 内置 RoM 或 Flash ROM，以简化系统设计，提高相关处理器应用的方便性。

（3）外设。嵌入式处理器不可缺少外设，例如，中断控制器、定时器、DMA（Direct Memory Access，直接存储器访问）控制器等，还包括通信、人机交互、信号 I/O 等接口。

（4）电源。嵌入式处理器的电源电气指标通常包括处理器正常工作和耐受的电压范围，以及工作所需的最大电流。

（5）封装形式。封装形式包括处理器的尺寸、外形和引脚方式等。

1.2.3 嵌入式操作系统

目前，移动终端等复杂嵌入式系统已经离不开操作系统。根据应用对系统响应时限的要求，操作系统也分为实时操作系统和非实时操作系统。实时操作系统（Real-Time Operating System，RTOS）是必须在限定的时间内完成任务调度和任务执行的操作系统，它对任务调度时间和稳定性有非常严格的要求。嵌入式实时操作系统（Real-Time Embedded Operating System，RTEOS）是应用于嵌入式系统的实时操作系统，它通常包括系统内核、通信协议、图形界面、中间件以及与硬件相关的底层驱动等。嵌入式操作系统具有如下特点。

1. 内核小

由于嵌入式系统一般应用于小型或移动电子设备，系统资源相对有限，所以内核通常小于传统操作系统的内核。

2. 可裁剪性

嵌入式系统具有很强的个性化特征，其中操作系统与系统硬件的结合非常紧密。将操作系统移植到新的硬件平台时一般需要做有针对性的裁剪。

3. 实时多任务调度

操作系统能够合理地调度多任务、分配系统资源，保证程序执行的实时性、可靠性。

采用嵌入式实时操作系统可以提高系统可靠性、缩短软件开发周期，以及充分发挥系统执行多任务的能力。目前市场上有多种嵌入式操作系统，常用的有嵌入式 Linux、iOS、Android、VxWorks 以及 μC/OS 等。随着物联网（Internet of Things，IoT）的兴起，相继出现了多种支持物联网应用的嵌入式实时操作系统，如华为公司的 Lite OS，ARM 公司的 EmbedOS、FreeRTOS 等。物联网操作系统已成为当今嵌入式操作系统发展的热点之一。

1.3 嵌入式系统设计过程

由于需要同时进行硬件和软件开发，嵌入式系统的项目管理、系统设计、系统开发、系统测试和验证比传统的独立软件开发和硬件开发任务更困难。因此，嵌入式系统开发的方法显得特别重要。如图 1.7 所示是传统嵌入式系统的开发过程。在这一过程中，首先根据系统或产品的功能和性能需求选择处理器并设计硬件平台，同时选择软件运行环境和开发工具并开发软件；然后，分别进行硬件和软件调试，修改硬件中的故障和不足，排除软件中的缺陷；最后，进行系统测试与验证，完成产品或系统开发。

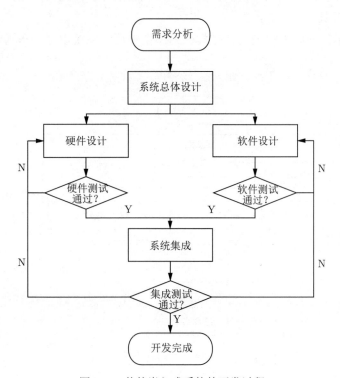

图 1.7 传统嵌入式系统的开发过程

在开发过程中，需求分析用于确定系统的设计目标，提炼出需求规格说明书并作为设计指导和验收的标准。需求包括功能性需求和非功能性需求两方面。功能性需求是系统的基本功能，如输入输出接口、人机交互方式等；非功能需求包括系统可靠性、成本、功耗等因素。系统设计给出实现所需功能和非功能需求的技术方案，包括系统硬件、软件的功能划分，系统软件、硬件选型，开发环境、语言选择等。系统设计是开发成功与否的关键步骤。系统设计完成后，再进行软件和硬件开发、调试和测试，最后进行系统集成和系统测试。

传统嵌入式系统开发方法简单直接，但存在一些缺陷。

（1）软硬件功能划分完全依赖于开发者的经验，难以找到最合理的划分方案，或者难以确定是否有更好的划分。另外，人工划分容易遗漏软硬件之间的接口。

（2）由于硬件和软件设计过程独立，彼此缺少交互，有时甚至要等硬件设计之后再进行软件设计和开发，导致开发周期长。另外，如果在软件开发阶段或者在系统集成阶段才发现硬件错误，将导致巨大的纠错成本。

（3）由于软硬件独立设计，在优化系统性能时只能分别对软件和硬件进行优化，无法从系统层面上对嵌入式系统整体进行优化以提高复杂系统的性能。

为了克服传统开发方法的缺点，从 20 世纪 90 年代开始，"软硬件协同设计方法"逐步发展起来，并应用于嵌入式系统设计中。软硬件协同设计是将软件设计和硬件设计作为一个整体进行考虑。设计过程从系统需求出发，综合分析系统软硬件功能及现有资源，进行软硬件功能划分，确定系统架构，并进一步实现软硬件协同验证，使得设计的系统能够运行在最优工作状态。

如图 1.8 所示，软硬件协同设计过程分为系统描述、系统设计、仿真验证和综合实现4 个阶段。

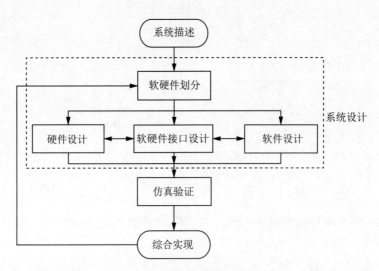

图 1.8　软硬件协同设计开发方法

　　系统描述是设计者借助 EDA（Electronic Design Automation，电子设计自动化）工具，用一种或多种语言描述所要设计系统的功能和性能，建立系统的软硬件模型的过程。

　　系统设计分为软硬件功能划分和系统映射两个阶段。软硬件功能划分确定哪些系统功能由硬件模块来实现，哪些系统功能由软件模块来实现。硬件一般能够提供更好的性能；但软件更容易修改，且成本相对较低，因此软硬件划分是一个复杂的过程，需要综合考虑市场资源状况、系统成本、系统软硬件单元及其接口，最终确定系统体系结构。

　　综合实现是软件、硬件系统的具体实现过程。设计结果经过仿真验证后，将按系统设计的要求进行生产和开发，然后形成系统并协调一致地工作。

　　如图 1.9 所示，嵌入式系统软件调试环境一般都采用"宿主机/目标板"模式。开发时利用宿主机（通常是 PC）上良好的开发环境和调试程序，通过交叉编译环境生成目标代码和执行文件，然后通过串口/USB/以太网等方式将程序下载固化到目标机上完成整个开发过程。

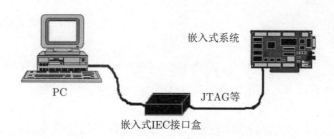

图 1.9　嵌入式系统软件调试环境

1.4　嵌入式系统发展

　　从 20 世纪 40 年代第一台电子计算机诞生开始，计算机逐步在科学研究和工程计算中得到应用。20 世纪 70 年代出现了微处理器后，计算机技术进入快速发展阶段，嵌入式系统也迅速在工业中得到应用，并逐步进入人们的日常生活。图 1.10 从处理器技术角度展示了计算机技术的发展历程。

　　20 世纪 60 到 70 年代，由于计算机的体积庞大、价格高昂、维护成本高，只有在大企业或政府实验室中才能使用。到 20 世纪 80 到 90 年代，个人计算机的出现使得个人可以拥有属于自己的计算机。在 21 世纪，随处都可以见到计算机系统，个人设备里可以有几十、甚至上百个处理器，嵌入式系统因此进入辉煌时代。

　　最初的嵌入式系统只是使用 4 位或 8 位 CPU 执行单一线程程序，实现监测、控制和设备状态指示等简单功能，而且采用汇编语言编程。20 世纪 80 年代，集成片内存储和外设的 MCU 出现，嵌入式系统进入单片机时代，并在工业控制、家电等领域得到广泛应用，同时逐步采用 C 语言等高级语言进行程序开发，一些小规模操作系统也开始用于嵌入式系统。这一阶段嵌入式系统的特点是系统简单、存储容量小、处理器性能低。

　　20 世纪 90 年代，在分布式控制、数字化通信和信息家电等产业的牵引下，嵌入式系统进一步飞速发展，用于实时信号处理的 DSP 产品向高速度、高精度、低功耗的方向发展。随着产品实时性要求的提高，16 位、32 位处理器、DSP（Digital Signal Processing，数字信号处理）等应用于嵌入式系统。嵌入式系统软件规模也不断扩大，实时操作系统（Real-Time Operating System，RTOS）逐步成为嵌入式系统的主流。这一阶段嵌入式系统的主要特点是操作系统的实时性好、模块化和具有可扩展性。

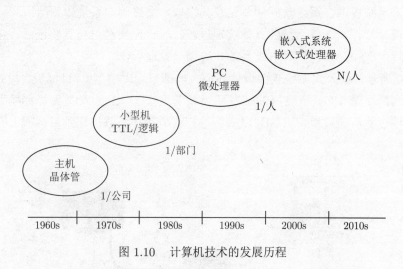

图 1.10　计算机技术的发展历程

进入 21 世纪，随着互联网、移动通信以及移动互联网的快速发展，嵌入式系统的复杂程度和性能呈爆炸式增长。64 位处理器，Linux、iOS、Android 等复杂操作系统已普遍应用于嵌入式系统。作为嵌入式系统的代表性应用，智能手机除了拥有高性能处理器、复杂操作系统外，还支持多种人机交互方式，拥有多种传感器以及多种通信接口。

当前，物联网和人工智能是计算机技术和产业发展的热点，也是嵌入式系统应用的重要领域。物联网是新一代信息技术的重要组成部分，是互联网与嵌入式系统融合的产物。一方面，物联网的核心和基础仍然是互联网，是在互联网基础上延伸和扩展的网络；另一方面，其终端延伸和扩展到了任何物品，支持在物品之间进行信息交换。物联网通常包括感知层、通信层与应用层。感知层节点上的嵌入式系统具有低能耗、高实时性和高可靠性等特点。

人工智能离不开嵌入式系统。机器人、无人驾驶等是人工智能的主要应用场景，也是典型的嵌入式系统，而早期具有一定行为能力的"弱人工智能"工具则是基于 MCU 的嵌入式应用系统。近来随着英特尔、英伟达、谷歌等国际著名企业以及寒武纪、地平线等国内企业发布高性能的嵌入式人工智能芯片，嵌入式人工智能已经成为人工智能产业发展的主要方向之一。嵌入式人工智能在零售、交通运输、制造业、农业、娱乐、医疗以及家居等领域具有巨大的潜力。例如，自然语言处理已经应用于智能家居、汽车信息通信和娱乐系统等。这些丰富的应用和产品对嵌入式系统功能和性能呈现出多样化的要求。例如，复杂智能系统需要更多的功能和更高的性能，而医疗用的穿戴设备则要求更小成本和更低能耗。

嵌入式系统发展对微处理器、嵌入式操作系统提出了新的要求。异构多核和面向特定应用加速是高性能嵌入式处理器发展的方向；具备电源管理、安全管理和较短任务延迟是对未来嵌入式操作系统的迫切需求。另外，随着嵌入式系统复杂程度的不断提高，传统的系统设计方法和工具已经难以保证设计的效率和正确性，因此智能化的设计验证方法、环境和工具对嵌入式系统的发展也将至关重要。

1.5 本书的内容安排

嵌入式系统设计非常复杂也非常困难，涉及软件、硬件等多个方面，难以在一本书的有限篇幅中完全覆盖。本书旨在梳理嵌入式系统开发相关的概念和方法，帮助读者了解并掌握嵌入式系统开发的基本过程。本书以 Cortex-M4 STM32F4XX 处理器为基础，系统介绍嵌入式系统的概念、原理、结构，嵌入式软件的开发过程和方法。

本书包括 11 章内容。

第 1 章 嵌入式系统概论，介绍嵌入式系统基本概念。

第 2 章 微处理器体系架构，介绍嵌入式微处理器的特点以及 STM32F4XX 的结构。

第 3 章 嵌入式总线技术，介绍嵌入式系统中常用的总线类型和特点。

第 4 章 存储器系统，介绍嵌入式系统中存储系统特点以及微处理器存储管理技术。

第 5 章 嵌入式输入/输出设备的接口，介绍 STM32F4XX 的外设及相关接口。

第 6 章 程序设计与分析，介绍嵌入式系统程序设计和分析方法、程序开发环境和工具。

第 7 章 嵌入式最小系统构建，介绍最小嵌入式系统的组成以及设计与实现方法。

第 8 章 实时操作系统，介绍嵌入式实时操作系统的特点以及应用。

第 9 章 μC/OS 操作系统，介绍一款嵌入式实时操作系统 μC/OS Ⅲ 的基本组成和系统服务。

第 10 章 嵌入式系统测试、调试及验证方法，介绍嵌入式系统软硬件测试方法以及嵌入式系统形式化工具和方法。

第 11 章 多核嵌入式微处理器，介绍多核处理器的特点以及多核处理器程序开发方法。

1.6 习题

1. 嵌入式系统有哪些特点？请举例说明。
2. 实时系统与非实时系统的区别是什么？
3. 所有的嵌入式系统都必须有操作系统吗？为什么？
4. 与传统的设计方法相比，软件/硬件协同设计方法有哪些特点？
5. 请选择一款实际的嵌入式系统，分析其结构。
6. 你认为未来的嵌入式系统的发展方向有哪些？
7. 如何理解嵌入式系统的发展和计算机系统发展的关系？

第 2 章

微处理器体系架构

学习目标与要求

1. 掌握嵌入式微处理器架构。
2. 掌握 Cortex-M4 架构。
3. 熟悉 Cortex-M4 的汇编语言。
4. 熟悉流水线技术及存储映射。

2.1 嵌入式微处理器体系结构

2.1.1 冯·诺依曼结构与哈佛结构

微处理器根据程序指令和数据是否存储在同一个存储器中，可分为冯·诺依曼结构和哈佛结构。

1. 冯·诺依曼结构

冯·诺依曼结构（von Neumann architecture）是早期提出的一种体系结构，用于实现通用图灵机，也被称为冯·诺依曼模型。其结构如图 2.1 所示，由 CPU（Central Processing Unit，中央处理器）和存储器组成，它们之间通过一组总线连接，这组总线包括地址总线和数据总线，在存储器中存储指令和数据，CPU 对指令和数据的访问都是通过这组总线来实现的。由于指令和数据是存储在同一个存储器的不同物理单元，存储器访问只能以时分复用的方式进行指令和数据的访问。

在冯·诺依曼体系结构中，指令和数据均采用二进制码表示，指令和数据以同等地位存放于存储器中，均可按地址寻访。指令由操作码和操作数组成，操作码用来表示所要执行的操作，操作数用来表示操作的数据（如立即数）或者操作数所在的位置（寄存器或存储器）。指令在存储器中按顺序存放，通常指令是按顺序执行的，特定条件下，可以根据运算结果或者设定的条件改变执行顺序。在指令的执行过程中，若需要访问数据，则根据地址在相应的存储单元中取出数据。

早期的微处理器大多采用冯·诺依曼体系结构，如 ARM7 采用的就是冯·诺依曼体系结构，在 ARM7 的体系结构中，只有一组地址总线和数据总线。地址总线连接地址寄存器。

CPU 通过地址总线，访问存储器相应地址单元中的内容。内容既可以是指令，也可以是数据，然后通过数据总线，将指令或数据传输给 CPU。

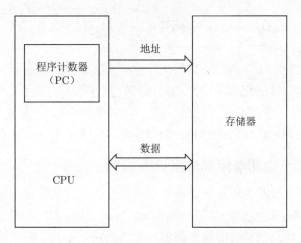

图 2.1　冯·诺依曼结构

2. 哈佛结构

哈佛结构（Harvard architecture）是将指令和数据分别存储到不同的物理存储器，并通过两套总线分别传输，其结构如图 2.2 所示。CPU 与两组物理存储器相连接，分别存储指令和数据。CPU 首先到指令储存器中读取指令，解码后得到数据地址，再到相应的数据存储器中读取数据，并进行下一步的操作（通常是执行）。指令存储和数据存储分开，CPU 与它们通过各自的总线相连接。由于有各自的总线，所以指令和数据的访问可以同时进行，并且指令和数据可以有不同的带宽。如 Microchip 公司的 PIC16 芯片的指令是 14 位宽度，而数据是 8 位宽度。

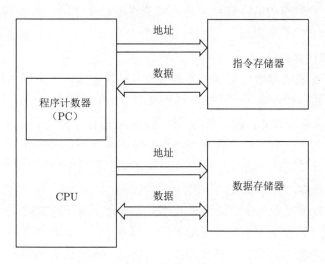

图 2.2　哈佛结构

与冯·诺依曼结构相比，哈佛结构有两个明显的特点。

（1）使用两个独立的物理存储器模块，分别存储指令和数据，每个存储模块都不允许指令和数据并存。

（2）使用两组独立的总线，分别作为 CPU 与每个存储器之间的专用通信路径，而这两组总线之间毫无关联。

哈佛结构的微处理器通常具有较高的执行效率。其指令和数据分开组织和存储，执行时可以预先读取数据。目前使用哈佛结构的微控制器有很多，除了上面提到的 Microchip 公司的 PIC 系列芯片，还有摩托罗拉公司的 MC68 系列，Zilog 公司的 Z8 系列，Atmel 公司的 AVR 系列以及 ARM 的 ARM9、ARM10、ARM11 和 ARM Cortex 系列等。

2.1.2　复杂指令集和精简指令集计算机

长期以来，计算机性能的提高都是通过增加硬件的复杂性来获得的。随着集成电路技术，特别是 VLSI（Very Large Scale Integration，超大规模集成）电路技术的迅速发展，硬件工程师采用增加实现复杂功能的指令和多种灵活的编址方式，甚至通过某些指令可支持高级语言语句归类的复杂操作，来提高计算机的计算性能。这导致了硬件越来越复杂，造价也相应提高。为实现复杂操作，微处理器不仅要向程序员提供各种寄存器和机器指令功能，还要通过存储在只读存储器（Read Only Memory，ROM）中的微程序来实现极强的功能。这种通过增加指令的性能提高整个处理器性能的设计方法被称为复杂指令集计算机（Complex Instruction Set Computer，CISC）。

采用复杂指令系统的计算机有着较强处理高级语言的能力。当计算机的设计沿着这条道路发展时，有些人开始怀疑这种传统的做法。1975 年，IBM 公司组织力量研究指令系统的合理性问题。1979 年，以美国加州大学伯克利分校帕特逊（Patterson）教授为首的一批科学家也开展了这一方向的研究。帕特逊等人提出了精简指令的设想，即指令系统应当只包含那些使用频率很高的少量指令，并提供一些必要的指令以支持操作系统和高级语言。按照这个原则发展而成的计算机被称为精简指令集计算机（Reduced Instruction Set Computer，RISC）。

1. 复杂指令集计算机

复杂指令集计算机依靠增加指令的复杂度改善计算性能，一条指令常常需要多个时钟周期才能完成。其指令格式不固定，指令可长可短，操作数可多可少。CPU 的寻址方式复杂多样，操作数可来自寄存器，也可来自存储器。采用微程序控制，执行一条指令需完成一个微指令序列。一般而言每条指令执行平均指令周期数（Cycle Per Instruction，CPI）超过 5 个时钟周期。计算机的计算功能越强，指令就越复杂，CPI 相应地也就越大。CISC 指令集导致 CPU 的控制部分也高度复杂化。

CISC 能够有效缩短新指令的微代码设计时间，允许设计师实现 CISC 体系机器的向上兼容。新的系统可以使用一个包含早期系统的指令集，也就是在新系统上可以使用较早计算机上使用的相同软件。另外，微代码指令的格式与高阶语言相匹配，因而编译器并不一定要重新编写。但是，对于 CISC，其指令集以及芯片的设计比上一代产品会更复杂，不同的指令需要不同的时钟周期来完成。当执行速度较慢的指令时，会影响整台机器的执行效率。

2. 精简指令集计算机

由于 CISC 依靠增加指令数目来提高其性能，故存在许多缺点，例如，各种指令的使用频率不均衡。通过分析其指令集的使用情况，得出了 20%/80% 定律：20% 指令的使用时间占 80% 的运行时间，常用指令数仅占指令集总数的 10% ~ 20%。

事实上，最频繁使用的指令是取、存和加、减这些最简单的指令。RISC 思想最早由 IBM 公司提出，IBM801 处理器是公认体现 RISC 思想的最早机器。美国加州大学伯克利分校帕特逊教授提出了 RISC 术语，并研制了 RISC-I 和 RISC-II 实验样机。美国斯坦福大学轩尼诗教授（J. Hennessy）于 1982 年研制出基于 RISC 的 MIPS 芯片。

RISC 的指令非常少，通常只有几十条，且寻址方式少、指令格式规整、指令长度统一（如 32 位指令长度），便于提高流水线效率。加载/存储（load/store）指令结构，仅通过加载/存储指令访问存储器，其 CPI 接近 1 个时钟周期，即大多数指令在单时钟周期完成。

对于 RISC 的多指令操作使得程序开发者必须小心地选用合适的编译器，而且编写的代码量会变得非常大。另外，RISC 体系的处理器需要更快的高速缓存，因此高速缓存通常集成于处理器内部。

表 2.1 为 CISC 和 RISC 的特点比较。

表 2.1 CISC 与 RISC 的特点比较

CISC	RISC
指令多，功能复杂，线路复杂	定长指令，条数少，多级流水线
指令长度不一，编程简单，控制复杂	指令简化令机器结构简单，译码简单统一、优化
寻址方式多，复杂	寻址方式少，简单
每条指令的平均指令周期数（CPI）为 1~20	每条指令的平均指令周期数（CPI）为 1~2
非特定指令访问内存	特定指令访问内存，如：加载/存储指令

2.1.3 嵌入式微处理器类型

嵌入式系统的核心部件就是处理器，因嵌入式系统专用性的特点，处理器呈现出性能各异、用途多样、种类繁多的特点。仅以 32 位处理器而言，目前就有百种以上的处理器安装在各个应用设备上。基于嵌入式系统应用的复杂多样性，很多半导体企业都在自主研发和设计，并大规模制造嵌入式处理器。但是无论哪种处理器，归纳起来，都具有以下特点。

（1）实时性：由于嵌入式系统多应用在实时控制和实时计算领域，对于时间的要求通常非常严格，在处理器设计上要求有较短的响应时间。

（2）多任务：在较复杂的嵌入式系统中，许多互不相关的过程需要计算机同时处理，需要采用多任务结构设计，以降低系统的复杂性，并保证其实时性。

（3）存储保护功能：嵌入式软件通常存储在 ROM（Read Only Memory，只读存储器）、Flash（闪存）、EPROM（Erasable Programmable Read Only Memory，可擦可编程只读存储器）中，这样的存储方式大大提高了系统的可靠性。

嵌入式处理器的功耗、体积、成本、可靠性、速度、处理能力、电磁兼容性等方面均受到应用要求的约束。处理器处理字的长度可以是 8 位、16 位、32 位或 64 位。同时也存在单核、多核处理器。

嵌入式处理器根据功能、结构、性能、运算特点和使用方法等多方面的因素可以分为嵌入式微控制器、嵌入式微处理器、数字信号处理器、嵌入式片上系统、人工智能芯片和多核处理器。

1. 嵌入式微控制器

早期的微控制器是将一个计算机集成到一个芯片中，实现嵌入式应用，故又称为单片机（single chip microcomputer）芯片。单片机芯片的出现将嵌入式计算机系统推向了独立的发展道路——通过单片机芯片控制嵌入式设备的相关动作。随后，为了更好地满足控制领域嵌入式应用的要求，单片机不断扩展满足控制的电路单元，单片机也就逐渐发展成为微控制器（Micro Controller Unit，MCU）。

微控制器将整个计算机系统集成到一块芯片上，微控制器是以某种微处理器为核心，根据典型的应用，在芯片内部集成了 ROM/EPROM、RAM、总线、总线逻辑、定时/计数器、看门狗、I/O、串行口、脉宽调制输出、ADC、DAC、闪存 RAM、EEPROM 等各种必要的功能部件和外设。为了适应不同的应用场合，一个系列的微控制器有多种衍生产品，每种衍生产品的处理器都是相同的，不同的是存储器和外设的配置及封装。

微控制器的最大特点是将计算机最小系统所需的部件及应用需要的控制器/外部设备集成在一个芯片上，实现单片化，使得芯片尺寸大大减小，从而使系统总功耗和成本下降、可靠性提高。

各种型号的 8 位、16 位或 32 位微控制器广泛地应用到嵌入式领域，典型的型号如 8051、MCS-51、Z80、P51XA、PIC32、AVR、ARM、MIPS 和 Atmel AT91 等系列。

2. 嵌入式微处理器

嵌入式微处理器（Micro Processor Unit，MPU）由通用计算机中的 CPU 发展而来，嵌入式微处理器只保留和嵌入式应用紧密相关的功能硬件，删除其他的冗余功能部件，以最低的功耗和资源实现嵌入式应用的特殊要求。

与微控制器的面向控制系统快速构建、集成度高的计算核心不同，微处理器主要面向结构更为复杂、功能更为丰富、性能要求更高的嵌入式应用。

由于微处理器是一个单芯片 CPU，芯片内部没有存储器和外设接口等嵌入式应用必需的部件，因此，微处理器被装配到专门设计的电路板上，在该电路板上需要扩展 ROM、RAM、总线接口和各种外设的接口等器件。

与工业控制计算机相比，微处理器具有体积小、重量轻、成本低等优点。比较典型的微处理器有 X86、ARM、MIPS、68000、Power PC 和 SPARK 等系列。

微处理器单个芯片上只有 CPU，而微控制器在同一块芯片内除了 CPU 之外，还集成了部分内存和外设。集成于微控制器内的内存和外设称为片内内存和片内外设，否则称为片外内存和片外外设。微控制器与微处理器的区别如图 2.3 所示。

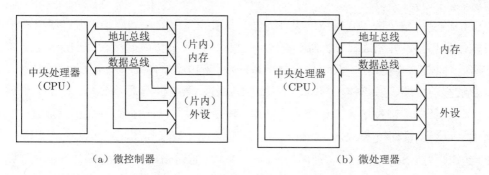

（a）微控制器　　　　　　　　　　（b）微处理器

图 2.3　微控制器与微处理器的区别

3. 数字信号处理器

数字信号处理器（Digital Signal Processor，DSP）是专门用于信号处理的处理器，其系统结构和指令进行了特殊设计，具有很高的编译效率和指令执行速度，适合于实时数字信号处理。

在数字信号处理应用中，各种数字信号处理算法相当复杂，一般结构的处理器无法实时完成这些运算。在早期没有 DSP 时，对于数字信号处理的算法是通过微处理器来实现的，由于低端的微处理器无法满足算法本身的要求，而高端的微处理器价格又很昂贵。1978年，世界上诞生了单片的 DSP 芯片，其运算速度比普通微处理器快几十倍。DSP 在数字滤波、快速傅里叶变换、谱分析、语音编码、视频编码、数据编码和雷达目标提取等方面得到了广泛应用。

嵌入式 DSP 处理器有两类。

（1）DSP 处理器单片化设计。通过在片上增加外设，使之具有高性能 DSP 功能的片上系统，如 TI（Texas Instrument，德州仪器）公司的 TMS320C2000/C5000 等属于此范畴。

（2）在微控制器、微处理器、片上系统中增加 DSP 协处理器实现 DSP 运算。例如，英特尔的 MCS-296 和英飞凌的 TriCore。

DSP 比较典型的产品是 TI 公司的 TMS320 系列和摩托罗拉的 DSP56000 系列。TMS320 系列处理器包括用于控制的 C2000 系列、移动通信的 C5000 系列，以及性能更高的 C6000 和 C8000 系列。DSP56000 已经发展成为 DSP56000、DSP56100、DSP56200 和 DSP56300 等几个不同系列的处理器。另外，飞利浦公司也推出了基于可重置嵌入式 DSP 结构，采用低成本、低功耗技术制造的 DSP 处理器，其特点是具备双哈佛结构和双乘/累加单元，应用目标是大批量消费类产品。

4. 嵌入式片上系统

嵌入式片上系统（System on Chip，SoC）设计技术始于 20 世纪 90 年代，随着半导体工艺技术的发展，集成电路设计者将越来越多的复杂功能集成到单硅片上，集成电路设计向集成系统设计转换，提出了 SoC 的概念。SoC 可实现一个完整的硬件和软件系统。SoC的最大特点是在单一芯片中实现软硬件的无缝结合，直接在处理器内部嵌入操作系统的代码模块。

SoC 改变了整个嵌入式系统的设计方法，从整个系统的性能要求出发，确定系统功能，进行软硬件划分，并完成设计。SoC 的设计过程体现了其集成度高、处理能力强、功能组件丰富、体积小、重量轻、低功耗、便于系统设计等方面的特性。SoC 适用于体积小、日益复杂的移动终端、多媒体、网络、消费电子设备及微型机器人等嵌入式设备的设计。

SoC 设计的关键技术包括总线架构技术、软硬件协同设计技术、知识产权（IP）核可复用技术、可测试设计技术、SoC 验证技术、低功耗设计技术和超深亚微米电路实现技术等。

比较典型的 SoC 产品有飞利浦的 Smart XA、Siemens 的 TriCore、基于 ARM 系列芯核的 SoC 器件、Echelon 和摩托罗拉公司联合研制的 Neuron 芯片等。

5. RISC-V 架构

RISC-V 是基于 RISC 原理建立的免费开放指令集架构（Instruction Set Architecture，ISA），V 是罗马字母，代表第五代精简指令集计算机。

1981 年，在帕特逊教授的带领下，加州大学伯克利分校的一个研究团队起草了 RISC-I，这就是当今 RISC 架构的基础。RISC-I 原型芯片有 44 500 个晶体管，拥有 31 条指令。包含 78 个 32 位寄存器，分为 6 个窗口，每个窗口包含 14 个寄存器，另外还有 18 个全局变量，寄存器占用大部分面积，控制和指令只占用芯片面积的 6%，而同时代的芯片设计里要占用约 50% 的面积。

随后在 1983 年发布了 RISC-II 原型芯片，包含 138 个寄存器，分为 8 个窗口，每个窗口有 16 个寄存器，另外还有 10 个全局变量，但是只有 39 000 个晶体管。接着在 1984 年和 1988 年分别发布了 RISC-III 和 RISC-IV。

RISC 的设计理念也催生了一系列新架构，如学术上认为比较成功的 DEC Alpha，被写入经典教科书的 MIPS，绕过指令级并行度障碍、追求线程级并行的 SUN SPARC，服务器的王者 IBM Power 以及现在统治嵌入式市场的 ARM。

2010 年，帕特逊教授的研究团队准备启动一个新项目，需要设计 CPU，因而要选择一种指令集。他们调研了包括 ARM、MIPS、SPARC、X86 等多个指令集，发现它们不仅设计越来越复杂，而且还存在知识产权问题。

RISC-V（第五代精简指令集）是帕特逊教授基于 30 多年在精简指令集领域的深入积累，在 2010—2014 年期间带领团队研发出的最新一代 CPU 芯片指令集。RISC-V 是基于精简指令集计算原理建立的开放指令集架构（ISA），是在指令集不断发展和成熟的基础上建立的全新指令。RISC-V 指令集完全开源、设计简单、易于移植 Linux 系统，采用模块化设计，拥有完整工具链。

任何一款采用 RISC-V 架构的处理器都要实现一个基本指令集，根据需要，可以实现多种扩展指令集。例如，RV32I 指令集有 47 条指令，能够满足现代操作系统运行的基本要求，47 条指令按照功能可以分为如下几类。

（1）整数运算指令：实现算术、逻辑、比较等运算。

（2）分支转移指令：实现条件转移、无条件转移等运算，并且没有延迟槽。

（3）加载/存储指令：实现字节、半字、字的加载/存储操作，采用的都是寄存器相对寻址方式。

（4）控制与状态寄存器访问指令：实现对系统控制与状态寄存器的原子读-写、原子读-修改、原子读-清零等操作。

（5）系统调用指令：实现系统调用、调试等功能。

RISC-V 吸取了 RISC 接近 40 年的经验教训，设计的架构更加合理，另外，得益于日渐成熟的软件生态。加州大学伯克利分校提供了针对 RISC-V 的开源编译器 GCC、LLVM，还提供了开源仿真器 Spike、QEMU，社区还移植了 FreeBSD、Debian、Gentoo、Yocto、Genode 等操作系统。

6. 人工智能芯片

人工智能芯片作为人工智能时代的基础设施，也成为目前行业最热门的领域。

人工智能芯片主要有两个方向：一个是在数据中心部署的云端，另一个是在消费者终端部署的终端。从功能角度看，人工智能芯片主要做两件事情：训练（training）和推理（inference）。

人工智能芯片的大规模应用分别在云端和终端。云端的人工智能芯片同时做两件事情：训练和推理。训练即用大量标记过的数据来"训练"相应的系统，使之可以适应特定的功能，比如给系统海量的"猫"的图片，并告诉系统这个就是"猫"，之后系统就"知道"什么是猫了；推理即用训练好的系统来完成任务，继续上面的例子，就是将一张图给之前训练过的系统，让它得出这张图是不是猫这样的结论。

训练和推理在大多数的人工智能系统中，是相对独立的过程，其对计算能力的要求也不尽相同。

训练需要极高的计算性能、较高的精度以及处理海量数据的能力，并具有一定的通用性，以便完成各种各样的学习任务。

相对来说推理对性能的要求并不高，对精度要求也更低，在特定的场景下，对通用性要求也低，能完成特定任务即可。但因为推理的结果直接提供给终端用户，所以更关注用户体验方面的优化。

人工智能芯片的应用领域广泛分布在数据中心、移动终端、消费机器人、智能驾驶、智能家居、金融证券、商品推荐、安防等众多领域。

7. 多核处理器

随着人们对计算能力的需求，单核处理器已经不能满足日益增长的对性能的要求了。在 2001 年，IBM 发布了 POWER4，这是第一款真正用于商用的多核处理器，其具有二核处理器，采用 64 位 PowerPC 和 PowerPC AS 指令集架构，时钟频率可达到 1.3GHz。

多核处理器是指在一枚处理器中集成两个或多个完整的计算内核，此时处理器能支持系统总线上的多个计算内核，由总线控制器提供所有总线控制信号和命令信号。

多核体系结构为性能提高和节能计算等领域开辟了新的方向。核与核之间的连接方式、通信协调方式、同一处理器中核与核间结构的差异、器件资源分配策略、任务调度策略、节能策略、软硬件协同设计策略等方面都是多核处理器要解决的问题。多核处理器也带来了软件设计的巨大变革，包括嵌入式系统设计和解决方案、编译技术、操作系统核心算法、应用软件设计等方面。

根据处理器内部计算核体系结构是否相同、地位是否对称，可将多核处理器分为同构多核和异构多核。目前典型的多核处理器有 TI 的 TMS320C6678、Sitara AM57x 系列、ARM 的 Cortex-A53、Cortex-A72 等。

2.2　ARM 微处理器体系架构

ARM 公司于 1990 年成立，最初的名字是"Advanced RISC Machines Ltd."。ARM是一家微处理器行业的知名企业，该企业设计了大量高性能、廉价、耗能低的 RISC 处理器。ARM 的经营模式在于出售其知识产权核（Intellectual Property core，IP core），将技术授权给世界上许多著名的半导体、软件和 OEM 厂商，并提供技术服务。

ARM 的版本分为两类：一个是内核版本，一个是处理器版本。内核版本也就是 ARM架构，如 ARMv1、ARMv2、ARMv3、ARMv4、ARMv5、ARMv6、ARMv7、ARMv8 等。处理器版本也就是 ARM 处理器，如 ARM1、ARM9、ARM11、Cortex-A（-A7、-A9、-A15）、Cortex-M（-M1、-M3、-M4）、Cortex-R，这个也是通常意义上所指的 ARM 版本。

ARM 版本信息如表 2.2 所示。

表 2.2　内核架构与处理器版本对应表

内核（架构）版本	处理器版本
ARMv1	ARM1
ARMv2	ARM2, ARM3
ARMv3	ARM6, ARM7
ARMv4	StrongARM, ARM7TDMI, ARM9TDMI
ARMv5	ARM7EJ, ARM9E, ARM10E, XScale
ARMv6	ARM11, Cortex-M
ARMv7	Cortex-A, Cortex-M, Cortex-R
ARMv8	Cortex-A30, Cortex-A50, Cortex-A70

ARM 以其各种 RISC 处理器内核而著称，同时还包括大量的支持技术，以满足芯片设计师和软件开发者的需要，如物理 IP、软件模型和开发工具、图形处理器以及外围设备。

ARM 是从 ARM7TDMI 处理器内核的成功研发开始的，在嵌入式系统领域得到广泛应用，它是 ARM 早期成功的奠基石。

ARM 以实时嵌入式应用为目标的整个产品路线图，包括经典系列、Cortex-M 系列、Cortex-R 系列、Cortex-A 系列。

（1）经典系列，包括 ARM7、ARM9、ARM11 系列。

（2）Cortex-R 系列，提供非常高的性能和吞吐量，同时保持精准的时序属性和可预测的中断延时。通常用于时序关键的应用中，如引擎管理系统和硬盘驱动器控制器。

（3）Cortex-A 系列，面向尖端的基于虚拟内存的操作系统和用户应用。其最新核心以多核配置，具有高性能、高扩展的特点。

（4）Cortex-M 系列，主要用于注重成本节约的微处理器，其系列是可向上兼容的高能效、易于使用的处理器，旨在帮助开发人员满足将来的嵌入式应用的需要。其特点包括以更低的成本提供更多功能、不断增加连接、改善代码重用和提高能效。

本节将以 Cortex-M4 微处理器为例，介绍微处理器的架构。Cortex-M4 定义了两种操作模式：线程（thread）模式和处理（handler）模式。软件有两种执行方式：特权级和用户级。处理模式必须在特权级下执行，用于异常处理程序。当系统复位时从线程模式中开始执行，遇到异常时自动变为特权级处理模式，异常处理程序完成后再回到线程模式。操作模式与执行方式的关系如表 2.3 所示。

表 2.3　操作模式与执行方式的关系

代 码 类 型	特 权 级	用 户 级
异常服务例程代码	处理模式	错误用法
主应用程序代码	线程模式	线程模式

用户级线程模式下执行应用程序软件，具有以下限制。

（1）有限制地使用 MSR 和 MRS 指令，不能使用 CPS 指令。

（2）不能访问系统时钟、NVIC 或者系统控制模块。

（3）可以受限制地访问内存或外设。

（4）必须使用一条 SVC 指令通过系统调用，将控制转换到特权级。

特权级处理模式执行的异常服务例程代码，可以使用所有指令，访问所有资源，特权级软件能够写 CONTROL 寄存器，以改变特权级别。

如图 2.4 所示的 Cortex-M4 的处理器架构采用哈佛结构，为系统提供 3 套总线，独立发起总线传输读写操作。这 3 套总线分别是：I-Code 总线用于取指令，D-Code 总线用于操作数据，系统总线用于访问其他系统空间，包括指令、数据访问，CPU 及调试模块发起的访问和支持位访问。

Cortex-M4 是 32 位系统，总线宽度是 32 位，一次取一条 32 位的指令。若是 16 位的 Thumb 指令，则处理器每隔一个周期做一次取指，一次能够取两条 16 位的 Thumb 指令。Cortex-M4 支持三级流水线：取指、译码和执行。当执行跳转指令，整个流水线会刷新，重新从目的地址取指令。Cortex-M4 采用分支预测，以避免流水线气泡过大。

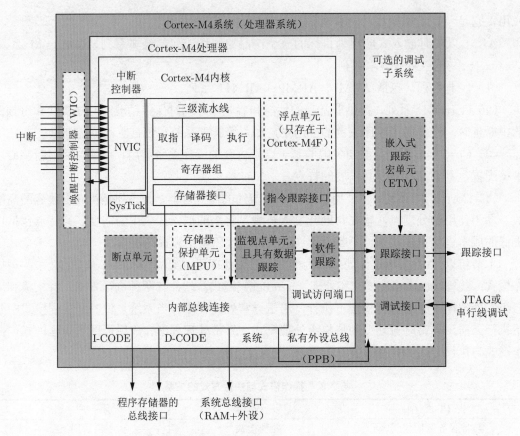

图 2.4　Cortex-M4 处理器架构

Cortex-M4 处理器实现基于 Thumb-2 技术的 Thumb 指令集版本，确保高代码密度和降低程序内存需求。Cortex-M4 处理器紧密集成了一个可配置的嵌套中断控制器，以提供领先的中断性能。中断包括不可屏蔽中断等，提供多达 256 个中断优先级。Cortex-M4 处理器提供了一个可选的内存保护单元，它提供细粒度内存控制，使应用程序能够利用多个特权级别，根据任务分离和保护代码、数据和堆栈。

2.2.1　可编程模式

Cortex-M4 处理器的可编程模式主要包括核心寄存器、堆栈和异常中断所涉及的寄存器。核心寄存器如图 2.5 所示，核心寄存器组包括 16 个寄存器 R0~R15，其中 R0~R12（13 个）为 32 位通用寄存器，R13 是堆栈指针（Stack Pointer，SP），R14 是链接寄存器（Link Register，LR），R15 是程序计数器（Program Counter，PC）。

1. 通用寄存器 R0~R12

寄存器 R0~R12 是通用寄存器，用于数据的操作。通用寄存器分为两组：低组寄存器（R0~R7）和高组寄存器（R8~R12）。低组寄存器能够被所有访问通用寄存器的指令访问，包括 32 位指令和 16 位指令，其大小为 32 位，复位后初始值不变。高组寄存器也能够被所有 32 位通用寄存器指令访问，但不能被所有 16 位指令访问，其大小为 32 位，复位后初始值不定。

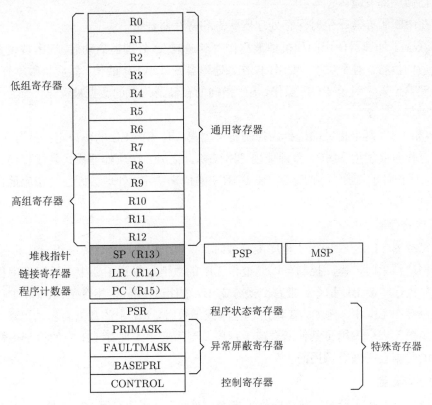

图 2.5 Cortex-M4 寄存器

2. 堆栈指针

1）堆栈寄存器

堆栈指针在物理上存在两个堆栈指针寄存器：主堆栈指针（Master Stack Pointer，MSP）是默认栈指针，进程堆栈指针（Process Stack Pointer，PSP）只用于线程模式。

（1）主堆栈指针是默认的堆栈指针，它供给操作系统内核、异常服务例程及所有特权级访问的应用程序代码使用，可以用于线程模式和处理模式。

（2）进程堆栈指针用于常规的应用程序代码中，且只能用于线程模式。多数情况下，若应用不需要嵌入式操作系统，则没必要使用 PSP。

2）堆栈功能

SP 的功能是用来指示系统的栈空间。栈空间一般用于上下文切换处理，它与一般的栈操作没有什么不同，使用 PUSH 指令进栈以及 POP 指令出栈。每次使用 PUSH 和 POP 操作后，当前使用的栈指针 SP 都会自动调整。

Cortex-M4 的栈可用于以下情况。

（1）当正在执行的函数需要使用（寄存器组中的）寄存器进行数据处理时，临时存储数据的初始值。

（2）向函数或子程序中传递信息。

（3）存储局部变量。

（4）在中断等异常产生时保存处理器状态和寄存器数值。

Cortex-M4 处理器使用的栈模型被称作"满递减"。处理器启动后，SP 被设置为栈存储空间最后的位置。对于每次 PUSH 操作，处理器先减小 SP 的值，然后将数据存储在 SP 指向的存储器位置。对于 POP 操作，SP 指向的存储器位置的数据被读出，然后 POP 的数值自动增加。

MSP 和 PSP 两个指针的选择由控制寄存器第二位 SPSEL 的值决定：若为 0，则线程模式在栈操作时会使用 MSP，否则使用 PSP。除此之外，在从处理模式到线程模式的异常返回期间，栈指针的选择可由 EXC_RETURN 的值来决定，处理器硬件会相应地自动更新 SPSEL 的数值。

3. 链接寄存器

链接寄存器（LR）在调用子程序或函数时，存储子程序、函数调用和异常的返回信息。函数或子程序结束时，程序控制可以通过将 LR 的数值加载到 PC 中，返回调用程序并继续执行。在执行链接 BL 指令、带有交换分支 BX 的指令或链接指令 BLX 时，PC 的返回地址自动保存在 LR 中。例如，在调用子程序或函数时，LR 中的数据会自动更新，但若此子程序或函数又嵌套调用了其他函数或子程序，则需要手工保存 LR 中的值到堆栈中，否则 LR 中的数据会因嵌套调用而丢失。

4. 程序计数器

程序计数器（PC）指向当前程序执行指令的地址，是可读可写的寄存器，通过对 PC 的操作，改变程序执行的流程。若用 BL 指令跳转，会更新 LR 和 PC 的值。由于 Cortex-M4 内部采用指令流水技术，所以读 PC 时返回值是当前指令的地址加 4。

2.2.2　特殊寄存器

特殊寄存器分为程序状态寄存器、中断屏蔽寄存器和控制寄存器三大类。

1. 程序状态寄存器

程序状态寄存器（Program Status Register，PSR）在其内部又被分成 3 个子状态寄存器（如图 2.6 所示）：应用状态寄存器 PSR（Application Program Status Register，APSR）、中断状态寄存器（Interrupt Program Status Register，IPSR）和执行状态寄存器（Execution Program Status Register，EPSR）。这 3 个 PSR 既可以单独访问，也可以 2 个或 3 个寄存器一起组合访问。只有在特权模式下，通过 MRS 和 MSR 指令，才允许访问这 3 个寄存器。

组合在一起的 PSR 寄存器的各位分配如图 2.7 所示。

1）应用状态寄存器

应用状态寄存器（APSR）是保持当前指令运算结果状态的寄存器。

（1）位 31，N 表示负数。当二进制补码运算中的结果为负数时，其被设置为 1；

图 2.6　Cortex-M4 3 个子 PSR 的位分配

PSR	31	30	29	28	27	26:25	24	23:20	19:16	15:10	9	8	7	6	5	4:0
	N	Z	C	V	Q	ICI/IT	T	保留	GE[3:0]	ICI/IT			中断编号			

图 2.7　Cortex-M4 的 PSR 各位分配

（2）位 30，Z 表示零。当结果为 0 时，其被设置为 1；

（3）位 29，C 表示进位。当做加法运算有进位时，被设置为 1；做减法运算，其结果没有借位时，被设置为 1；

（4）位 28，V 表示溢出。当算术运算结果有溢出时，被设置为 1；

（5）位 27，Q 表示饱和；

（6）位 19:16 是 GE[3:0]，表示大于或等于，该标志会在指令 SEL 中使用，该指令根据 GE[3:0] 的值，设置指令的目的寄存器是选择第一个操作数的值还是第二个操作数的值。

2）中断状态寄存器

中断状态寄存器（IPSR）保存当前异常中断服务子例程的异常类型号，目前使用位 8:0。

3）执行状态寄存器

执行状态寄存器（EPSR）包括中断继续指令位或 IF-THEN 指令状态位，以及 Thumb 指令设置位。

（1）T-Thumb 状态，在 Cortex-M4 中，执行的指令始终是 Thumb 指令，因此该位恒为 1；

（2）ICI/IT 保存被异常中断打断的指令流状态或者 IT 指令状态。IF-THEN 指令状态位用于条件执行。

在 Cortex-M4 指令中，大部分的指令都是根据 PSR 中的条件标志位来执行。

2. 中断屏蔽寄存器

PRIMASK、FAULTMASK 和 BASEPRI 寄存器用于控制异常的使能和禁用。只有在特权级下，才允许访问这 3 个寄存器。对于时间关键的任务，通过 PRIMASK 和 BASEPRI 寄存器暂时关闭中断是非常重要的。而 FAULTMASK 寄存器则可以被操作系统用于暂时关闭错误处理机能，这种处理方法在某个任务崩溃时可能需要。因为在任务崩溃时，常常伴随着大量的错误，在系统处理这类任务时，通常不再需要响应这些错误，总之 FAULTMASK 寄存器是专门留给操作系统使用的。

其功能描述见表 2.4。

表 2.4　中断屏蔽寄存器的功能

寄存器名	功能描述
PRIMASK	只使用单一比特的寄存器，若 PRIMASK[0]=1，则关闭所有可屏蔽的异常，只剩下 NMI 和硬 fault 可以响应；若 PRIMASK[0]=0，则表示没有关中断
FAULTMASK	只使用单一比特的寄存器，若 FAULTMASK[0]=1，则只有 NMI 才能响应，对所有其他异常，甚至硬 fault，通常都关闭；若 PRIMASK[0]=0，则表示没有关中断
BASEPRI	这个寄存器 BASEPRI[7:4] 是有效位（由表达式优先级的位数决定）。它定义了被屏蔽优先级的阈值。当它被设置为某个值时，所有优先级大于或等于此值的中断都被关闭；若被设置为 0，则表示没有关任何中断。0 也是默认值

3. 控制寄存器

控制寄存器（CONTROL）的作用是用于定义处理器特权级别和用于选择堆栈指针。另外，Cortex-M4 处理器有 FPU，由控制寄存器的 FPCA 位显示当前执行的代码是否使用 FPU。控制寄存器只能在特权级别下修改，可以在特权和非特权级下读取。

其功能描述见表 2.5。

表 2.5　控制寄存器的功能

位	功能描述
nPRIC bit[0]	定义线程模式中的特权级：该位为 0 时（默认），处理器会处于线程模式中的特权级；该位为 1 时，则处于线程模式中的非特权级
SPSEL bit[1]	定义栈指针的选择：该位为 0 时（默认），线程模式使用主栈指针（MSP）；该位为 1 时，线程模式使用进程栈指针；处理模式时，该位始终为 0 且对其的写操作会被忽略
FPCA bit[2]	异常处理机制使用该位确定异常产生时浮点单元中的寄存器是否需要保存；该位为 1 时，当前上下文使用浮点指令，需要保存浮点寄存器

2.3　中断机制

绝大部分的处理器都支持中断机制，中断通常由硬件电路产生（例如，外部输入的引脚），它会改变 CPU 执行的顺序。CPU 通常按照程序顺序执行，在 CPU 正常执行过程中，外部发生了随机事件（例如，外部输入完成），CPU 需要暂时中止正在执行的程序而去处理所发生的事件。处理完成后，再返回到原来被中止的程序继续执行。

中断可以分为 3 类：外部中断、软件中断和内部中断。

（1）外部中断：也称为硬件中断，是外部硬件设备为获得 CPU 的执行而产生的异步事件。

（2）软件中断：也称陷阱，是程序中特殊指令产生的同步事件。软件中断是无条件的，即特殊指令的执行总是会产生一个软件中断。

（3）内部中断：也称异常，是在出现一些异常情况下，CPU 自发生成的同步事件。内部中断是有条件的，如一些有效指令的执行（例如，除法指令）可能会导致异常（例如，除数为 0）。

Cortex-M4 处理器提供一个 NVIC（Nested Vectored Interrupt Controller，嵌套向量中断控制器）来完成中断。NVIC 可接收各种中断，如图 2.8 所示。

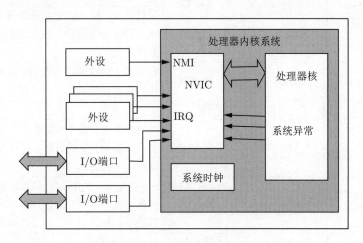

图 2.8　Cortex-M4 处理器的异常来源

Cortex-M4 处理器可处理多个系统异常和外部中断，NVIC 支持多达 240 个可屏蔽中断（IRQ）、一个 NMI、一个 SysTick 定时器中断和一些异常中断。大多数 IRQ 由定时器、I/O 端口和通信接口等外设产生。NMI 通常由"看门狗"定时器和掉电检测器等外设产生。

1. 异常的类型

Cortex-M4 处理器支持多个系统异常和外部中断，如表 2.6 所示。

表 2.6　Cortex-M4 异常信息

编号	类　　型	向量地址	优先级	功　能　描　述
1	复位	0x0000 0004	−3（最高）	复位
2	NMI	0x0000 0008	−2	不可屏蔽中断。RCC 时钟安全系统（CSS）连接到 NMI 向量
3	硬件故障	0x0000 000C	−1	如果对应的异常处理程序未执行，或者这些异常处理程序执行过程中又出现故障，则触发硬件故障
4	存储器管理故障	0x0000 0010	可配置	检查到内存访问违反了 MPU 定义的区域
5	总线故障	0x0000 0014	可配置	在取址、数据读/写、取中断向量、进入/退出中断时、寄存器或堆栈操作（入栈/出栈）时检查到的内存访问错误

续表

编号	类　　型	向量地址	优先级	功　能　描　述
6	用法故障	0x0000 001C	可配置	检测到未定义的指令异常，未对齐的多重加载/存储内存访问。如果使能相应的控制位，则可以检查出除数为 0 及其他未对齐的内存访问
7~10	保留	保留	保留	
11	SVC	0x0000 002C	可配置	通过 SWI 指令调用的系统服务。它是用户模式代码中的主进程，用于对特权操作系统代码的调用
12	调试监控器	0x0000 0030	可配置	使用基于调试解决方案的软件时，出现类似断点、观察点的调试异常事件
13	保留	保留	保留	
14	PendSV	0x0000 0038	可配置	系统服务提供的中断驱动，在操作系统环境中，当没有其他异常执行时，可以使用 PendSV 来进行上下文切换
15	SysTick	0x0000 003C	可配置	SysTick 异常在系统定时器达到 0 时产生，软件也可以产生一个 SysTick 异常。在操作系统环境下，处理器可以使用该异常作为系统时钟
16	IRQ#0	0x0000 0040	可配置	外设中断 #0
17	IRQ#1	0x0000 0008	可配置	外设中断 #1
…	…	…	…	…
255	IRQ#239	大于 0x0000 0040	可配置	外设中断 #239

根据 Cortex-M4 处理器的系统异常信息，处理器异常可以分为以下几类。

（1）Reset 复位：异常模式将复位看作是一种特殊类型的异常。

（2）NMI 非屏蔽中断：非屏蔽中断是除复位以外最高优先级的异常，NMI 永久使能，且优先级为 −2，NMI 不能被其他异常从激活态屏蔽或阻止，也不能被其他异常抢占，复位除外。

（3）硬件故障：硬件故障异常的发生，是因为异常处理错误，或者因为一种异常不能被其他异常机制管理，有固定的优先级 −1。

（4）存储器管理故障：内存管理故障异常是与内存保护相关的故障。

（5）总线故障：总线故障异常是与指令和数据内存处理相关的故障，可能来自于内存系统中。

（6）用法故障：用法故障异常是与指令执行相关的故障，包括未定义的指令、非法未对齐的存取访问、指令执行的无效状态、异常返回错误、除数为 0 等。

（7）SVC：SVC 是被 SVC 指令触发的一种异常，在操作系统环境下，应用程序可以使用 SVC 指令调用操作系统内核功能和设备驱动。

（8）PendSV：PendSV 是中断驱动的系统级服务请求。

（9）SysTick：SysTick 异常是系统定时器递减到 0 时产生的，软件也可以产生 SysTick

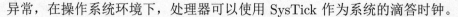

异常，在操作系统环境下，处理器可以使用 SysTick 作为系统的滴答时钟。

（10）Interrupt（IRQ）：外部中断，在系统中，外设使用中断和内核通信交流。

2. 中断优先级

Cortex-M4 中断数和中断优先级是可配置的。软件只能选择启用已配置数量的中断的子集，并且选择要使用已配置优先级的多少位。

异常优先级见表 2.6，所有异常都有与之关联的优先级，较小的值表示较高的优先级，除复位、硬错误和 NMI 以外的所有异常或中断都是可配置优先级的。

如果未配置任何优先级，则可配置异常或中断的优先级均为 0。可配置的优先级值为 0～15。这意味着具有固定负优先级值的复位、硬错误和 NMI 异常始终具有比其他任何异常/中断更高的优先级。

例如，将较高的优先级值分配给 IRQ[0]，将较低的优先级值分配给 IRQ[1]，这就意味着 IRQ[1] 具有比 IRQ[0] 高的优先级。

Cortex-M4 为了增强带有中断的系统中的优先级控制，NVIC 支持优先级分组。将每个中断优先级寄存器项分为两个字段：上部字段和下部字段。其中上部字段定义组优先级，下部字段定义组中的子优先级。

只有组优先级确定中断异常的抢占。当处理器正在执行中断或异常处理程序时，与被处理的中断具有相同组优先级的另一个中断不会抢占该处理程序。如果多个待处理的中断具有相同的组优先级，则子优先级字段将确定处理它们的顺序。如果多个待决的中断具有相同的组优先级和子优先级，则将首先处理 IRQ 编号最低的中断。

3. 中断管理

Cortex-M4 有多个用于中断和异常管理的可编程寄存器，其多数位于 NVIC 中。此外，处理器内核中还有用于中断的中断屏蔽寄存器组。

复位后，所有中断处于禁止状态，且默认优先级为 0。在使用任何中断之前，都需要完成以下工作：

（1）设置所需的中断优先级（可选）；

（2）使能外设中可以触发中断的中断产生控制；

（3）使能 NVIC 中的中断。

当触发中断时，对应的 ISR 会执行相应的中断。编写程序时，相应 ISR 名称与向量表中的名称一致，这样链接器才能将该 ISR 入口地址放入向量表的正确位置。

对于异常/中断处理的过程，包括接收异常/中断请求、进入异常/中断服务、执行异常/中断服务和异常/中断返回操作 4 部分。

1）接收异常/中断请求

当满足下列各个条件时，处理器会接收异常/中断请求：

（1）处理器正在运行（未被暂停或复位状态）；

（2）异常/中断处理使能状态；

（3）异常/中断的优先级高于当前的等级；

（4）异常/中断未被屏蔽。

2）进入异常/中断服务

一旦异常/中断被响应，就要进入异常/中断服务，在执行异常/中断服务之前，需要保存现场数据，因此，进入异常/中断服务前要执行下列动作：

（1）将多个寄存器和返回地址入栈；

（2）取出异常/中断向量（异常/中断对应的 ISR 入口地址）；

（3）取出将执行异常/中断处理的指令；

（4）更新多个 NVIC 寄存器和内核寄存器（包括 PSP、LR、PC、SP 以及内核状态信息）；

（5）在异常/中断处理开始之前，SP 值会做相应的自动调整，PC 也会更新为异常/中断处理的入口地址，而 LR 会被特殊值 EXC_RETURN 更新，用于异常/中断返回。

3）执行异常/中断服务

在执行异常/中断处理时，处理器的工作模式会发生转换。线程模式是执行用户代码的工作模式，而处理模式是处理异常/中断服务的工作模式。在异常/中断发生时，Cortex-M4 处理器的工作模式的转换如图 2.9 所示。Cortex-M4 处理器在复位时会自动进入特权级的线程模式，此时若发生异常/中断，将转换到特权级的处理模式，异常/中断处理完成后返回特权级的线程模式。用户程序在特权级的线程模式下可以将控制寄存器（CONTROL）的最低位由 0 修改为 1，此时特权线程模式转换为用户级的线程模式。在用户级的线程模式下发生异常/中断，则处理器会转换到特权级的处理模式，处理完异常/中断，返回原来的用户级线程模式继续执行用户程序。

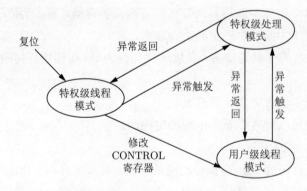

图 2.9　Cortex-M4 工作模式的转换

在异常/中断处理时，处理器处于处理模式，栈操作使用主堆栈寄存器（MSP）。如果有更高级别的异常/中断在此时产生，则处理器会接收新的中断。此时，当前正执行的处理会被挂起，并被更高优先级别的处理抢占，这种情况就是异常/中断嵌套。若一个异常/中断在这时产生，但具有相同或更低的优先级，那么，新到的异常/中断将会处于挂起状态，且等当前异常/中断处理完成后才会得到处理。

在异常/中断处理完成后，程序代码执行返回操作，将产生的特殊值 EXC_RETURN

加载到 PC 中，并触发异常/中断返回机制。

4）异常/中断返回操作

对于 Cortex-M4 处理器，异常/中断返回机制由一个特殊地址 EXC_RETURN 触发。该数值在进入异常/中断服务时，被存储到 LR 中。当该特殊值由某个允许的异常/中断返回指令写入 PC 时，就会触发异常/中断返回机制。

2.4 嵌入式汇编语言

在嵌入式系统开发中，常用的编程语言是汇编语言和 C 语言。在较复杂的嵌入式软件中，由于 C 语言编写程序较方便，结构清晰，而且有大量的支持库，所以大部分编码用 C 语言编写，特别是基于操作系统的应用程序设计。但是在系统初始化、引导程序、中断处理等 C 语言不方便实现的部分或者对时间效率要求较高的部分，就需要用汇编语言来编写相应的代码。

使用汇编程序编写代码，有以下优点：

（1）占用资源少、程序执行效率高。汇编语言是最接近于机器语言的编程语言，汇编语言操作直接面向硬件，所以在使用汇编语言时，能够感知计算机的运行过程和原理，从而能够设计符合性能要求的程序。

（2）针对性强。汇编语言通常是为特定的处理器或系列专门设计的，不同处理器架构往往对应不同的汇编语言。汇编语言对处理器、存储器、端口和设备敏感，能够对处理器的内部进行精确控制，并能够通过指令和寻址方式来完全利用处理器的特定性能。

（3）设备驱动程序精简。对于设备驱动，有时只需要几条汇编指令就可以完成，汇编指令是压缩、精确的。

（4）汇编语言能够更好地理解高级语言，尤其是高级语言中的 C 语言。汇编语言对于内存的操作都是基于内存地址的，而 C 语言中最令人头疼的指针概念，也就是内存的地址。

针对 ARM 微处理器，传统 ARM 处理器支持 32 位的 ARM 指令集和 16 位的 Thumb 指令集。Thumb 指令集是 ARM 指令集的一个子集，ARM 处理器采用译码映射功能，将 Thumb 指令转换成 ARM 指令。Cortex-A 系列处理器和 Cortex-R 系列处理器都支持这两种指合集。

与传统 ARM 处理器不同，所有 ARM 的 Cortex-M 系列处理器采用了 Thumb-2 技术，且只支持 Thumb 运行状态，不支持 ARM 指令集。Thumb-2 技术引入了 Thumb 指令集的一个新超集，可以在一种运行模式下同时使用 16 位和 32 位指令集。

本节将以 Cortex-M4 处理器的指令集为基础，介绍汇编语言。

2.4.1 汇编程序的结构

汇编程序由段组成，段是相对独立的指令或者数据单位，具有特定的名称。每个段由 AREA 伪指令定义，并且定义段属性 READONLY（只读）或者 READWRITE（读写）。

段分为代码段和数据段，代码段是执行代码，数据段存放运行所需的数据。一个汇编程序中，至少包含一个代码段，以下是一个汇编程序的基本结构示例。

```
        AREA HELLO, CODE, READONLY
        ENTRY
Start
        LDR R0, =0x1
        MOV R1, #1
        ...
        END
```

程序定义了一个称为 HELLO 的代码段，ENTRY 伪指令标识程序的入口点，Start 是汇编语言的标号，代表着一个地址，相当于一个叫作 Start 函数的入口地址，Start 作为函数名；而且一般链接器都将 Start 标号作为程序的入口。接下来每行都是指令序列，最后一条是 END 伪指令，表示代码段结束。

2.4.2 指令格式与寻址方式

1. 指令格式

Cortex-M4 处理器指令在汇编程序中用助记符表示，一般的助记符格式如下：

`<opcode> {<cond>} {S} <Rd>, <Rn> {, <operand2>}`

其中，< > 表示必选项，{ } 表示可选项。

opcode：操作码，即指令助记符，如 ADD、LDR、STR 等；

cond：条件码，描述指令执行的条件，如 EQ、LE 等；

S：是否会影响状态寄存器的值，指令后加 S，指令执行完成后自动更新状态寄存器的条件标志位；

Rd：目标寄存器；

Rn：第一个操作数寄存器；

operand2：第二个操作数，可以是寄存器、立即数等。

指令格式举例如下：

```
LDR R0, [R1]    ;将存储器地址为R1的字数据加载到寄存器R0中
STR R0, [R1]    ;将寄存器R0的数据存储到以R1为地址的存储器中
```

其中分号后面一直到本行结束是注释。

一条汇编指令，通常包含 4 部分，分别是标号、操作码、操作数和注释。如果使用了标号，则要顶格写，标号表示的是指令地址，用于语句定位。第二部分是操作码，第三部分是操作数，在分号后面的内容表示注释。

2. 寻址方式

寻址方式是指处理器根据指令中给出的地址信息，找出操作数所存放的物理地址，实现对操作数的访问。指令中给出的操作数不同，寻址方式也不同，在 Cortex-M4 系列处理器中，指令支持的寻址方式有立即寻址、寄存器寻址、寄存器偏移寻址、寄存器间接寻址、基址变址寻址等。

1）立即寻址

立即寻址也叫立即数寻址，立即数以 # 为前缀。例如：

```
MOV R0, #4              ;R0 ← 4
ADD R0, R0, #0x10       ;R0 ← R0+0x10
```

2）寄存器寻址

寄存器寻址把寄存器中的数值作为操作数，也称为寄存器直接寻址。例如：

```
ADD R0, R1, R2          ; R0 ← R1+R2
```

3）寄存器偏移寻址

这种寻址方式是 ARM 特有的寻址方式，将第二个操作数进行移位操作后赋值给第一个操作数。例如：

```
MOV R0, R1, LSL #2      ;R0 ← R1 << 2
```

将 R1 中数据左移 2 位，赋值给 R0，即 R0=R1*4。

4）寄存器间接寻址

寄存器间接寻址将寄存器中的值作为操作数的地址，通过这个地址从存储器中取出操作数。LDRB 和 STRB 指令都是对 8 位的字节数进行传输，LDRH 和 STRH、LDR 和 STR 分别是对半字、字进行传输。例如：

```
LDRB R0, [R1]           ;R0 ← [R1]
STRB R0, [R1]           ;[R1] ← R0
```

5）基址变址寻址

基址变址寻址是将寄存器的值与地址偏移量相加得到地址。感叹号表示的是前增量寻址模式，"[R1], #2"表示后增量寻址模式。例如：

```
LDR R0, [R1, #2]        ;R0 ← [R1+2]
LDR R0, [R1, #2]!       ;R0 ← [R1+2], R1 ← R1+2
LDR R0, [R1], #2        ;R0 ← [R1],R1 ← R1+2
LDR R0, [R1, R2]        ;R0 ← [R1+R2]
```

另外还存在多寄存器寻址、相对寻址和堆栈寻址等，此处不再赘述。

2.4.3 常见指令

按照功能不同，Cortex-M4 处理器的指令可以分为数据处理指令、存储器访问指令、饱和运算指令、压缩解压缩指令、浮点运算指令和其他杂项指令等。在本节着重介绍数据处理指令和存储器访问指令。

1. 数据处理指令

1）数据传输指令

微处理器最基本的操作就是在处理器内部传输数据。Cortex-M4 处理器的数据传输类型包括寄存器与寄存器之间、寄存器与特殊寄存器之间的传输，以及把一个立即数加载到一个寄存器。其常用的指令见表 2.7。

表 2.7　数据传输指令

助 记 符	操 作 数	操 作 含 义	影响标志位
MOV, MOVS	Rd, op2	将 op2 中的数据复制到目的寄存器 Rd 中，S 表示修改条件位域	N,Z,C
MOVW	Rd, #imm16	将 16 位立即数复制到目的寄存器 Rd 中	N,Z,C
MVN, MVNS	Rd, op2	将 op2 中的数据每位变反，结果存入目的寄存器 Rd 中，S 表示修改条件位域	N,Z,C
MOVT	Rd, #imm16	将 16 位立即数复制到目的寄存器 Rd 的高 16 位，即 Rd[31:16] 中	—

2）算术运算指令

基本的算术运算是指加法、减法运算，此外还包括反向减法指令、有符号/无符号加减法指令。常见的加法、减法指令见表 2.8。

表 2.8　加法、减法常见指令

助 记 符	操 作 数	操 作 含 义	影响标志位
ADD, ADDS	Rd,Rn, op2	加法	N,Z,C,V
ADC,ADCS	Rd,Rn, op2	带进位加法	N,Z,C,V
SUB, SUBS	Rd,Rn, op2	减法	N,Z,C,V
SBC, SBCS	Rd,Rn, op2	带借位减法	N,Z,C,V
RSB, RSBS	Rd,Rn, op2	反向减法，即 op2-Rn，结果存入 Rd	N,Z,C,V

算术运算的指令还包括乘法指令、乘加指令和除法指令。常见的乘法、除法指令见表 2.9。

3）逻辑运算指令

在 Cortex-M4 中支持很多逻辑运算指令，通常这些逻辑运算都会影响条件标志位域。常见的逻辑运算指令见表 2.10。

表 2.9 乘法、除法常见指令

助 记 符	操 作 数	操 作 含 义	影响标志位
MUL, MULS	Rd,Rn, Rm	乘法，结果是 32 位	N,Z
MLA	Rd,Rn, Rm, Ra	乘加运行，Rd=Ra+Rn×Rm	–
MLS	Rd,Rn, Rm, Ra	乘减运行，Rd=Ra−Rn×Rm	–
SMULL	RdLo, RdHi,Rn, Rm	有符号 32 位乘法，结果是有符号 64 位	–
SMLAL	RdLo, RdHi,Rn, Rm	有符号 32 位乘加，结果是有符号 64 位	–
UMLAL	RdLo, RdHi,Rn, Rm	无符号 32 位乘加，结果是无符号 64 位	–
UMULL	RdLo, RdHi,Rn, Rm	无符号 32 位乘法，结果是无符号 64 位	–
SDIV	Rd,Rn, Rm	有符号除法，Rd=Rn/Rm	–
UDIV	Rd,Rn, Rm	无符号除法，Rd=Rn/Rm	–

表 2.10 逻辑运算常见指令

助 记 符	操 作 数	操 作 含 义	影响标志位
AND, ANDS	Rd,Rn, op2	逻辑与	N,Z,C
ORR,ORRS	Rd, Rn, op2	逻辑或	N,Z,C
EOR, EORS	Rd,Rn, op2	逻辑异或	N,Z,C
ORN, ORNS	Rd,Rn, op2	op2 按位取反与 Rn 相应位逻辑或运算	N,Z,C
BIC, BICS	Rd,Rn, op2	清位，op2 按位取反与 Rn 相应位逻辑与运算	N,Z,C

4）移位指令

移位指令包括逻辑移位、算术移位以及循环移位指令。常见的移位指令见表 2.11。

表 2.11 常见移位指令

助 记 符	操 作 数	操 作 含 义	影响标志位
ASR, ASRS	Rd,Rn, <Rs|#n>	算术右移	N,Z,C
LSL, LSLS	Rd,Rn, <Rs|#n>	逻辑左移	N,Z,C
LSR, LSRS	Rd,Rn, <Rs|#n>	逻辑右移	N,Z,C
ROR, RORS	Rd,Rn, <Rs|#n>	循环右移	N,Z,C
RRX, RRXS	Rd,Rm	带扩展位的循环右移	N,Z,C

5）比较与测试指令

比较与测试指令的目的就是更改条件标志位。常见的比较与测试指令见表 2.12。

表 2.12 比较与测试常见指令

助记符	操作数	操 作 含 义	影响标志位
CMP	Rn, op2	计算 Rn-op2，其结果影响条件标志位	N,Z,C,V
CMN	Rn, op2	计算 Rn+op2，其结果影响条件标志位	N,Z,C,V
TST	Rn, op2	计算 Rn 和 op2 逻辑与操作，其结果影响条件标志位	N,Z,C
TEQ	Rn, op2	计算 Rn 和 op2 逻辑异或操作，其结果影响条件标志位	N,Z,C

6）位域操作指令

为了能够更好地控制程序，Cortex-M4 处理器支持位域操作。常见的位域操作指令见表 2.13。

表 2.13　位域运算常见指令

助　记　符	操　作　数	操　作　含　义	影响标志位
BFC	Rd, #lsb, #width	寄存器位域清零	—
BFI	Rd, Rn, #lsb, #width	用寄存器 Rn 相应位替换寄存器 Rd 的值	—
CLZ	Rd, Rm	计数前导零个数	—
RBIT	Rd, Rn	反向寄存器 Rn 的位数并存入 Rd	—
SBFX	Rd, Rn, #lsb, #width	复制相应的位域，并对符号位扩展	—
UBFX	Rd, Rn, #lsb, #width	复制相应的位域	—

7）跳转指令

跳转指令包括无条件跳转、函数跳转、条件跳转、IF-THEN 指令块、查表跳转等指令，见表 2.14。

表 2.14　跳转常见指令

助　记　符	操　作　数	操　作　含　义	影响标志位
B	label	跳转到 label 处对应的地址	—
BX	Rm	跳转到寄存器 Rm 给出的地址	—
BL	label	跳转到 label 处对应的地址，记录返回值到 LR 寄存器中	—
BLX	label	跳转到寄存器给出的地址，记录返回值到 LR 寄存器中	—
IT		IF-THEN 条件执行	—
TBB	[Rn, Rm]	查表跳转指令	—
TBH	[Rn, Rm, LSL #1]	半字查表跳转指令	—

2. 存储器访问指令

在 Cortex-M4 处理器中有多条存储器访问指令，具体见表 2.15。

表 2.15　存储器访问常用指令

助　记　符	操　作　数	操　作　含　义	影响标志位
LDRH, LDRHT	Rt, [Rn, #offset]	半字数据加载到寄存器中	—
LDRSH,LDRSHT	Rt, [Rn, #offset]	有符号的半字数据加载到寄存器中	—
STRH,STRHT	Rt, [Rn, #offset]	半字数据存储到存储器中	—
LDRSB, LDRSBT	Rt, [Rn, #offset]	有符号字节数据加载到寄存器中	—
LDRB,LDRBT	Rt, [Rn, #offset]	字节数据加载到寄存器中	—
STRB,STRBT	Rt, [Rn, #offset]	字节数据存储到存储器中	—
LDRT	Rt, [Rn, #offset]	有符号字数据加载到寄存器中	—
STRT	Rt, [Rn, #offset]	字数据存储到存储器中	—
LDR	Rt, [Rn, #offset]	字数据加载到寄存器中	—
STR	Rt, [Rn, #offset]	字数据存储到存储器中	—
ADR	Rd, label	加载与 PC 相关的地址	—

在 Cortex-M4 中支持对存储器中多个连续数据的读写操作，也就是批量加载/存储数据指令，见表 2.16。

表 2.16 批量加载/存储数据常用指令

助 记 符	操 作 数	操 作 含 义	影响标志位
LDM	Rn!, reglist	批量数据加载到寄存器中，地址后增长	–
STM	Rn!, reglist	批量数据存储，地址后增长	–
LDMDB, LDMEA	Rn!, reglist	批量数据加载到寄存器中，地址前增长	–
STMDB,STMEA	Rn!, reglist	批量数据存储，地址前增长	–
LDMFD, LDMIA	Rn!, reglist	批量数据加载到寄存器中，地址后增长	–
STMFD,STMIA	Rn!, reglist	批量数据存储，地址后增长	–

另外，在 Cortex-M4 中，给出了进栈出栈指令，实际上，它们是另外一种形式的批量加载/存储指令，是利用栈指针来指向堆栈存储数据区域。堆栈指令见表 2.17。

表 2.17 堆栈指令

助 记 符	操 作 数	操 作 含 义	影响标志位
PUSH	reglist	压栈	–
POP	reglist	出栈	–

在 Cortex-M4 处理器中，还有许多 SIMD（Single Instruction Multiple Data，单指令多数据流）饱和指令。许多 SIMD 指令具有类似的操作，但其不同前缀用来区分传输的数据是有符号还是无符号。另外，Cortex-M4 处理器还支持打包、解包指令，此处不再赘述，若读者需要使用这些指令，可以参考相应的 Cortex-M4 处理器内核数据手册。

2.4.4 汇编程序的设计

本节将通过一些例子介绍如何编写汇编程序。

【例 2-1】 C 语言赋值语句对应的汇编程序。

x=a*b+c;

其对应的汇编程序为：

```
ADR r4,a        ; 获得变量 a 的地址
LDR r0,[r4]     ; 加载 a 的数据到寄存器 r0 中
ADR r4,b        ; 获得变量 b 的地址
LDR r1,[r4]     ; 加载 b 的数据到寄存器 r1 中
MUL r3,r0,r1    ; 计算 a*b
ADR r4,c        ; 获得变量 c 的地址
LDR r2,[r4]     ; 加载 c 的数据到寄存器 r1 中
ADD r3,r3,r2    ; 计算 x 的值
```

```
ADR r4, x          ; 获得变量 x 的地址
STR r3, [r4]        ; 将 x 的数据存储到相应的存储地址中
```

【例 2-2】 C 语言中逻辑表达式对应的汇编程序。

z = (a ⊕ c) || (b & c);

其对应的汇编程序为：

```
ADR r4, a          ; 获得变量 a 的地址
LDR r0, [r4]        ; 加载 a 的数据
ADR r4, c          ; 获得变量 c 的地址
LDR r1, [r4]        ; 加载 c 的数据
EOR r3, r0, r1      ; 变量 a 和 c 异或运算
ADR r4, b          ; 获得变量 b 的地址
LDR r2, [r4]        ; 加载 b 的数据
AND r2, r1, r2      ; b 和 c 做逻辑与
OR r3, r2, r3       ; 完成或运算
ADR r4, z          ; 获得 z 的地址
STR r3, [r4]        ; 将结果存储到变量 z 中
```

C 语言程序中的分支/循环语句都是基于判定语句，在 Cortex-M4 汇编中的判定基于两个步骤实现：一是设置标志位（NZCV），二是利用标志位做出判定。CMP 指令通过计算两个操作数之间的差值做判断，但不会记录差值的具体值，即通过差值的结果影响状态寄存器的标识位，从而更新其 NZCV。通常情况下，使用比较和测试指令，再使用跳转指令加条件码的用法进行跳转。如表 2.18 所示，列出了可能的 Cortex-M4 条件码。比较和测试常见指令见表 2.12。

【例 2-3】 C 语言条件语句对应的汇编程序。

if(a==1)   b=2;

其对应的汇编程序为：

```
    ADR r1, a          ; 获得变量 a 的地址
    LDR r0, [r1]       ; 加载变量 a 的数据到寄存器r0中
    CMP r0, #1         ; 比较 a 与 1
    BNE EndIf          ; NE 表示不等于, 也就是不等于就跳到标签 EndIf 处
    MOV r0, #2         ; 将立即数赋值给寄存器 r0
    ADR r1, b          ; 获得变量 b 的地址
    STR r0, [r1]       ; 存储结果到变量 b 中
EndIf
```

表 2.18　ARM 条件码

条 件 码	操 作 数	含 义
EQ	Z=1	相等
NE	Z=0	不相等
CS	C=1	设置进位或借位
CC	C=0	清除进位或借位
MI	N=1	负数
PL	N=0	非负数
VS	V=1	溢出
VC	V=0	无溢出
HI	C=1 && Z=0	无符号数大于
LS	C=0 || Z=1	无符号数小于或等于
GE	N=V	有符号数大于或等于
LT	N≠V	有符号数小于
GT	Z=0 && N=V	有符号数大于
LE	Z=1 || N≠V	有符号数小于或等于
AL	无	无条件执行

对于典型的 if-then-else 的汇编，相比于 if-then 而言，需要几个跳转语句。

【例 2-4】 C 语言经典条件语句对应的汇编程序。

if(a > 1) b=2; else b=b-a;

其对应的汇编程序为：

```
1        ADR r2 , a
2        ADR r3 , b
3        LDR r0 , [r2]
4        LDR r1 , [r3]
5        CMP r0 ,#1
6        BLE Else
7        MOV r1 , #2
8        STR r1 , [r3]
9        B EndIf
10   Else
11       SUB r1 , r1 , r0
12       STR r1 , [r3]
13   EndIf
```

代码第 1～4 行将 a、b 数据分别存入寄存器 r0、r1 中。第 5 行使用 CMP 指令对 r0
和立即数 1 进行测试，如表 2.12 所示的比较指令所列，该指令计算 r0 − 1，更新状态寄存
器的条件状态位。第 6 行使用了跳转指令 B，结合 LE 条件码（≤），当满足条件时，执行

跳转指令，跳转到 Else 标签标记处。当不满足 LE 条件时，顺序执行代码第 7 行，将立即数 2 复制到寄存器 r0 中。第 8 行将 r1 中结果存入内存 a 中。第 9 行直接跳转至 EndIf 处。在由第 6 行代码跳转至 Else 处之后，执行的是第 11、12 行代码，完成 b=b−a，并将结果写入内存 b 中。

循环结构通常由初始化、循环条件测试、循环控制变量的更新、循环体代码构成。在 if-then-else 语句中，跳转指令是往下跳转，而循环的执行流程是往上重复执行，即跳转方向往上。

【例 2-5】 C 语言循环语句对应的汇编程序。

```
while(a!=b){
    if(a>b)
        a=a-b;
    else
        b=b-a;
}
gcd=a;
```

其对应的汇编程序为：

```
1       ADR r2,a
2       ADR r3,b
3       LDR r0,[r2]
4       LDR r1,[r3]
5   While
6       CMP r0,r1
7       SUBGT r0,r0,r1
8       SUBLE r1,r1,r0
9       BNE While
10      ADR r1,gcd
11      STR r0,[r1]
```

该例是用消减法求最大公约数，注意循环中 if-then-else 与例 2-4 中的条件语句的不同。第 1～4 行将 a、b 分别存入 r0、r1 寄存器。第 5 行设置一个标签 While。第 6 行使用 CMP 指令，比较 r0 和 r1，将 r0−r1 的结果更新至状态寄存器。第 7 行，当满足 GT （>）时，执行 SUB，并将 r0−r1 的结果存入 r0。第 8 行，当满足 LE（≤）时，将 r1−r0 的结果存入 r1 中。第 9 行，当满足 NE（≠）时，跳回至 While 处。第 10、11 行将结果存回内存中。这里注意使用的是 SUBGT，它用于判断执行的方式，当满足条件的时候执行指令，省去了显式使用标签跳转执行 if-then-else 的方式。请读者考虑当 a 和 b 相等的时候，该汇编代码是否能够求最大公约数。

2.5 流水线技术

流水线技术通过多个功能部件并行工作来缩短指令的运行时间，提高系统的效率和吞吐率。

一条指令的执行可以分解为多个阶段，各个阶段使用的硬件部件不同，这样指令执行就可以重叠，实现多条指令并行处理。指令的执行还是顺序的，但是可以在前一条指令未执行完成时，提前执行后面的指令，并与前面的指令不冲突，以加快整个程序的执行速度。

随着流水线级数的增加，可简化流水线各级的逻辑，进一步提高处理器的性能。但是由于流水线级数的增加，会增加系统的延迟，即内核在执行一条指令之前，需要更多的周期来填充流水线。过长的流水线级数常常会削弱指令的执行效率。比如在一条指令的下一条指令需要该条指令的执行结果作为输入，那么下一条指令只能等待这条指令执行完成后才能执行。再如，若出现跳转指令，普通的流水线处理器要付出更大的代价。

2.5.1 流水线分类

ARM 微处理器种类繁多，其中不同系列使用的流水线级别也不尽相同，不过大致可以分为三级流水线、五级流水线和超流水线，其中三级流水线的实现逻辑最简单，五级流水线的实现逻辑最经典，超流水线实现逻辑最复杂。从理论上说，流水线深度越深的处理器执行效率就越高，不过执行的逻辑也越复杂，需要解决的冲突也越多。

流水线技术增加了 CPU 的吞吐量，但并没有减少每条指令的延迟。所谓延迟，是指一条指令从进入流水线到流出流水线所花费的时间；而吞吐量是指单位时间内执行的指令数。这两个概念是衡量性能常见的指标。

（1）三级流水线：包括取指、译码、执行 3 个阶段，图 2.10 为三级流水线示意图，ARM7、Cortex-M4 等处理器均采用三级流水线。

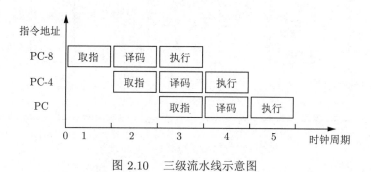

图 2.10 三级流水线示意图

（2）五级流水线：包括取指、译码、执行、缓冲/数据、回写 5 个阶段，图 2.11 为五级流水线示意图，ARM9 处理器采用的五级流水线，使用了更高的时钟频率。

（3）超流水线：超流水线是指某款处理器内部的流水线超过了通常的 5 或 6 级。如在 Cortex-A8 中使用 13 级流水线，Cortex-A15 中使用 15 级流水线。

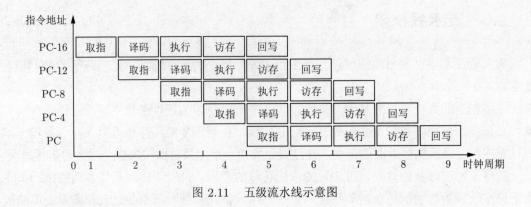

图 2.11   五级流水线示意图

2.5.2   Cortex-M4 的三级流水线

Cortex-M4 是一个 32 位处理器内核,采用哈佛架构,支持 Thumb、Thumb-2 指令集。Cortex-M4 使用的是三级流水线:取址、译码和执行,如图 2.12 所示为 Cortex-M4 的三级流水线。

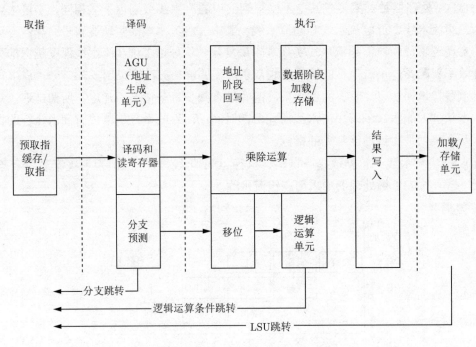

图 2.12   Cortex-M4 的三级流水线

1. 取指阶段

取指(Fetch)用来计算下一个预取指令的地址,从指令存储空间中取出指令,或者自动加载中断向量。在此阶段还包含一个预取指缓冲区,允许后续指令在执行之前在缓冲区中排队,也可以对非对齐的指令进行自动对齐,避免流水线的"断流"。因为 Cortex-M4 支持 16 位的 Thumb 指令和 32 位的 Thumb-2 指令,通过在预取指缓冲区中进行自动对齐来确定指令的边界。缓冲区有 3 个字长，可以缓存 6 个 Thumb 指令或者 3 个 Thumb-2 指令。该缓冲区不会在流水线中添加额外的级数，因此不会使跳转导致的性能下降更加恶化。由于 Cortex-M4 总线宽度为 32 位，所以它一次读取 32 位的指令。如果代码都是 16 位的 Thumb 指令，那么处理器会每隔一个时钟周期进行取址，每次读取 2 条 Thumb 指令。如果缓冲区满了，那么指令缓冲区会暂停对指令的加载。

2. 译码阶段

译码（Decode）是对之前取指阶段送入的指令进行解码操作，分解出指令中的操作数和执行码，再由操作数相应的寻址方式生成操作数的 LSU（Load/Store Unit，加载/存储单元）地址，产生寄存器值。如果操作数存储在外部存储器中，则可以由 AGU（Address-Generation Unit，地址生成单元）产生此操作数的访问地址。如果操作数存储在寄存器中，那么在此阶段直接读取操作数。

3. 执行阶段

执行（Execute）用于执行指令，指令包括加减乘除四则运算、逻辑运算、装载外部存储器操作数、产生 LSU 的回写执行结果等。

如图 2.12 所示，在译码和执行阶段都可以产生跳转操作。当执行到跳转指令时，需要清理流水线，处理器将不得不从跳转的目的地重新取指，这样会影响代码执行效率。

Cortex-M4 处理器内核引入了分支预测技术，分支预测在指令的译码阶段就会预测是否会发生跳转，在取指阶段会自动加载预测后的指令，如果预测正确将不会产生流水线断流。许多算法都需要对指令反复执行运算，简单的分支预测有利于提高代码执行效率。

2.5.3 影响流水线性能的因素

流水线的性能在理论上能达到流水深度的倍数，但实际上会有很多种情况导致流水线的性能下降，比如数据冲突、跳转指令、流水线深度等。

1. 数据冲突

在典型的程序处理过程中，经常出现数据冲突问题，比如第一条指令的结果作为第二条指令的一个操作数，那么在第二条指令取操作数时还没有产生，第二条指令必须停止执行，直到前一条指令产生结果才能执行。这类数据冲突的问题，某些处理器会通过预测、周期性的多次执行等方式进行优化。

2. 跳转指令

这个情况在 2.5.2 节中有所提及，就是跳转指令会导致流水线断流问题，一个好的分支预测算法可以优化这类问题，但是并不能保证能百分之百解决。分支预测算法也有从简单到复杂多种，但是并不是越复杂的分支预测算法效果越好。

3. 流水线深度

处理器的性能与流水线相关，但并不是说流水线深度越深，处理器的性能就越高。流水线每个阶段都是相对独立的，所以过深的流水线会让每个阶段的耦合性提高，高耦合就会加重数据冲突、分支跳转等问题。所以高级别的流水线往往伴随着更加精密的设计，才能够使流水线性能得以提高。

2.6　本章小结

本章介绍了嵌入式微处理器的体系结构，包括冯·诺依曼结构和哈佛结构，复杂指令集和精简指令集计算机，并针对 Cortex-M4 介绍了其体系结构、编程模式、中断机制、汇编语言和流水线技术。

2.7　习题

1. 解释冯·诺依曼结构和哈佛结构。哈佛体系结构有什么优点？
2. 解释复杂指令集和精简指令集计算机，并比较二者各自的特点。
3. 常见的嵌入式处理器有哪几类？
4. RISC-V 的基本指令包括哪几类？
5. 简述 Cortex-M4 处理器架构的基本特点。
6. Cortex-M4 操作模式和执行方式有哪几种？
7. 简述 Cortex-M4 的工作模式的转换过程。
8. 简述 Cortex-M4 的通用寄存器的种类，并说明寄存器 R13、R14、R15 的作用。
9. Cortex-M4 的特殊寄存器有哪些？并说明其各自的作用。
10. 为什么在当今程序高级语言多种多样的情况下，有些代码还是使用汇编语言编写？
11. 简述 Cortex-M4 的异常/中断处理过程。
12. 解释中断、异常和陷阱的区别。
13. 中断可以分为哪几类？它们的含义分别是什么？
14. 说明 Cortex-M4 的程序状态寄存器的构成。如何通过程序状态寄存器来保持当前指令运算结果的状态？
15. 流水线技术是如何影响延迟、吞吐量的？
16. 请对 Cortex-M4 流水线进行分析。
17. 解释下列汇编指令的含义。

（1）MOV r0, r1, LSL#3

（2）SUBS r0, r0, #1

（3）CMP r0, #0x12

（4）BL label

（5）B label

（6）

```
CMP r0, r1
ADDEQ r3, r4, r5
SUBNE r3, r4, r5
```

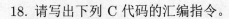

18. 请写出下列 C 代码的汇编指令。

（1）x=a*(b+c);

（2）y= a & (b || c);

（3）if (a>b)   a=a+1; else b=b+1;

（4）for (i=1; i < 10; i++) a[i]=a[i]+1;

19. 在现代嵌入式处理器中，为什么要采用中断？

20. Cortex-M4 的异常/中断机制有哪些类型？

第 3 章

嵌入式总线技术

学习目标与要求

1. 掌握系统总线的定义和分类。
2. 熟悉若干典型总线的结构及其协议。
3. 掌握 DMA 的作用和功能。
4. 掌握 ARM 芯片内的总线结构。

3.1 系统总线概述

嵌入式系统各个主要部件之间一般采用系统总线连接，因此系统总线是连接两个或者多个部件进行数据交换的公共通道。被系统连接的部件可以是数据消费者，也可以是数据生产者。一般而言，系统总线不对数据进行加工，也就是数据在总线上出现和回收时的物理特性是一致的（目前也有研究在系统总线上插入部分计算功能，读者可以查阅相关文献）。系统总线是一种描述电子信号传输线路的物理结构形式，是一组信号线的集合，是子系统或者部件间传输信息的公共通道。

系统总线具有一定的特性，如物理特性、功能特性、电气特性和时间特性等，这些特性和规范由总线协议来定义。

如果将系统总线按照其实现的功能特性来分，大致可以分为 4 类。

（1）数据总线（Data Bus，DB）。顾名思义，数据总线是用来传输数据的总线。如果在 CPU 内部，一般是指 CPU 核心与随机访问存储器（Random Access Memory，RAM）之间传输被处理或是被存储的数据的总线。在 STM32F4 系列芯片中，一个典型的数据总线是 D 总线，它将 Cortex-M4 芯核和 64KB CCM 数据 RAM 之间的数据通信通过总线矩阵连接起来。

（2）地址总线（Address Bus，AB）。地址总线是用来传输被访问部件地址的总线，在物理上可以通过全局地址（以基地址表示）和局部地址（以偏移地址来表示）共同来区分。

（3）控制总线（Control Bus，CB）。控制总线是将控制指令/信号传输到另外部件的总线。在 STM32F4 系列芯片中，一个典型的控制总线是 I 总线，将 Cortex-M4 芯核和总线矩阵连接起来，以传递指令。

（4）扩展总线（Expansion Bus，EB）。由用于连接不常使用的部件的扩展信号组成，可以是上述 3 种总线的综合体或者某一种。例如，在 STM32F4 系列芯片中，S 总线可以归于此类，它连接 Cortex-M4 芯核和总线矩阵，用于访问外设或者静态随机存储器（Static Random Access Memory，SRAM）中的数据，也可以用于传递指令，但此时效率比 I 总线低。

如果按照相对于信息部件的位置，系统总线可以分为内部总线和外部总线；如果按照数据在总线上的时间和空间组织特性，系统总线又可以分为串行总线和并行总线。

基于以上通用原则，在 STM32F4 系列芯片中，对 USB 总线的支持是采用如图 3.1 和图 3.2 所示的架构。该系列 CPU 芯片支持 USB 2.0 的全速（12MB/s）和高速（480MB/s）设备，全速时支持主设备和带 PHY 的 OTG 控制器（满足 OTG 1.0 规范）；高速时也支持主设备和 OTG 控制器（满足 OTG 1.0 规范），但需要通过外置的 PHY 器件与通用收发宏单元接口相连来支持。STM32F4 系列芯片对全速和高速 USB 的支持主要是通过 PHY 口来区别的，这也说明部件对通信协议的支持相当灵活，可以根据实际应用来选择。进一步地，该系列芯片的芯核通过 AHB 总线转换实现对 USB 总线的支持。

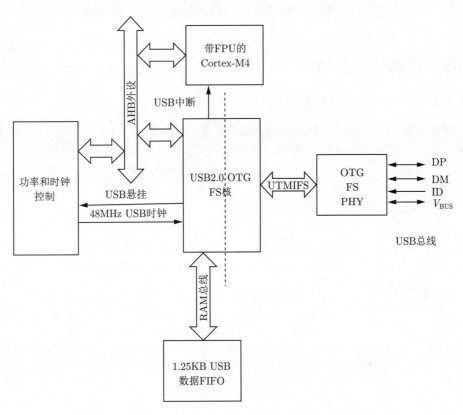

图 3.1　STM32F4 系列芯片对 USB 全速总线的支持架构

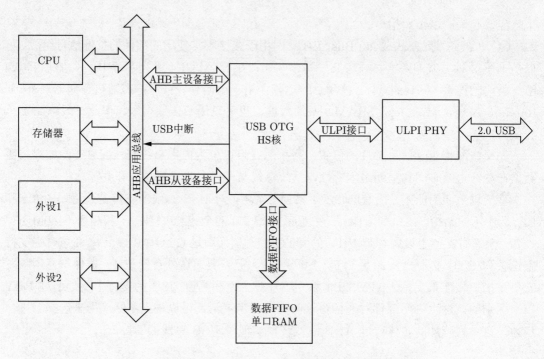

图 3.2   STM32F4 系列芯片对 USB 高速总线的支持架构

3.2   总线结构与协议

3.2.1   CPU 总线的结构

总线是 CPU 与外设进行数据交换的通道，如图 3.3 所示，CPU、内存、I/O 设备都连接到总线上。在经典的总线系统中，通常 CPU 是总线主控，当然，通过 DMA 可以实现其他设备暂时作为总线的主控。在使用总线进行通信时必需的信号包括地址、数据、时钟和一些控制信号。

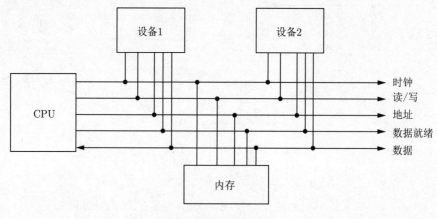

图 3.3   总线结构

大多数总线协议是基于四周期握手协议构建的，如图 3.4 所示，握手是基于两台设备进行通信：一台设备准备好发送，另一台设备准备好接收。握手时使用一对专用于握手的线路：enq 与 ack，其他线路用于握手期间的数据传输。握手的每步都由 enq 或 ack 线路上的电平转换来标识。

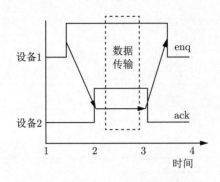

图 3.4　四周期握手

（1）设备 1 的 enq 信号升高发出查询信号，告诉设备 2 做好接收数据的准备。

（2）当设备 2 准备好接收时，设备 2 的 ack 信号升高发出确认信号。这时，设备 1 和设备 2 就可以发送或接收信号。

（3）一旦数据传输完毕，设备 2 就降低 ack 信号，表示已经接收完数据。

（4）当设备 1 看到设备 2 的 ack 信号变为低电平时，设备 1 也将其 enq 信号降低，变为低电平，此次握手结束。

使用握手信号可以完成对数据的读写操作，其时序图如图 3.5 所示。

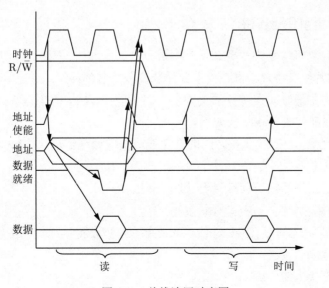

图 3.5　总线读写时序图

　　使用总线握手协议信号可以执行猝发传输（burst transfer），其时序图如图 3.6 所示，在猝发读数据传输中，总线需要额外增加一条线路，称为猝发（burst）信号。在猝发传输中使用该信号。此外，释放猝发信号以通知设备已经完成数据传输，由于设备需要一些时间来识别猝发传输结束，因此为了在数据 4 之后停止接收数据，CPU 在数据 3 的末尾就会释放猝发信号，这些数据来自于从给定地址开始的连续存储空间。

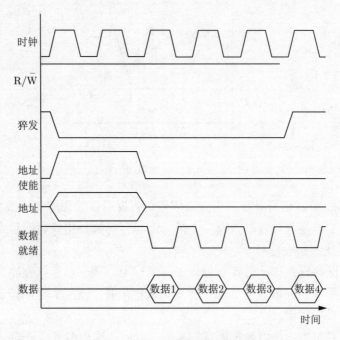

图 3.6　总线猝发传输的时序图

3.2.2　总线组织及演进

　　总线在各种计算机体系中都存在，其中最典型的是北桥/南桥芯片组架构下的总线。

　　北桥/南桥芯片组（桥片）将芯片中各种总线和信息部件组织起来，使得冯·诺依曼计算机的层次结构更加清晰。在桥片的统领下，CPU 内以及和 CPU 紧密相关（即可以被集成到 CPU 芯片内部）的总线结构如下。

　　（1）位于处理器 CPU 和北桥之间的是速度最快的处理器总线，L2 高缓存储器直接连到该总线上（与之相应的 L1 高速缓存当然在 CPU 内部）。

　　（2）北桥通过动态随机访问存储器（Dynamic Random-Access Memory，DRAM）控制器连接高速主存。

　　（3）北桥与南桥之间是 PCI 总线，它连接 PCI 设备、加速图形端口（Accelerated Graphics Port，AGP）设备等。

　　（4）南桥上连接 USB 等接口和相关设备。

　　（5）南桥之下是工业标准结构（Industry Standard Architecture，ISA）、扩展工业标

准结构（Extended Industry Standard Architecture，EISA）等传统的慢速 I/O 扩展总线。

最初引入北桥/南桥芯片组时 AGP 总线标准还没有被提出，当时的图形设备通过 PCI 总线连接到系统中。随着 AGP 总线标准的推出，英特尔公司发布了支持 AGP 的北桥/南桥芯片组，即 440 系列芯片组。典型的奔腾微机的总线结构如图 3.7 所示。

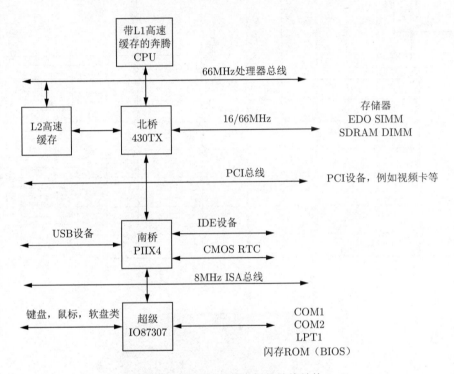

图 3.7　典型的奔腾微机的总线结构

总线协议随着技术的发展而演进，也围绕着芯片的应用而发展，部分总线随着技术的进展从芯片外走入芯片内，完成了总线的芯片嵌入化。

STM32F4 系列芯片内部的总线结构（如图 3.8 所示）变得扁平，而不是传统的多个层次，这主要是由于各个总线的技术演进到一定程度，除了功能上的差别，在电气方面已经完全可以被移到芯片内并予以统一的工艺条件支持。另一方面，总线在速度上都变成高速，数目也变多，因而，矩阵式的结构是很自然的选择。

3.2.3　典型总线及协议

1. ISA 总线

最早的计算机总线是 IBM 公司于 1981 年在 PC/XT 计算机中采用的系统总线，面向的是 8 位的 8088 处理器，被称为 PC 总线或者 PC/XT 总线。1984 年，IBM 公司推出了基于 16 位 80286 英特尔 CPU 处理器的 PC/AT 计算机，系统总线也相应地扩展为 16 位，并被称为 PC/AT 总线。随着 PC 的逐步普及，人们就需要开发与 IBM PC 兼容的外围设备，行业内便逐渐确立了以 IBM PC 系列总线规范为基础的 ISA 总线。图 3.9 展示了支持 5 条 16 位 ISA 总线和 1 条 8 位 ISA 总线的主板，一种典型的 8 位 ISA 设备如图 3.10 所示。

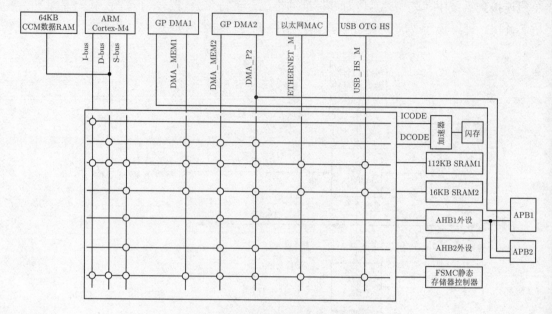

图 3.8　STM32F4 系列芯片的总线结构

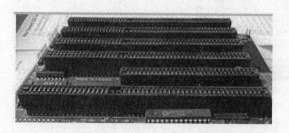

图 3.9　同时支持 8 位和 16 位 ISA 总线的主板

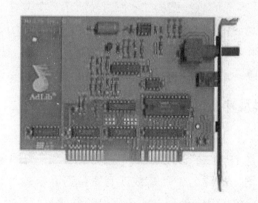

图 3.10　一种 8 位 ISA 设备

8 位 ISA 总线最大传输速率仅为 8MB/s，传输速率过低，使用时导致 CPU 占用率高、设备占用硬件中断资源等，这些缺点很快使 ISA 总线在飞速发展的计算机技术中成为瓶颈。因此在 1988 年，康柏、惠普等 9 个厂商协同把 ISA 扩展到 32 位，这就是著名的 EISA 总线。EISA 总线的工作频率仍旧仅为 8MHz，但在与 8 位/16 位的 ISA 总线完全兼容的同时，32 位 EISA 总线的访问带宽相比于 16 位 ISA 总线提高了一倍，达到了 32MB/s。可惜的是，这一总线速度仍旧较低，而且 EISA 总线成本较高（总线的成本主要在于编解码的复杂性和单位信息量的通信硬件成本），在还没成为广泛使用的标准总线之前，在 20 世纪 90 年代初，就逐步被 PCI 总线取代了。

在工业和军事领域，ISA 总线仍旧在使用，这主要是因为在这些领域有相当多的设备没有更新到 PCI 总线版本上的特殊性以及低速通信的较高可靠性。例如，ADEK 工业计算机公司在 2013 年发布的一款支持英特尔 Core i3/i5/i7 处理器的主板就仍带有一条 ISA 插槽。另一方面，虽然大多数计算机没有支持物理的 ISA 插槽，但在虚拟地址上为 ISA 总线预设了空间。特别地，相当多的嵌入式控制芯片对温度控制和电压的读取也通过 ISA 总线来实现。

2. PCI 总线

ISA/EISA 总线速度的限制使得硬盘、显卡还有其他的外围设备在当时只能通过慢速并且位宽低的总线来发送和接收数据，成为提高 CPU 效率的瓶颈，因此 PC 的性能受到严重影响。为了解决这个问题，1992 年英特尔公司在发布 486 处理器的时候，也同时提出了 32 位的 PCI 总线。

PCI 总线在刚被提出时工作在 33MHz，传输带宽为 133MB/s（33MHz@32 位），比 ISA 总线有了极大的改善，基本上满足了当时处理器与显卡、声卡、网卡、硬盘控制器等高速外围设备的通信需要。一种带有 3 条 32 位 5V PCI 扩展槽的主板如图 3.11 所示。Adaptec 公司的 32 位小计算机系统接口（Small Computer System Interface，SCSI）适配器 PCI 卡如图 3.12 所示。

图 3.11 一种带 32 位 5V PCI 扩展槽的主板

PCI 1.0 总线采用 5V 供电，PCI 2.0 版本以后的总线主要采用 3.3V 供电，PCI 2.1 总线可以支持 66MHz 工作频率。在 PCI 2.2 版本总线中还引入了 Mini PCI 以支持笔记本。除了第一个版本，后续版本的 PCI 总线协议都由 PCI SIG（Special Interest Group，SIG）负责，版本系列包括 PCI 1.0（1992 年发布）、PCI 2.0（1993 年发布）、PCI 2.1（1995 年发布）、PCI 2.2（1998 年发布）、PCI 2.3（2002 年发布）、PCI 3.0（2004 年发布）。

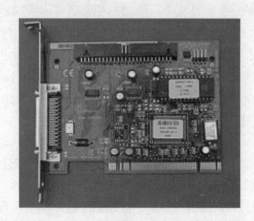

图 3.12　Adaptec 公司的 32 位 SCSI 适配器 PCI 卡

为了在服务器领域支持更高的传输速率，多家厂商联合于 1999 年制定了 PCI-X。PCI-X 1.0 开始时就是 64 位、133MHz 版本的 PCI，以保持对 PCI 总线的兼容，后来的 PCI-X 2.0、3.0 提高了频率，经历过 266MHz、533MHz，甚至 1GHz，遇到的问题是频率增高后通信信号串扰严重，同时共享式总线造成资源争用，导致实际通信效率远远达不到理论值。PCI-X 协议的一个突出特点是采用了寄存器到寄存器的信号传输方式，这非常有利于提高工作频率。实际上，寄存器到寄存器的信号传输方式在芯片内部是常见的手段。另一方面，在 PCI-X 协议中有了总线事务分割的概念，即目标设备不能立即完成请求时，发送独立的响应给请求设备，这是一种中断式的处理机制，减少了总线事务占用通信时间和带宽。PCI-X 协议的另外一个创举是引入消息触发中断（Message Signaled Interrupts，MSI）机制，这一机制是中断处理机制中的主动通知类型。为了实现 MSI 机制，PCI-X 扩展了 PCI 的配置空间，并且在设备枚举过程中为每个 PCI 设备分配 MSI 的中断向量号存储地址以及向量号。

PCI 和 PCI-X 总线统称为并行 PCI 总线，以区别于后续的 PCI-Express（PCIe）。与 ISA 总线的发展类似，2005 年后，PCI 和 PCI-X 总线基本过时了，过去由它们支持的设备或者器件逐步转移到由 USB 总线或者 PCI-Express 总线支持。

3. AGP 总线

PCI 总线刚提出时只有 133MB/s 的带宽，对于传输数据速度需求越来越大的 3D 显卡却力不从心，成为了制约显示子系统和整机性能的瓶颈。因此，PCI 总线的补充——AGP 总线就应运而生了。

英特尔公司于 1997 年 8 月正式推出了 AGP 总线。该总线是显卡专用的局部总线，基于 PCI 2.1 版总线规范并进行扩充修改而成，工作频率为 66MHz，以主存作为帧缓冲器，实现了高速缓冲，1X 模式下带宽为 266MB/s，是当时 PCI 总线的带宽的两倍。后来依次又推出了 AGP 2X、AGP 4X、AGP 8X，传输速度达到了 2.1GB/s。AGP 总线还采用了一种双激励的传输技术，能在一个时钟的上、下沿双向传输数据，进一步提高了传输速度。

双沿传输数据技术目前在存储器等领域得到了广泛应用。

正因为专门为显卡而设计,考虑到支持大功耗的需要,AGP 还提供了一种扩展版本即 AGP Pro。其与 AGP 主要的不同在于电气方面的支持——将插槽增长,增加了额外的引脚来供电,从而可以支持工作站或者服务器对显卡的功耗需要。

表 3.1 给出了 AGP 总线部分技术指标和版本的对应情况以及与 PCI 2.1 协议的部分技术指标对比。

表 3.1　AGP 协议版本和部分技术指标以及与 PCI 2.1 协议的对比

协议版本	工作电压	工作时钟	速度	每个时钟传输数据个数	速率 MB/s
PCI 2.1	3.3V/5V	33/66MHz	–	1	133/266
AGP 1.0	3.3V	66MHz	1X	1	266
AGP 1.0	3.3V	66MHz	2X	2	533
AGP 2.0	1.5V	66MHz	4X	4	1066
AGP 3.0	0.8V	66MHz	8X	8	2133
AGP 3.5	0.8V	66MHz	8X	8	2133

图 3.13 给出了 AGP 卡和槽的对应外形。和 PCI 总线类似,AGP 总线也逃脱不了技术更新的规律,到 2010 年,已经少有主板和芯片支持 AGP 总线了,AGP 逐步让位于 PCIe 总线。

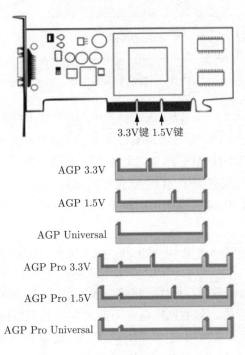

图 3.13　AGP 卡和对应槽外形

4. PCI-Express 总线

英特尔公司在 2001 年春季的英特尔开发者论坛（Intel Developer Forum，IDF）上，正式公布了旨在取代 PCI 总线的第三代 I/O 技术，最后被正式命名为 PCI-Express。2002 年 7 月 23 日，PCI-SIG 正式公布了 PCIe 1.0 规范，2007 年正式推出 PCIe 2.0 规范。特别地，PCIe 规范中引入了"道"（Lane）的概念。"道"由两个分别用于发送和接收数据的差分信号对组成，同时双向传输字节包数据。不同的 PCIe 连接支持不同数目的道，道的数目以"X"为前缀来描述，X16 是通用的最大道数。另一方面，PCIe 总线是串行总线，因为 PCIe 总线每道在每个方向上只有一对差分信号线，也不需要外部时钟信号，所以它可以达到很高的速率，类似的技术在 Serial ATA、USB、SAS（Serial Attached SCSI）、IEEE 1394 FireWire、RapidIO、DVI、HDMI、DisplayPort 等总线中都得到了应用。如图 3.14 所示为通过 PCIe 总线通信的结构示意。

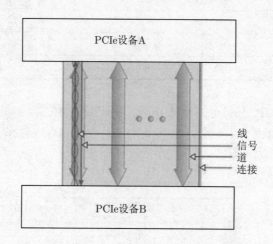

图 3.14　PCIe 通信示意（其中通信称为连接）

一般而言，较短的 PCIe 卡可以插入较长的 PCIe 插槽中使用。PCIe 接口相比于其他接口，能够支持热插拔是一个技术飞跃。PCIe 卡支持的 3 种电压分别为 +3.3V、+3.3Vaux 及 +12V。用于取代 AGP 接口的 PCIe 2.0 总线道数为 X16，能够提供 5GB/s 的带宽，即便考虑编码上的损耗仍能够提供 4GB/s 左右的实际有效带宽，远远超过 AGP 8X 的 2.1GB/s 的带宽。相对于 PCI 总线来讲，PCIe 总线能够提供极高的带宽来满足计算机和嵌入式系统的需求。

2018 年 PCIe 总线标准版本是 PCIe 4.0。与 PCIe 2.0 相比，PCIe 4.0 的信号传输率从 2.0 版本的 5GB/s 提高到 16GB/s，编码方案也从原来的 8b/10b 改为更高效的 128b/130b，可以确保几乎 100% 的传输效率，相比此前 2.0 版本采用 8b/10b 编码方案时提升了 25%，从而促成了传输带宽的翻番，其他规格基本不变，每周期依然传输 2 位数据，支持多道并行传输，从而 X16 双向带宽可达 32GB/s。PCIe 协议版本和相应的部分技术指标如表 3.2 所示。

表 3.2 PCIe 协议版本和相应的部分技术指标

协议版本	年份	编码	传输率	吞吐率				
				X1	X2	X4	X8	X16
1.0	2003 年	8b/10b	2.5GB/s	250MB/s	0.50GB/s	1.0GB/s	2.0GB/s	4.0GB/s
2.0	2007 年	8b/10b	5.0GB/s	500MB/s	1.0GB/s	2.0GB/s	4.0GB/s	8.0GB/s
3.0	2010 年	128b/130b	8.0GB/s	984.6MB/s	1.97GB/s	3.94GB/s	7.88GB/s	15.8GB/s
4.0	2018 年	128b/130b	16.0GB/s	1969MB/s	3.94GB/s	7.88GB/s	15.75GB/s	31.5GB/s

5. CAN 总线

CAN(Controller Area Network)总线是以研发和生产汽车电子产品著称的德国 Robert Bosch GmbH 公司于 1983 年开始开发的，开发出来后成为国际标准 ISO 11898 和 ISO 11519，是国际上应用最广泛的现场总线之一。CAN 总线协议已经成为汽车计算机控制系统和嵌入式工业控制局域网的标准总线协议。

CAN 总线定义了物理层、数据链路层，并且拥有种类丰富、简繁不一的上层协议。与 I^2C、SPI 等有时钟信号的同步通信方式不同，CAN 总线通信是一种异步通信，利用一对差分信号线可以减少设备通信时所需线束中连接线的数量。人们通过多个 CAN 总线组织的 LAN，可以进行大量数据的高速通信，从而获得高性能和高可靠性，因此 CAN 总线被广泛应用于工业自动化、船舶、医疗设备、工业设备等方面。由于 CAN 总线的重要性和在嵌入式设备中的广泛应用，以及人们传统上对嵌入式应用的认识，区别于前面介绍的总线，这里稍微详细地介绍一下它。

CAN 总线通信采用了不需要主计算机或者嵌入式系统干预的基于消息的通信协议，其主要特点如下所述。

1) CAN 总线物理结构与特性

CAN 总线协议是一款采用多主控器的串行总线标准，CAN 总线设备一般称为节点。CAN 总线信号由 CAN_H 和 CAN_L 双绞线构成，各个节点通过这对双绞线实现信号的串行差分数据传输。

CAN 总线物理层的形式主要分为闭环总线及开环总线网络两种。CAN 闭环总线网络是一种遵循 ISO 11898 标准的高速、短距离网络，它的总线最大长度为 40m，通信速度最高为 1Mb/s，典型组织结构如图 3.15 所示。为了避免信号的反射和干扰，CAN 总线协议要求在 CAN_H 和 CAN_L 之间接上名义值为 120Ω 的终端匹配电阻。

CAN 开环总线网络是遵循 ISO 11519-2 标准的低速、远距离网络，它的最大传输距离为 1km，最高通信速率为 125kb/s，两根信号线是独立的、不形成闭环，系统要求每根总线上各串联有一个 2.2kΩ 的电阻，其典型组织结构如图 3.16 所示。

2) CAN 收发器

CAN 设备是通过 CAN 收发器来连接的，CAN 收发器负责 TTL 逻辑电平和差分信号电平之间的转换，即 CAN 控制芯片输出 TTL 逻辑电平到 CAN 收发器，然后 CAN 收发器通过内部转换将 TTL 逻辑电平转换为差分信号输出到 CAN 总线上。依据协议，任何 CAN 总线上的节点都可以决定是否接收总线上的数据。作为实现上述功能的芯片载体，CAN 收发器芯片的一种可能的引脚定义如表 3.3 所示，典型输入/输出信号如图 3.17 所示。

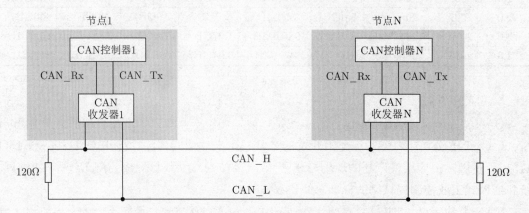

图 3.15　闭环 CAN 总线典型组织结构

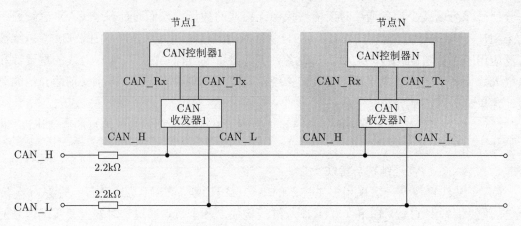

图 3.16　开环 CAN 总线典型组织结构

表 3.3　CAN 收发器芯片的一种可能的引脚定义

引 脚 序 号	名　称	信 号 描 述
1	TXD	发送数据输入
2	GND	地
3	Vcc	电源电压输入
4	RXD	接收数据输入
5	Vio	参考电压输出
6	CANL	低电平 CAN_L 信号线
7	CANH	高电平 CAN_H 信号线
8	S	高速或静音模式选择开关

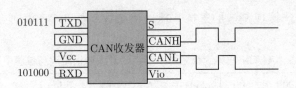

图 3.17　CAN 收发器芯片典型输入/输出信号

3）信号定义

CAN 总线上的信号有两种不同的信号状态，分别是显性的（Dominant）逻辑 0 和隐性的（Recessive）逻辑 1。ISO 11898 标准定义了当 CAN_H 和 CAN_L 电平很接近甚至相等的时候，总线信号表现为隐性逻辑 1，而两线电平差较大时则表现为显性逻辑 0。从量化角度来说，定义如下：

（1）当信号电压差 CAN_H-CAN_L<0.5V 时为隐性的，逻辑信号表现为逻辑 1——高电平。

（2）当信号电压差 CAN_H-CAN_L>0.9V 时为显性的，逻辑信号表现为逻辑 0——低电平。

协议同时规定信号在每次传输完后不需要返回到显性逻辑 0，而是应用不归零（Non-Return to Zero, NRZ）码位填充技术来确定信号值，具体的位填充规则为：发送器只要检测到位流里有 5 个连续相同值的位，便自动在位流里插入补充位。

CAN 总线信号采用"线与"规则进行总线仲裁和定义，总线上只要有一个节点将总线拉到低电平（逻辑 0）的显性状态，总线就为低电平（逻辑 0）即显性状态，而不管总线上有多少节点处于传输隐性状态（高电平或是逻辑 1）；只有所有节点都为高电平（隐性逻辑 1），总线才为高电平（逻辑 1）。这也是为什么逻辑 0 是显性、逻辑 1 是隐性的原因，这一特点是和很多总线稍微不同的地方。

4）通信速率与通信距离

和大多数信号传输一样，CAN 总线的通信速率和通信距离强烈相关，CAN 总线的不同标准可以支持的速率及典型特点如表 3.4 所示，相应的 CAN 总线上任意两个节点的最大通信距离与位速率关系如表 3.5 所示。这里的最大通信距离是指同一条总线上两个节点之间 CAN 总线通信可靠传输的距离，从表 3.5 中可以看到，速率越低通信距离就越远，在位速率为 5kb/s 时达到最大的传输距离 10km。一般的工程中通常采用 500kb/s 的通信速率，在这个速率下通信非常可靠。如果想要更远距离的通信（例如大于 10km），可以考虑

表 3.4　CAN 总线标准及其支持的最高速率及典型特点

类　型	标　准	最高速率	特　点
高速 CAN	ISO 11898	1Mb/s	最通用的 CAN 总线类型
低速 CAN	ISO 11519-2	125kb/s	容错，在一条总线短路的时候仍然能工作
单线 CAN	SAE J2411	50kb/s	高速模式可达 100kb/s，主要用在汽车上

用多个 CAN 控制器连接或是增加支持其他通信协议（如 RS-485 或是 TCP/IP）的接口芯片进行扩展。

表 3.5　CAN 总线上任意两个节点的最大通信距离与位速率关系

位速率/(kb/s)	1000	500	250	125	100	50	20	10	5
最大距离/m	40	130	270	530	620	1300	3300	6700	10 000

5）CAN 总线数据传输

CAN 总线是一个广播类型的总线，在总线上的所有节点都可以监听总线上传输的数据。CAN 总线有点对点、点对多点或全局广播发送接收数据方式。CAN 总线节点硬件芯片在监听到总线数据后，在本地不关注与本节点无关的数据，解码和保留与自己有关的信息。CAN 的帧数据可以分为 6 段。

（1）头尾段包含帧起始和帧结束，用于界定一个数据帧。标准帧和扩展帧都包含这两个段。帧起始为单个显性位。总线空闲时，发送节点发送帧起始，其他接收节点同步于该帧起始位。帧结束为 7 个连续的隐性位。

（2）仲裁段格式如图 3.18 所示。从发送角度来说，在 CAN 总线空闲期间，总线上任何 CAN 设备节点都可以发送报文，如果有两个或两个以上的节点开始发送报文，那么就会存在总线访问冲突的可能，CAN 总线使用标识符 ID 的逐位仲裁方法以解决这个竞争问题。在仲裁期间，每个发送器将自己发送的电平与被监控的总线电平进行比较，如果电平相同（实际上是近似，据前述信号定义），则这个单元可以继续发送报文。如果发送的是一个"隐性"电平而监视到的是一个"显性"电平，那么这个节点就会失去仲裁权，退出发送状态。如果总线上出现不匹配的位并且不处在仲裁期间则产生错误事件。上述仲裁方式的基础主要在于仲裁段的信息。CAN 总线协议规定，报文的帧 ID 号码越小，优先级越高；对于 ID 相同的情况，由于数据帧的远程传输请求位 RTR 为显性电平，远程帧为隐性电平，所以在帧格式和帧 ID 相同的情况下，数据帧优先于远程帧；由于标准帧的扩展标识符位 IDE 为显性电平，扩展帧的扩展标识符位 IDE 为隐性电平，对于前 11 位 ID 相同的标准帧和扩展帧，标准帧优先级比扩展帧高。假如节点 A、B 和 C 都发送相同格式相同类型的帧（例如标准格式数据帧），总线竞争过程如图 3.19 所示。

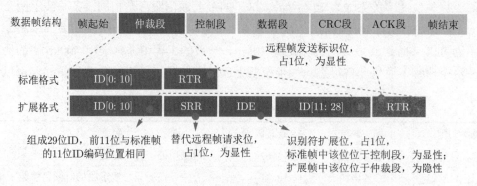

图 3.18　仲裁段的格式

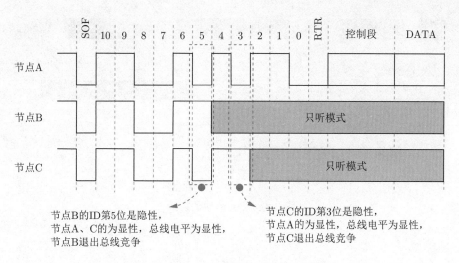

节点B的ID第5位是隐性，
节点A、C的为显性，总线电平为显性，
节点B退出总线竞争

节点C的ID第3位是隐性，
节点A的为显性，总线电平为显性，
节点C退出总线竞争

图 3.19 一种节点间的总线竞争过程

（3）控制段共 6 位，标准帧中控制段包括扩展帧标志位 IDE、保留位 r0、数据长度代码 DLC；扩展帧中控制段除了包括上述三者，还包括保留位 r1。具体组织格式如图 3.20 所示。

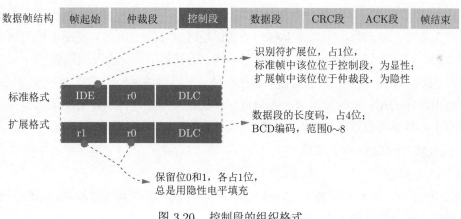

图 3.20 控制段的组织格式

（4）数据段一般为 0 ~ 8 字节，传输时最高有效位（Most Significant Bit，MSB）先传输，相较于其他总线的短帧结构此方式使得通信实时性非常高，抗干扰能力也强，非常适合汽车和工控嵌入式应用场合。

（5）CRC 校验段由帧起始段、仲裁段、控制段和数据段计算得到的 15 位 CRC 值和 1 位隐性电平定界符构成。

（6）当一个接收节点接收帧起始到 CRC 段之间的内容没有发生错误时，将在 ACK 段发送一个显性电平，发送节点检查消息是否存在应答位，如果没有就重发消息。ACK 段具体组织如图 3.21 所示。

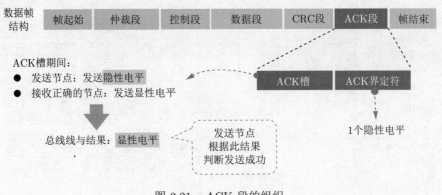

图 3.21　ACK 段的组织

6）帧类型

在通信中，CAN 总线报文有 4 种帧格式。

（1）数据帧：数据帧将数据从发送器传输到接收器，根据仲裁段 ID 码长度的不同，分为标准帧（CAN 2.0 A）和扩展帧（CAN 2.0 B）。

（2）远程帧：总线节点发出远程帧，请求发送具有同一标识符的数据帧。远程帧相对于数据帧而言没有数据段，但是远程帧的 RTR 位被置为 1（隐性电平），表示是远程帧，也有标准格式和扩展格式两种类型。

（3）错误帧：虽然 CAN 总线可靠性很高，但还是有可能发生错误，任何节点单元检测到总线错误就发出错误帧。当总线上有一个错误帧时，总线上所有节点都将检测到一个错误，所以若有任何一个节点检测到错误，则总线上的其他节点都会发出错误帧。

（4）过载帧：过载帧用在相邻数据帧或远程帧之间以提供附加的延时，即过载帧是 CAN 接收节点用来向 CAN 总线发送节点告知自身接收能力的帧，标志着某个接收节点来不及处理数据了，希望其他节点减缓发送数据帧或者远程帧。

6. 以太网（Ethernet）总线

1）以太网概述

1980 年 Xerox 公司和英特尔、DEC 公司一起开发了基带局域网规范，后续发展成为当今局域网采用的最通用的通信协议标准。

以太网协议由于历史和应用原因，一般以物理形式应用在芯片外。通过以太网实现的通信一般以接口的形式出现，通过铜缆或者光纤来连接，其中铜缆可以是同轴线或者差分线。以太网总线协议由 IEEE 802.3 定义，采用带冲突检测的载波监听多路访问（Carrier Sense Multiple Access/Collision Detection，CSMA/CD）技术。除了通常的规范，IEEE 802.3af 定义了将未使用的接口线用于直流供电，也即有源以太网（Power Over Ethernet，POE）接口，此外还有 IEEE 802.3ah 版本。

IEEE 802.3 描述了物理层的连线、电信号和介质访问控制（Media Access Control，MAC）子层的实现方法，历经了十兆、百兆、千兆和万兆以太网的发展。初始的以太网只有 10Mb/s 的带宽。在 IEEE 802.3 标准中，为不同介质制定了不同的物理层标准，标准名称中前面的数字表示带宽，最后一个数字表示单段网线长度（基准单位 100m），Base 表示基带。

【例 3-1】　典型的以太网例子。

（1）10Base-5 使用直径为 0.4 英寸、阻抗为 50Ω 的粗同轴线缆，最大网段长度 500m，采用基带传输方法，拓扑结构为总线型，以太网卡为 AUI 接口。

（2）10Base-2 使用直径为 0.2 英寸、阻抗为 50Ω 的细同轴线缆，最大网段长度 185m，采用基带传输方法，拓扑结构为总线型，以太网卡为 BNC 接口。

（3）10Base-T 使用非屏蔽双绞线线缆，最大网段长度 100m，拓扑结构为星形，接口为 RJ-45。

（4）1Base-5 使用双绞线线缆，最大网段长度 500m，传输速度 1Mb/s。

（5）10Broad-36 使用同轴线缆（RG-59/U CATV），网络跨度为 3600m，网段最大长度为 1800m，是一种宽带传输方式。

（6）10Base-F 使用光纤传输介质，传输速率为 10Mb/s。

1995 年 3 月，IEEE 协会宣布了 IEEE 802.3u 100Base-T 快速以太网标准，开始了 100Mb/s 以太网时代，它有 3 个子类。

（1）100Base-TX：使用 5 类数据无屏蔽双绞线或者屏蔽双绞线。两对双绞线中的一对用于发送数据，另一对用于接收数据。使用 4B/5B 编码方案，信号频率为 125MHz，符合 EIA586 的 5 类布线标准和 IBM 的 SPT 1 类布线标准，使用 RJ-45 连接器，最大网段长度为 100m，支持全双工数据传输。

（2）100Base-FX：使用单模或者多模光纤、4B/5B 编码方式，信号频率同样为 125MHz，使用 MIC/FDDI 连接器、ST 连接器或者 SC 连接器，最大网段长度是 150m、412m、2000m 或者 10km，该长度和使用的光纤类型和工作模式相关；支持全双工数据传输，适合有电气干扰、较大距离或高保密环境条件通信。

（3）100Base-T4：可使用 3、4、5 类无屏蔽双绞线或者屏蔽双绞线的快速以太网，4 对双绞线中的 3 对在 33MHz 频率上传输数据，每对均工作于半双工模式；第四对用于 CSMA/CD。采用 8B/6T 编码方式，信号频率为 25MHz，符合 EIA586 结构化布线标准，使用 RJ-45 连接器，最大网段长度为 100m。

后续千兆以太网填补了上述标准的不足，传输距离更短，主要类型如下：

（1）1000Base-CX Copper STP 25m。

（2）1000Base-T Copper Cat 5 UTP 100m。

（3）1000Base-SX Multi-mode Fiber 500m。

（4）1000Base-LX Single-mode Fiber 3000m。

千兆以太网有两个标准，分别是 IEEE 802.3z 和 IEEE 802.3ab，前者制定了光纤和短程铜线连接方案，后者制定了 5 类双绞线上较长距离连接方案。

万兆以太网的标准是 IEEE 802.3ae，它扩展了 IEEE 802.3 协议和 MAC 规范，可以支持 10Gbps 的传输速率。上述标准基本都和其他标准一样，也可以调整以支持低速率传输。

（1）10GBase-SR 和 10GBase-SW 主要支持短波（850nm）多模光纤，传输距离为 2～300m，后者用于连接 SONET 设备。

（2）10GBase-LR 和 10GBase-LW 用于支持长波（1310nm）单模光纤，传输距离为 2m～10km。

（3）10GBase-ER 和 10GBase-EW 支持超长波（1550nm）单模光纤，传输距离为 2m～40km。

（4）10GBase-LX4 采用波分复用技术，在单对光缆上以 4 倍波长发送信号，支持 1310nm 单模（传输距离为 2m～10km）或者多模光纤（传输距离为 2～300m）。

2）工作原理

以太网标准适用曼彻斯特编码和解码，访问控制采用的是 CSMA/CD 技术，是一种广播型的总线标准，工作过程包含侦听、发送、检测、冲突处理 4 个处理阶段。

（1）侦听：通过专门的检测单元，在节点准备发送前先侦听总线上是否有数据正在传输。若"忙"则进入后述的"退避"处理程序，反复进行侦听工作。若"闲"，则采用一定算法原则（例如"X-坚持"算法）决定如何发送数据。X-坚持的 CSMA 算法为：当在侦听中发现线路空闲时，不一定马上发送数据。

① 非坚持的 CSMA：线路忙，等待一段时间，再侦听；不忙时，立即发送；减少了冲突，信道利用率降低。

② 1 坚持的 CSMA：线路忙，继续侦听；不忙时，立即发送；提高信道利用率，增大了冲突。

③ p 坚持的 CSMA：线路忙，继续侦听；不忙时，根据 p 概率进行发送，另外以 $1-p$ 概率继续侦听（p 是一个指定概率值）；能够有效平衡通信效率，但复杂。

（2）发送：当确定要发送后，通过发送单元，向总线发送数据。

（3）检测：数据发送后，也可能发生数据冲突。因此，要对数据边发送、边检测，以判断是否冲突。

（4）冲突处理：当确认发生冲突后，进入冲突处理程序。两种冲突情况如下所述。

① 若在侦听中发现线路忙，则等待一个延时后再次侦听，若仍然忙，则继续延迟等待，一直到可以发送为止。每次延时的时间不一致，由退避算法确定延时时长。

② 若发送过程中发现数据碰撞，则先发送阻塞信息，强化冲突，再进行侦听工作，以待下次重新发送（方法同侦听阶段）。

两种冲突情况都会涉及一个共同的算法——退避算法。当出现线路冲突时，如果冲突的各节点都采用同样的退避间隔时间，则很容易产生第二次、第三次的碰撞。因此，要求各个节点的退避间隔时间具有差异性，这时退避算法就派上用场。以下介绍一种典型的退避算法——截断的二进制指数退避算法。当一个节点发现线路忙时，要等待延时时间 M，然后再进行侦听工作。其中 M 取 $0 \sim (2^k - 1)$ 的一个随机数乘以 512 比特传输时间（例如，对于 10Mb/s 传输速率，则为 $51.2\mu s$），其中 k 为冲突（碰撞）的次数，M 的最大值为 1023，即当 $k=10$ 时获得。随后 M 始终是 0～1023 的一个随机值与 $51.2\mu s$ 的乘积，当

k 增加到 16 时，就发出错误信息。

在发送数据后发现冲突时，立即发送特殊阻塞信息（连续几字节的全 1，一般为 32～48 位），以强化冲突信号，使线路上的节点可以尽早探测到冲突的信号，从而减少造成新冲突的可能性。

冲突检测时间一般设定为 2α，其中 α 表示网络中两个最远节点的传输线路延迟时间。这一设定表示检测时间必须保证满足最远节点发出数据产生冲突后被对方感知的最短时间。若在 2α 时间里没有感知到冲突，则表明发出的数据没有产生冲突，也即只要保证检测 2α 时间，没有必要整个发送过程都进行检测。

将以太网总线放到用应用层、传输层、网络层、数据链路层和物理层 5 层定义的以太网协议栈中来看，它和数据链路层、物理层强相关，可以作为芯片接口，也可以依据需要完全封装到芯片内。以太网总线无论是以接口的形式出现还是封装到芯片内，都需要遵循一定的以太网帧格式，这一格式多达 5 种，包括 Ethernet V1（1980 年发布）、Ethernet V2（ARPA 于 1982 年发布）、RAW 802.3（Novell 公司于 1983 年发布）、IEEE 802.3/802.2 SNAP（1985 年发布）和 IEEE 802.3/802.2 LLC（1985 年发布）。多种格式是由历史原因造成的，实际使用时应依据具体情况进行区别，例如，大多数 TCP/IP 应用都采用 Ethernet V2 帧格式，其中 1997 年 IEEE 802.3 改回了对这一格式的兼容；而交换机之间的桥协议数据单元（BPDU）数据包则采用 IEEE 802.3/LLC 帧；VLAN Trunk 协议如 802.1Q 和 Cisco CDP 等则采用 IEEE 802.3 SNAP 帧。

当今最常使用的 Ethernet V2 以太网帧由 RFC 894 定义，封装格式主要包括前导码（7 字节 0x55，一串 1、0 间隔，用于信号同步）、帧起始定界符 SFD（1 字节 0xD5）、目的 MAC 地址（6 字节）、源 MAC 地址（6 字节）、类型/长度（2 字节，其中 0～1500 保留为长度域值，1536～65 535 保留为类型域值 0x0600～0xFFFF）、数据（46～1500 字节）、CRC 帧校验序列（4 字节，使用 CRC 计算从目的 MAC 地址到数据域这部分内容而得到的校验和）。

3.2.4　STM32F4 系列芯片对总线的支持

STM32F4 系列芯片是针对嵌入式应用开发的高效 SoC，因此对总线的支持包括两个方面：一是由于集成了 Cortex-M4 芯核，所以支持了 ARM 系列总线；二是面向嵌入式应用支持了丰富的总线，以外部接口的形式体现，例如，I^2C、SPI、CAN、Ethernet 等。综合起来看，STM32F4 系列芯片在对总线协议的支持上，既有通用性，也有特殊性，读者可以参考芯片接口部分进行交叉学习。

3.3　DMA

从前面的阐述可知，总线是数据交流和控制信号传输的载体。如果涉及大量数据的搬运，就迫切需要提高通信效率，但数据搬运又不能长时间占用总线，因此需要寻求其他的方式来进行，如此，直接存储器存取（Direct Memory Access，DMA）就应运而生。

3.3.1 定义和作用

DMA 是现代计算机和嵌入式系统的重要特色，它允许不同速度的硬件装置进行数据通信，而不需要直接依赖于 CPU 的中断资源和全程干预。实际上，如果 CPU 直接参与把某一数据从来源地复制到暂存器，然后把数据写回新的目标地方，那么 CPU 将一直是忙的状态，无法进行其他工作，从而导致通信和计算效率低下。

DMA 的主要作用是将数据从一个地址空间复制到另外一个地址空间，CPU 在整个过程中只需要初始化这个传输动作，初始化完成后 CPU 就解放了，传输动作本身是由 DMA 控制器来执行和完成的，不再需要 CPU 干预。假如将一个外部内存的数据区块移动到芯片内部更快的内存区，通过 DMA 这样的操作，处理器工作不会被拖延，它在执行初始化后将可以被重新安排去处理其他的工作。

DMA 的这一工作机制对于高效能嵌入式系统算法和网络传输是非常重要的，也是芯片和总线设计中应用分时复用技术的优秀实例。DMA 控制器与 CPU 分时使用内存的方式通常采用以下 3 种方法：

（1）停止 CPU 访问内存；

（2）周期挪用；

（3）DMA 与 CPU 交替访问内存。

一个完整的 DMA 传输过程必须经过 DMA 请求、DMA 响应、DMA 传输和 DMA 结束 4 个步骤。考虑到实际的通信情况，如果一个应用中 CPU 的工作周期比内存存取周期长很多，那么此时采用 DMA 与 CPU 交替访问内存的方法可以使 DMA 传输和 CPU 工作同时发挥最高的效率。该种方式不需要总线使用权的请求、建立和归还过程，总线使用权通过约定的分时控制权确定。

CPU 和 DMA 控制器各自拥有访问内存地址寄存器、数据寄存器和读/写控制寄存器。在 DMA 分时控制周期中，如果 DMA 控制器有访问内存请求，那么可将地址、数据等信号送到总线上。在 CPU 分时控制周期中，如 CPU 有访问内存请求，则同样需要传输地址、数据等信号。分时控制采用多路控制器实现高效切换。由于其高效性，这种工作方式又被称为"透明的 DMA"方式，表明此种情况下 DMA 传输对 CPU 来说，如同透明的玻璃一般，没有任何影响。在透明的 DMA 方式下工作，CPU 既不停止主程序的运行，也不进入等待状态，是一种高效率的工作方式，只是牺牲了少量的多路控制硬件开销。

3.3.2 STM32F4 系列芯片 DMA 控制器结构和 DMA 特点

实际上，DMA 作为一种数据的搬运方式，不同芯片中的实现方法有一定的不同，下面以 STM32F4 系列芯片为例来说明具体 ARM CPU 中的 DMA 的工作方式和资源。

该系列芯片中 DMA 是一个 AMBA AHB 模块，有 3 个 AHB 端口，其中一个从设备接口用于 DMA 编程，两个主设备端口用于外设和存储器访问，如图 3.22 所示。

DMA 的访问相比于分布式的外设访问本地存储方式更节约功耗和芯片面积。DMA 的访问充分利用了 ARM 的多层总线，可以实现存储器到存储器、外设到存储器或者存储器到外设的数据传输。该芯片拥有两个通用的 8 个数据流双端口 DMA 控制器,所以一共可以支持 16 个数据流,每个数据流有多达 8 个可选通道(即硬件请求),通道选择可以由软件通过寄存器 DMA_SxCR[29 : 27] 即 CHSEL[2 : 0] 设置,并允许多个外设初始化 DMA 请求,数据流之间传输的数据大小也是独立的。APB 或者 AHB 外设,采用专用 FIFO 支持,并支持最大外设访问带宽,也支持猝发传输(burst transfer)。这两个 DMA 控制器支持的典型外设包括 SPI 和 I²S、I²C、USART、通用或者高级控制定时器 TIMx、DAC、SDIO、摄像头接口(DCMI)和 ADC。两个 DMA 控制器都支持循环缓冲器管理,因此不需要特别的代码处理达到缓冲末端的情况,两个控制器还可以在两个缓冲存储器之间自动切换,无需特殊代码。一个 DMA 传输可通过下列特征刻画。

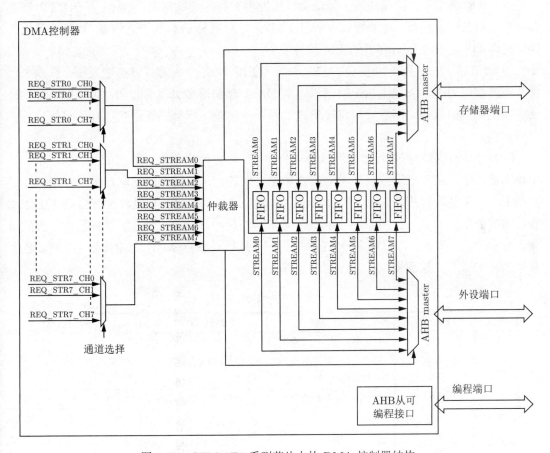

图 3.22　STM32F4 系列芯片中的 DMA 控制器结构

(1)DMA 数据流/通道:在一个数据流中同一时间只能有一个通道(请求)被激活,同一外设的请求不会有多个激活的 DMA 数据流服务。请求的映射方式可以参考相关的数据手册。

(2)数据流优先级:每个 DMA 端口都有一个仲裁器处理 DMA 数据流的优先级,这一优先级可以由软件配置(4 个软件级别),如果软件配置的优先级相同,则使用硬件优先级，数据流 0 比数据流 1 优先级高。

（3）源和目的地址：该地址需要处在 AHB 或者 APB 存储器范围内并与传输尺寸对齐。

（4）传输模式：外设到存储器、存储器到外设、存储器到存储器（只有 DMA2 控制器支持此模式，但不支持循环和直接模式）。

（5）传输尺寸：只有在 DMA 是流控控制器时需要被定义，由寄存器 DMA_SxNDTR 和外设边界数据宽度来确定，根据收到的猝发和单一数据传输请求，传输尺寸按照传输的量递减。

（6）地址增加或者非增加：源或目的地址可以配置成在每一数据传输后自动增加。

（7）源和目的的数据宽度：字节、半字（即二字节）或者字（即四字节）。

（8）传输类型：循环模式用于处理循环缓冲器和持续的数据流，DMA_SxNDTR 寄存器自动重载前一编程值。普通模式下一旦 DMA_SxNDTR 寄存器值达到 0，数据流就被关闭，也即 DMA_SxCR 寄存器的 EN 位等于 0。

（9）FIFO 模式：每个数据流有独立的四字 FIFO，用于临时存储传输数据，软件可以将其阈值编程为 1/4、1/2、3/4 或满以定义 DMA 存储器端口请求时间，也可以通过软件使能或关闭；如果被关闭，就是直接模式。如果被使能，则可以使用数据打包或解包、猝发模式。

（10）源或者目的猝发尺寸：可以是 4X、8X、16X 数据单位，数据单位可以是字、半字和字节，这一尺寸必须按照外设的需要和能力来设置，而且存储器端口上的猝发尺寸必须和 FIFO 阈值配置相互匹配，以便保证存储器端口上的 DMA 猝发传输开启后 FIFO 中有足够的数据。如表 3.6 所示为可能的存储器猝发尺寸、FIFO 阈值配置和数据单位的组合。为了保证一致性，每组形成猝发的数据是不可以分割的：AHB 传输被锁定，仲裁器不会移除其 DMA 主控器权限。

表 3.6   可能的猝发配置

数据单位	FIFO 阈值	INCR4	INCR8	INCR16
字节	1/4	4 个节拍的 1 次猝发	禁止	禁止
	1/2	4 个节拍的 2 次猝发	8 个节拍的 1 次猝发	
	3/4	4 个节拍的 3 次猝发	禁止	
	满	4 个节拍的 4 次猝发	8 个节拍的 2 次猝发	16 个节拍的 1 次猝发
半字	1/4	禁止	禁止	禁止
	1/2	4 个节拍的 1 次猝发		
	3/4	禁止		
	满	4 个节拍的 2 次猝发	8 个节拍的 1 次猝发	禁止
字	1/4	禁止	禁止	禁止
	1/2			
	3/4			
	满	4 个节拍的 1 次猝发		

（11）双缓冲器模式：它作为一个单一数据流工作，但是有两个存储器指针。在双缓冲

器模式激活后，循环模式自动启用，在每次事务操作的末尾（也即 DMA_SxNDTR 寄存器值达到 0 时），存储器指针交换。如此，允许软件在一个存储器被填充或者被 DMA 使用时操作另一个存储器区。

（12）流控：流控控制器控制着数据传输的长度并负责停止 DMA 传输。流控控制器可以是 DMA 或者外设。在 DMA 作为流控控制器时，在使能 DMA 数据流前，先要定义 DMA_SxNDTR 寄存器中的传输尺寸值，在服务 DMA 请求时，该值按照传输数据的量降低。如果流控控制器是外设，传输的数据量未知，那么外设会通过硬件给出 DMA 控制器最后的数据传输。这种情况只支持 SD/MMC 和 JPEG 外设。

3.3.3　DMA 的设置

如果要设置一个 DMA 数据流 x（这里 x 为数据流号码），需要执行下列程序。

（1）如果该数据流是被使能的，那么可以通过复位 DMA_SxCR 寄存器中的 EN 位来关闭它，然后读取该位以确认没有后续的数据流操作。对该位写入 0 不会立即有效，因为只有所有的传输结束后才会实际写入。EN 位读出为 0，意味着数据流准备好被设置。之前因为 DMA 传输设置的状态寄存器 DMA_LISR 和 DMA_HISR 中的所有数据流专用位需要被清除以便数据流重新使能。

（2）设置 DMA_SxPAR 寄存器中的外设端口寄存器地址。

（3）设置 DMA_SxMA0R 寄存器中的存储器地址（如果是双缓冲器模式还需要设置 DMA_SxMA1R 寄存器）。

（4）在寄存器 DMA_SxNDTR 中设置需要传输的数据量，在发生外设事件或者传输猝发数据以后，该值会降低。

（5）在寄存器 DMA_SxCR 中用 CHSEL[2:0] 选择 DMA 通道。

（6）如果需要流控，则设置寄存器 DMA_SxCR 中的 PFCTRL 位。

（7）用寄存器 DMA_SxCR 中的 PL[1:0] 配置数据流优先级。

（8）配置 FIFO 使用（使能或关闭，设置传输和接收阈值）。

（9）配置数据传输方向、外设和存储器递增或者固定模式、单一或者猝发、外设和存储器数据位宽、循环模式、双缓冲模式、半和/或满传输后的中断、在寄存器 DMA_SxCR 中的错误。

（10）通过设置寄存器 DMA_SxCR 中的 EN 位使能数据流。

一旦数据流被使能，就可以服务于连接到该数据流的外设的 DMA 请求。

3.3.4　DMA 传输的状态

下面分别从外设到存储器传输和与之相反的方向来阐明 DMA 传输的状态。

1. 外设到存储器的传输

DMA 需要两个总线访问来执行传输：

（1）外设请求触发的外设端口访问。

（2）由 FIFO 阈值（如果是 FIFO 模式）或直接模式下的外设读触发的存储器端口访问。状态转换图如图 3.23 所示。

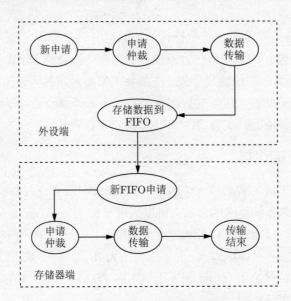

图 3.23　外设到存储器传输状态转换

2. 存储器到外设的传输

DMA 也需要两个总线访问来执行存储器到外没的传输：

（1）一旦 DMA 外设请求被触发，DMA 就期待外设的访问并从存储器读出数据，再将数据存储到 FIFO 中以保证立即进行数据传输。

（2）当外设请求被触发，DMA 外设端口就会产生一个传输。状态转换如图 3.24 所示。

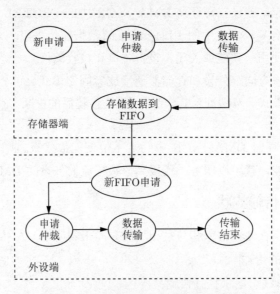

图 3.24　存储器到外设传输状态转换

3.3.5 DMA 请求的仲裁

STM32F4 芯片中的 DMA 控制器嵌入了一个仲裁器，这个仲裁器基于两个 AHB 主设备接口（可以是存储器或者外设接口）上的优先级来管理 8 个 DMA 数据流请求，并发起外设/存储器访问序列。如果有多个 DMA 请求，那么 DMA 在模块内部执行活动的请求之间的仲裁。如图 3.25 所示为由 DMA 数据流请求 1 和请求 2 同时触发的两个循环 DMA 请求的服务情况。在下一个 AHB 时钟周期，DMA 仲裁器检查活动的到来的请求并将访问权交给请求 1 数据流，因为它具有最高的优先权。下一仲裁周期发生在请求 1 数据流的最后一个数据周期。在仲裁期间，请求 1 被掩膜，仲裁器只看到请求 2 是活动的，从而将访问权保留给请求 2，以此类推。

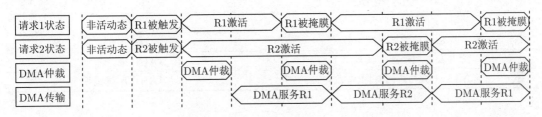

图 3.25　DMA 请求的仲裁案例

为了更高效地使用 DMA，应考虑以下特点：

（1）高速/高带宽外设具有最高的 DMA 优先级。

（2）在同等带宽需求下，为从设备模式的外设安排较高优先级。

（3）因为两个 DMA 可以并行工作，所以在两个 DMA 上应尽可能平衡高速外设的请求。

3.3.6 DMA 延迟性能

当为一个嵌入式芯片设计固件时，用户需要确保不会发生过载或者欠载情况，因此了解 DMA 延迟对于每个传输是强制性的，以便检查内部系统是否可以维持芯片总体的带宽。

一般来说，DMA 数据流的总体传输时间 $T_S = T_{SP} + T_{SM}$，其中 T_{SP} 是 DMA 外设端口访问和传输的总时间，$T_{SP} = t_{PA} + t_{PAC} + t_{BMA} + t_{EDT} + t_{BS}$，而 T_{SM} 是 DMA 存储器端口访问和传输的总时间，$T_{SM} = t_{MA} + t_{MAC} + t_{BMA} + t_{SRAM}$，各参数的含义如表 3.7 和表 3.8 所示。

不同芯片型号和访问情形下上述 t_{BMA} 值、t_{EDT} 有一定不同，需要参考具体芯片手册和依赖于芯片设计工程师的考虑。

在并发访问发生时，也即多个主设备都试图同时访问同一从设备时将给 DMA 服务增加额外的延迟，这是因为如果是多个主设备访问同一 AHB 设备情况，只有总线矩阵仲裁器将访问权授予 DMA 时，DMA 传输才开始，而多个主设备访问同一 AHB-APB 桥的情况，桥的仲裁将使得 DMA 传输被延迟。

表 3.7　外设端口访问/传输时间与 DMA 路径对比

延迟类别	总线矩阵方式		DMA 直接路径
	到 AHB 外设	到 APB 外设	
DMA 外设端口仲裁时间 t_{PA}	1AHB 时钟周期	1AHB 时钟周期	1AHB 时钟周期
外设寻址计算时间 t_{PAC}	1AHB 时钟周期	1AHB 时钟周期	1AHB 时钟周期
无并发总线矩阵仲裁时间 t_{BMA}	1AHB 时钟周期	1AHB 时钟周期	N/A
有效数据传输 t_{EDT}	1AHB 时钟周期	2APB 时钟周期	2APB 时钟周期
总线同步 t_{BS}	N/A	1AHB 时钟周期	1AHB 时钟周期

表 3.8　存储器端口访问/传输时间

延迟类型	延迟
DMA 存储器端口仲裁时间 t_{MA}	1AHB 时钟周期
存储器寻址计算时间 t_{MAC}	1AHB 时钟周期
无并发总线矩阵仲裁时间 t_{BMA}	1AHB 时钟周期
SRAM 读写访问时间 t_{SRAM}	1AHB 时钟周期

STM32F4 系列芯片的 DMA 具有如下特点：

（1）固件具有弹性选择 16 个数据流和 16 个通道之间的组合能力（每个 DMA 有 8 个）。

（2）因为两个 AHB 端口结构、到 APB 桥的直接路径降低了 DMA 传输的总体延迟，也避免了当 DMA 服务于低速 APB 外设时 CPU 在 AHB1 上访问的阻塞。

（3）DMA 的 FIFO 进一步给固件提供弹性，使得源和目的之间的传输尺寸可以变化，在实现递增猝发传输模式时可以加速传输。

3.4　ARM CPU 的总线结构

3.4.1　ARM CPU 的总线发展

在基于 IP 复用的 SoC 设计中，更为通用的片上总线设计便成为最关键的问题之一。作为全球领先的 IP 供应商，ARM 公司推出了相关的片上总线标准 AMBA（Advanced Microcontroller Bus Architecture），并逐步开放了相关标准，加上 ARM 公司相关 IP 得到广泛应用，因此 AMBA 片上总线受到了广大 IP 开发商和 SoC 系统集成商的青睐，相关协议已经成为实际上的嵌入式处理器广泛采纳的标准。

ARM 公司于 1996 年提出 AMBA，其中包括 ASB（Advanced System Bus）和 APB（Advanced Peripheral Bus）。1999 年，提出 AMBA 2，增加了 AHB（AMBA High-performance Bus or Advanced High performance Bus），相关协议是单时钟边沿协议。2003 年提出的 AMBA 3 增加了 AXI（Advanced Extensible Interface）以获得更高性能的互连，增加了 ATB（Advanced Trace Bus）作为 Coresight 片上调试和跟踪解决方案。2010 年的

AMBA 4 以 AXI 4 开始，2011 年，用 AMBA 4 ACE 扩展了系统一致性。2013 年，提出了 AMBA 5 CHI（Coherent Hub Interface），其中高速传输层协议得到了重新设计，总线的拥塞控制也有改善。

从 ARM 总线发展历程可以看出，AMBA 已不仅是一种总线协议，更是一种带有接口模块的互连体系。由于 ARM 总线体系是发展性的，同时又有很多方面是继承性的，所以下面先从较低版本的体系中的一些有代表性的部分开始介绍。

AMBA 2 协议规范包括 4 部分：AHB、ASB、APB 和 Test Methodology。AHB 的相互连接采用了传统的带有主设备和从设备的共享总线结构形式，接口与互连功能分离、功能专用，这一方式对芯片内各个模块之间的互连具有重要意义。一种典型的 AMBA SoC 连接体系如图 3.26 所示，这种结构自诞生以来基本没有变化。

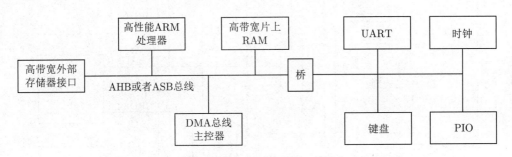

图 3.26 基于 AMBA 的 SoC 连接体系

一般而言，挂在总线上的模块（包括处理器）只是具有单一属性的功能模块：主设备或者从设备。主设备是向从设备发出读写操作的模块，如 CPU、DSP（Digital Signal Processor）等；从设备是接收命令并做出反应的模块，如片上的 RAM、AHB/APB 桥等。当然，也有一些模块同时具有两种属性，例如，前面介绍的 DMA 控制器在被编程时或者初始化时是从设备，但在 DMA 从系统读或者传输数据时必须是主设备。如果总线上存在多个主设备，则需要仲裁器来决定如何控制各种主设备对总线的访问，以避免同时访问出现冲突。在对 CAN 总线的介绍中，我们对仲裁已经有了相当的认识，在前面对 DMA 的介绍中，也较详细地介绍了访问仲裁。实际上，由于多个主设备同时访问某个从设备需要进行仲裁属于通用规则，所以仲裁规范是 AMBA 总线规范中的必然部分。当然，实现仲裁规范的算法不是统一和固定的，具体由芯片设计工程师决定，其中两个最常用的算法是固定优先级算法和循环控制算法。

3.4.2 ARM 总线结构

1. AHB 总线

AHB 总线上最多可以支持 16 个主设备和任意多个从设备，如果主设备数目大于 16，则需再加一层结构，通过桥接器形成多层 AHB 来扩展。

AHB 主要用于重要和速度要求较高的模块（如 CPU、DMA 和 DSP 等）之间的连接。作为 SoC 的片上系统总线，它具有以下特性：单个时钟边沿操作；非三态的实现方式；支持猝发传输；支持分段传输；支持多个主控制器；可配置成 32～128b 总线宽度；支持字节、半字节和字的传输。

AHB 总线连接构成的系统由主设备、从设备和基础结构 3 部分组成。整个 AHB 总线上的传输都由主设备发出，由从设备负责回应。基础结构则由仲裁器、主设备到从设备的多路器、从设备到主设备的多路器、解码器、虚拟从设备（Dummy Slave）、虚拟主设备（Dummy Master）组成，一个典型的互联结构如图 3.27 所示。

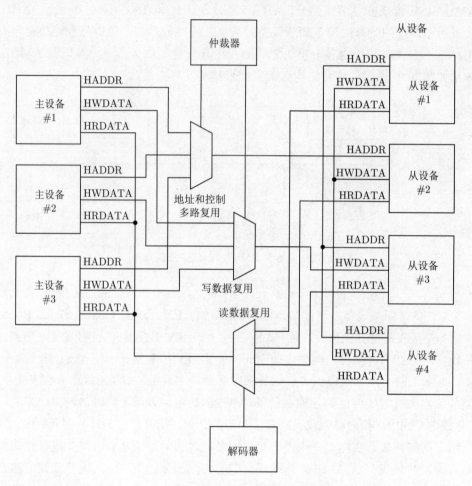

图 3.27　AHB 总线互联结构

2. APB 总线

APB 桥既是 APB 总线上唯一的主设备，也是 AHB 系统总线上的从设备。其主要功能是锁存来自 AHB 系统总线的地址、数据和控制信号，并提供二级译码以产生 APB 外围设备的选择信号，从而实现 AHB 协议到 APB 协议的转换。

APB 主要用于低带宽的周边外设之间的连接，例如 UART（Universal Asynchronous Receiver/Transmitter）、IEEE 1284 并口等。APB 的总线架构不像 AHB 可以支持多个主设备，在 APB 上唯一的主设备就是 APB 桥。APB 的特性包括：两个时钟周期传输；

无须等待周期和回应信号；控制逻辑简单，只有 4 个控制信号。APB 上的传输可以用如图 3.28 所示的状态图来说明。

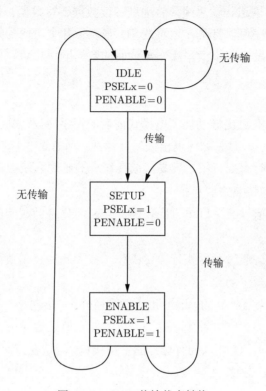

图 3.28　APB 传输状态转换

APB 状态转换流程遵循以下规则：

（1）系统初始化为 IDLE（空闲）状态，此时没有传输操作，也没有选中任何从设备。

（2）当有传输要进行时，PSELx = 1，PENABLE = 0，系统进入 SETUP 状态，并只会在 SETUP 状态停留一个时钟周期。当 PCLK 的下一个上升沿到来时，系统进入 ENABLE 状态。

（3）系统进入 ENABLE 状态时，维持之前在 SETUP 状态的 PADDR、PSEL、PWRITE 不变，并将 PENABLE 置为 1。传输只会在 ENABLE 状态维持一个时钟周期，在经过 SETUP 与 ENABLE 状态之后完成。之后如果没有传输要进行，则进入 IDLE 状态等待；如果有连续的传输，则进入 SETUP 状态。

3. AXI 总线

1）AXI 的版本

采纳 AXI 总线能够使 SoC 以更小的芯片面积和更低的功耗获得更加优异的性能。AXI 总线获得如此优异性能的一个主要原因，就是它具有单向通道体系结构，使得片上的信息流只以单方向传输，减少了延时和降低了复杂性。AXI 总线目前有 3 个版本。

（1）AXI4：主要面向高性能地址映射通信的需求。

（2）AXI4-Lite：是一个简单的吞吐量地址映射性通信总线。

（3）AXI4-Stream：面向高速流数据传输。

AXI 总线是一种多通道传输总线，将地址、读数据、写数据、握手信号在不同的通道中发送，不同的访问顺序可以打乱，用总线 ID 来表示各个访问的归属。主设备在没有得到返回数据的情况下可发出多个读写操作，读回的数据顺序也可以被打乱，同时还支持非对齐数据访问。

2）AXI 的特点

AXI 总线还定义了在进出低功耗节电模式前后的握手协议。规定如何进入低功耗模式，何时关闭时钟，何时开启时钟，如何退出低功耗模式。所有这些特性使得兼容它的芯片 IP 在进行功耗管理的设计时有据可依，容易集成在统一的芯片系统中。

高性能 AXI 协议的特点主要包括：

（1）单方向传输。信号流只以单方向传输，从而简化时钟域间的桥接，减少逻辑门数量，还能减少通信延迟。

（2）支持猝发操作。通过并行执行猝发操作，极大地提高了数据吞吐能力，在满足高性能要求的同时，又减少了功耗。

（3）地址和数据路径是独立的。地址和数据路径分开，能对单一路径进行独立优化，可以根据需要控制路径时序，将时钟频率提高，以降低通信延迟。

（4）增强的灵活性。AXI 技术拥有对称的主从接口，无论在点对点或在多层系统中，都能十分方便地使用 AXI 技术。

3）AXI 读写操作

AXI 协议读采用两个通道来实现，具体见图 3.29。写操作采用 3 个独立的通道实现，见图 3.30。读、写传输都有自己的地址通道，对应的地址通道承载着对应传输的地址控制信息。读数据通道承载着读数据和读响应信号，包括数据总线（可以是 8 位/16 位/32 位/64 位/128 位/256 位/512 位/1024 位）和指示读传输完成的读响应信号。写数据通道的数据信息被认为经过缓冲（buffered），主设备无须等待从设备对上次写传输的确认即可发起一次新的写传输。写通道包括数据总线（可以是 8 位/16 位/···/1024 位）和字节线（用于指示 8 位字节数据信号的有效性）。从设备使用写响应通道对写传输进行响应，所有的写传输都需要写响应通道上的完成信号确认。

因为每个 AXI 总线通道都使用单一方向传输信息，各个通道没有任何固定关系，因此可以在任何通道任何点插入寄存器片，虽然这会导致额外的时钟周期延迟，但使用寄存器片可以实现时钟周期延迟和最大操作频率之间的折中，也可以用来分割低速外设的长路径，提高通信频率。AXI 总线基于 VALID/READY 的握手机制来进行数据传输，主设备传输源端使用 VALID 表明地址/控制信号、数据是有效的，从设备目的端使用 READY 表明自己能够接收信息。读写的 5 个传输通道均使用 VALID/READY 信号对传输过程的地址、数据、控制信号进行握手。AXI 总线使用双向握手机制，传输仅仅发生在 VALID、READY 同时有效的时候。具体又分 3 种情况：如图 3.31 所示为 VALID 在 READY 之前有效的

握手;如图 3.32 所示为 READY 在 VALID 之前有效的握手;如图 3.33 所示为 VALID 和
READY 同时有效的握手。

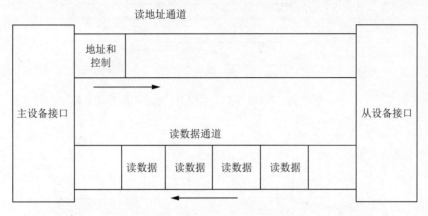

图 3.29　AXI 定义的读操作结构

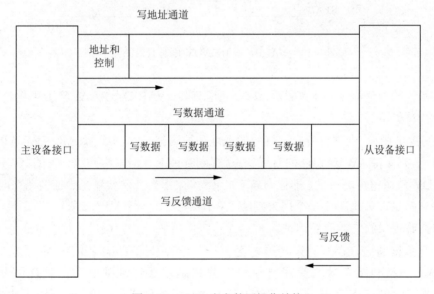

图 3.30　AXI 定义的写操作结构

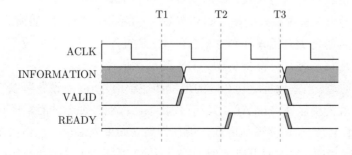

图 3.31　VALID 在 READY 之前的握手

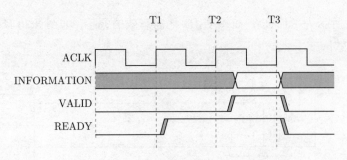

图 3.32　READY 在 VALID 之前的握手

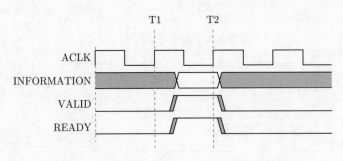

图 3.33　VALID 与 READY 同时有效的握手

以上是大的通信原则，具体而言，每个通道有其 xVALID/xREADY 握手信号对，5 个传输通道情况如下：

（1）写地址通道。当主设备驱动有效的地址和控制信号时，主设备判断 AWVALID，一旦判断有效，需要保持 AWVALID 的有效状态，直到时钟上升沿采样到从设备的 AWREADY。AWREADY 默认值可高可低，推荐为高（如果为低，那么一次传输至少需要两个时钟周期：一个用来判断 AWVALID，一个用来判断 AWREADY）。当 AWREADY 为高时，从设备必须能够接收提供给它的有效地址。

（2）写数据通道。在写猝发传输过程中，主设备只能在它提供有效的写数据时判断 WVALID，一旦判断有效，就需要保持有效状态，直到时钟上升沿采样到从设备的 WREADY。WREADY 默认值可以为高，这要求从设备总能够在单个时钟周期内接收写数据。主设备在驱动最后一次写猝发传输时需要判断 WLAST 信号。

（3）写响应通道。从设备只能在它驱动有效的写响应时判断 BVALID，一旦判断有效，就需要保持，直到时钟上升沿采样到主设备的 BREADY 信号。当主设备总能在一个时钟周期内接收写响应信号时，可以将 BREADY 的默认值设为高。

（4）读地址通道。当主设备驱动有效的地址和控制信号时，主设备可以判断 ARVALID，一旦判断有效，就需要保持 ARVALID 的有效状态，直到时钟上升沿采样到从设备的 AR-READY。ARREADY 默认值可高可低，推荐为高（如果为低，一次传输至少需要两个时钟周期：一个用来判断 ARVALID，一个用来判断 ARREADY）；当 ARREADY 为高时，从设备必须能够接收提供给它的有效地址。

（5）读数据通道。只有当从设备驱动有效的读数据时从设备才可以判断 RVALID，一旦判断有效，就需要保持，直到时钟上升沿采样到主设备的 BREADY。BREADY 默认值可以为高，此时需要主设备一旦开始读传输就能立即接收读数据。当最后一次突发读传输时，从设备需要判断 RLAST。

AXI 协议也要求通道间的读写操作满足如下关系：

（1）写响应必须跟随最后一次猝发的写传输。

（2）读数据必须跟随数据对应的地址。

（3）为了防止读写死锁，通道握手信号需要确认一些依赖关系，这些依赖关系如下：

① VALID 信号不能依赖 READY 信号。

② AXI 接口可以等到检测到 VALID 时，才判断对应的 READY，也可以检测到 VALID 之前就判断 READY。

几种典型的依赖关系分别如图 3.34～图 3.36 所示，其中单箭头指向的信号能在箭头起点信号之前或之后判断；双箭头指向的信号必须在箭头起点信号判断之后判断。

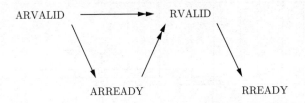

图 3.34　读传输握手依赖关系

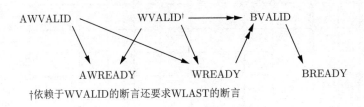

†依赖于WVALID的断言还要求WLAST的断言

图 3.35　写传输握手依赖关系

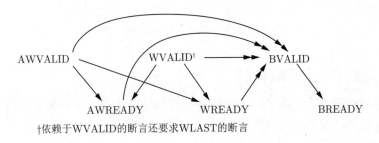

†依赖于WVALID的断言还要求WLAST的断言

图 3.36　从设备写响应握手依赖关系

要理解详细的 AXI 总线协议，还需要对传输时序关系和使用的硬件资源进行细致的了解。具体而言，包括地址结构、猝发的总长度、猝发的规则（例如，边界、回转、增量、固定长度等）、窄传输、非对齐传输等。

3.4.3　多层总线矩阵结构

将总线集成到某一具体芯片内，实际的使用结构有一定差异。具体到 STM32F4 系列芯片来说，嵌入了多个主设备和从设备，主设备包括 Cortex-Mx 芯核 AHB 总线、DMA1 存储器总线、DMA2 存储器总线、DMA2 外设总线、以太网 DMA 总线、USB 高速 DMA 总线、Chrom-ART 加速器总线、LCD-TFT 总线等；从设备包括内部 Flash 接口、内部 SRAM1 和辅助内部 SRAM（当可以访问 SRAM2、SRAM3 时的情况）、AHB1 外设（包括 AHB-APB 桥和 APB 外设）、AHB2 外设、AHB3 外设（例如，FMC、Quad-SPI 外设）等。这样多的主、从设备自然应采用多层总线矩阵结构来支持，保证并发访问和有效操作。某一具体的多层总线矩阵结构如图 3.37 所示。

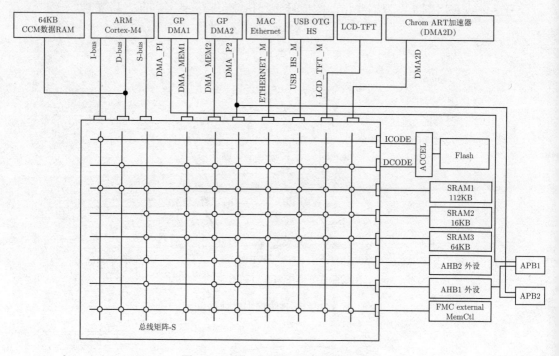

图 3.37　某一具体多层总线矩阵结构

3.4.4　矩阵总线访问优先权

在矩阵总线结构中，采用了轮询调度的优先权体系来保证主设备使用极低延迟来访问从设备，这是因为以下几个因素。

（1）轮询调度允许总线带宽的公平分配；

（2）最大延迟有上限；

（3）轮询调度粒度是 1X 传输。

3.5　总线的性能分析

总线特征指标包括传输带宽、数据位宽和工作频率等。例如，USB 总线的 10Gbps 时间特性就是传输带宽，表示每秒传输 10Gb 的数据。传输带宽有理论带宽和有效带宽之分，在计算总线的有效带宽时需要注意数据通信以外的功能所占据的带宽。例如，10Gbps USB 总线，它保留了部分带宽用于支持数据通信以外的其他功能，所以其实际的数据通信有效带宽大约为 7.2Gbps。

1. 总线的带宽（总线的数据传输速率）

总线的带宽指的是单位时间内总线上传输的数据量，即每秒钟传输数据的最大稳态数据传输率。与总线带宽密切相关的两个因素是总线的位宽和总线的工作频率，其关系为：总线的带宽＝总线的工作频率 × 总线的位宽。然而，实际的有效数据传输带宽需要考虑多种因素，以以太网总线为例，数据段只占数据帧中的一部分，并且传输过程中不全是数据帧，因此有效带宽要比理论带宽窄。有了这些考虑因素，选择何种总线在芯片内部就是一个重要的性能考量。

2. 总线的位宽

总线的位宽指的是总线能同时传输的二进制数据的位数或数据总线的位数，即 32 位、64 位等总线宽度的概念。总线的位宽越宽，每个时钟数据传输率越大，总线的带宽也就越宽。

3. 总线的工作频率

总线的工作时钟频率以兆赫兹为单位，一般而言，工作频率越高，总线工作速度越快，则总线带宽越宽。芯片外的总线的工作频率相对于芯片内部的总线工作频率较低，这也是为什么 AMBA 体系需要多层总线的原因。芯片内部的总线相互之间频率也可以不同，不同的总线之间需要通过桥接器或者 FIFO 等进行通信。

3.6　本章小结

总线是 CPU 与内存和外设进行通信的公共通道，通过总线将嵌入式系统的各个部件连接起来，并进行数据交换。本章介绍了总线的基本结构和协议，在此基础上介绍了典型的总线，包括 ISA 总线、PCI 总线、AGP 总线、PCIe 总线、CAN 总线、以太网总线和 DMA 机制。并以 ARM 的 AMBA 总线为例，介绍 ARM 如何通过总线进行通信。

3.7　习题

1. 简述系统总线的作用、类型、特点。
2. 简述四周期握手协议的过程并通过时序图表示。
3. 给出写入 4 个单元数据的猝发传输的时序图。
4. 在北桥/南桥芯片组中，北桥、南桥分别连接具有什么特点的外设？

5. 在当前总线传输速度很快的情况下，为什么在某些领域还在使用 ISA 总线？

6. PCI-X 总线与 PCI 总线相比，它有什么特点？

7. AGP 总线主要应用在哪些部件上来解决部件之间的性能不匹配问题？

8. PCIe 总线采用了什么技术以提高传输速率？

9. DMA 控制器与 CPU 分时使用内存的方式通常采用哪些方法？

10. CAN 总线报文具体有哪 4 种消息类型？

11. CAN 总线帧格式包括的基本域有哪些？

12. 简述以太网的工作过程。

13. 编写截断的二进制指数退避算法。

14. 简述 DMA 传输的过程。

15. 简述外设到存储器、存储器到外设 DMA 传输过程中状态的变化。

16. 简述 AMBA 2 协议规范中包括哪几个部分总线，并设计基于 AMBA 2.0 总线的一款连接体系。

17. AXI 总线基于何种握手机制来进行数据传输？

18. AHB 总线上可以支持的主设备和从设备数目分别是多少？

19. 简述 PCIe 总线的主要特点。

20. 设计一款 AXI 到 AHB 总线之间总线协议通信 IP。

21. 嵌入式系统中经常采用中断控制方式来控制 I/O 端口或者部件的数据传输，那么采用中断控制方式的目的是什么？

22. CAN 总线节点状态包括哪些？

23. CAN 收发器至少包括哪些引脚？说明各引脚的物理含义。

24. 简述 CAN 总线的发展历史。

25. 如果将传统上芯片外部总线迁移到芯片内，需要注意什么问题？

26. 在嵌入式芯片内外分别如何进行总线性能分析和评估？

27. 简述采用芯片实现总线协议时应着重考虑的因素。

28. 设计一款嵌入式的通用 DMA IP。

29. 根据 ITRS（International Technology Roadmap for Semiconductors）路线图，预测一下未来嵌入式总线的发展趋势。

30. 如果请你改进 CAN 总线，能否给出若干技术点？

31. 将 CAN 总线和 DMA 结合起来可行吗？如果可行，请提供方案；如果不行，请说明理由。

第 4 章

存储器系统

学习目标与要求

1. 掌握嵌入式系统存储器的分类。
2. 掌握 ARM 芯片内的存储器结构。
3. 了解新型存储器的发展。

4.1 存储器系统概述

存储器系统作为计算机或者嵌入式系统中不可或缺的组成部分,主要用来存放指令和数据。当前计算机或者嵌入式系统的主存储器由于计算机体系结构的限制,存在若干不足之处,例如,有时不能同时满足存取速度快、存储容量大和成本低的要求。因此,折中考虑数据访问需求和成本性能,一般在计算机内部、嵌入式系统内部或者芯片内部布置速度由慢到快、容量由大到小的多级、多层次存储器,以优化的控制调度算法、合理的成本、合理的性能构成可用和经济的存储器系统。

4.2 嵌入式系统存储器的分类和存储器性能分析

存储器作为嵌入式系统硬件的重要组成部分,主要功能是存放嵌入式系统工作时所用的程序和数据。嵌入式系统的存储器分为片内和片外两部分,其层次结构一般如图 4.1 所示。在这种存储器分层结构中,一般把上一层的存储器当作下一层存储器的高速缓存。比如,CPU 寄存器就是芯片内的高速缓存;内存又是主存储器的高速缓存,它经常被用来将数据从闪存等主存储器中提取出来并予以存放,以此提高 CPU 的运行效率。嵌入式系统的主存储器容量是十分有限的,通常会选择使用磁盘、光盘或 CF(Compact Flash,CF)卡、SD 卡(Secure Digital Memory Card,SDMC)等外部存储器来存储大信息量的数据。

4.2.1 以存储器的用途分类

在嵌入式系统中,根据存储器在系统中所起的作用不同,存储器主要分为辅助存储器(简称外存)、主存储器(简称内存)、CPU 高速缓存、片内寄存器,其在计算机系统或者嵌入式系统内的连接关系如图 4.2 所示。片内寄存器具有特殊性，一般由 CPU 直接读写，芯片的用户手册中有详细的寄存器定义，它们的访问权限也不完全相同。

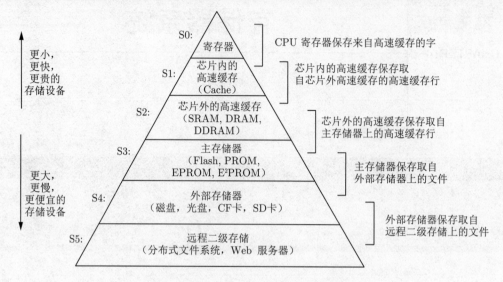

图 4.1　嵌入式系统的存储器层次结构

图 4.2　嵌入式系统中存储器的连接

　　CPU 高速缓存是位于 CPU 与内存之间的临时存储器，它的容量与内存相比小得多，但是交换速度却比内存要快得多。因为 CPU 运算速度要比内存读写速度快很多，所以会导致 CPU 花费很长时间等待数据从内存中读取或把数据写入内存，从而降低计算机或者嵌入式系统的运算效率，高速缓存的设计解决了 CPU 运算速度与内存读写速度严重不匹配的难题。其机制是，在 CPU 高速缓存中的数据只是内存中的一小部分，但这一小部分是短时间内 CPU 即将访问的（或者频繁访问的）。当 CPU 需要调用大量数据时，可先从高速缓存中调用，从而加快读取速度。

　　内存是存储系统中重要的组成部件之一，CPU 可以直接对内存进行访问，它是与 CPU 进行信息传输的桥梁。由于系统中所有程序的执行都是在内存中进行的，因此计算机的运行效率受到了内存性能的制约。内存通常会选择采用快速的存储器件来构成，由第 3 章的介绍可知，内存的存取速度和总线的访问频率以及位宽相关联，而且访问位宽又决定了可以访问的内存容量，因此内存是制约嵌入式系统性能的重要因素。通常，CPU 中的运算数据会暂时存放在内存中，方便与硬盘等外部存储器交换。计算机和嵌入式系统只要在运行中，CPU 就会把需要运算的数据传递到内存中，当运算完成后 CPU 再将结果传输出去，以供显示、控制或者存储到外存中。

外存是指除内存及 CPU 高速缓存以外的存储器，也可以用来存储各种信息，一般用来存放不会经常使用的程序和数据，其特点是容量大，且断电后仍然能保存全部数据，是非易失性的存储器。内存及 CPU 高速缓存是易失性存储器，一旦掉电数据就会丢失。外存总会和某个外部设备相关，常见的外存有软盘、硬盘、U 盘、光盘等。CPU 要使用外存中存储的信息时，必须通过特定的设备将信息先传输到内存中。

高速缓存、内存和外存的用途和特点如表 4.1 所示。

表 4.1　3 种存储器的用途和特点

存储器类型	简　称	用　途	特　点
高速缓存存储器	高速缓存	高速存取指令和数据	存取速度快、容量小、易失性
主存储器	主存、内存	存放计算机运行期间的大量程序和数据	存取速度较快、容量不大、易失性
外存储器	外存	存放系统程序、大型数据文件和数据库	存储量大、位成本低、非易失性

4.2.2　以信息存取方式分类

存储器按照信息存取方式分为两类：随机存取存储器（Random Access Memory，RAM）和只读存储器（Read Only Memory，ROM），这个是普遍规则。对于片内寄存器也适用，寄存器的读写控制甚至可以精确到位，作为高级软件和硬件开发人员，需要依据芯片数据手册详细了解这些寄存器的访问权限。作为芯片设计人员，则要依据芯片的设计，规划相关寄存器的设置。

随机存取存储器既可以被读取也可以被写入数据。常见 RAM 的种类有静态随机存储器（Static RAM，SRAM）、动态随机存储器（Dynamic RAM，DRAM）、双倍速率随机存储器（Double Data Rate SDRAM，DDR SDRAM）等。其中，SRAM 比 DRAM 运行速度要快，功耗要低，DRAM 还需要进行周期性刷新。

只读存储器在烧写入数据之后，就不可以再次对数据进行修改，且无须外加电源来对数据进行保存，断电后数据也不会丢失。但是 ROM 存在读取速度较慢的缺点，比较适合用来存储需要长期保留的数据。常见 ROM 有掩膜 ROM（Mask ROM，MROM）、可编程 ROM（Programmable ROM，PROM）、可擦可编程 ROM（Erasable Programmable ROM，EPROM）、电擦除可编程 ROM（EEPROM，也可表示为 E^2PROM）和闪存（Flash Memory）。

1. 随机存取存储器

随机存取存储器是一种在计算机或者嵌入式系统运行期间可以同时进行读写操作的存储器，又被称为读写存储器，RAM 的一种基本存储电路单元结构如图 4.3 所示。

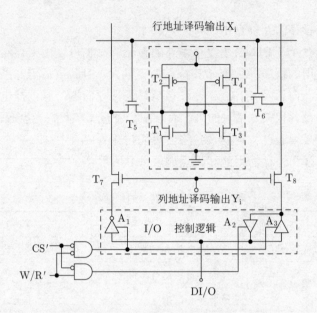

图 4.3　SRAM 一种基本存储电路单元结构

　　SRAM 采用的是静态存储方式，只要始终保持上电状态，SRAM 存储的数据就可以保持。因此，SRAM 具有较高的性能，功耗相对较低。但是 SRAM 也存在不足之处，例如，SRAM 集成度较低，导致相同容量的存储器与其他存储器相比体积较大，制作成本高。如图 4.3 所示，SRAM 基本存储电路单元由双稳态触发器构成。SRAM 的基本存储电路单元结构可以分为 5 部分：存储单元阵列、行/列地址译码器、灵敏放大器、控制电路和缓冲/驱动电路。

　　DRAM 是最为常见的系统内存。由于 DRAM 采用电容存储数据，为了长久保存数据，必须每隔一段时间刷新一次，因此与 SRAM 相比需要较高的功耗，但是相同容量的DRAM 内存集成度更高、体积更小。DRAM 的位存储电路如图 4.4 所示，其保存信息的原理是依靠电容中存储电荷的状态，电容有电荷时，为逻辑 1；没有电荷时，为逻辑 0。读写功能是根据行选择信号和列选择信号来实现的，只有当两个信号都有效时才能选中该存储单元，通过数据线状态和控制电路完成对电容电压的读取（读）或充放电（写）。

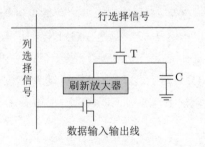

图 4.4　DRAM 的位存储电路

双倍速率随机存储器（DDR SDRAM）在 SDRAM（Synchronous Dynamic RAM，同步动态随机存取存储器）的基础上进行了优化，其内部具备 2 位预取机制，存储阵列采用双存储体构成，进行交叉编址，当一个存储体输出时，另一个存储体准备数据。在时钟的上、下沿分别传输数据，使得传输带宽比采用单沿传输数据时增加一倍。因此，在相同的时钟频率下，DDR SDRAM 比 SDRAM 的传输速度提高了一倍。

2. 只读存储器

ROM 是一种在计算机或者嵌入式系统工作期间只能读取信息，而不能随时写入信息的存储器。ROM 具有结构简单、非易失性和位密度高等优点，但是其数据读取速度慢。

掩膜式 ROM 是由生产厂家采用一种掩膜技术将程序写入存储器中，一旦 MROM 制作完成后，就不可以再次对其中保存的信息进行任何形式的修改。依照制造工艺，MROM 大致可以分为 MOS 型和 TTL 型两类，两者驱动电压不同。MOS 型 MROM 具有功耗低、速度慢等特点；TTL 型 MROM 则具有速度快、功耗大等特性。由于 MROM 的生产成本较低，在设计相对成熟的电子产品中得到了广泛应用。

可编程 ROM 可以由用户自由地进行写入操作，但是 PROM 只有一次写入机会，一旦写入成功后，就和 MROM 一样，不能再对其中保存的信息进行任何修改。PROM 在出厂设置时，将内部存储的数据全设为 1，用户可以根据自身的需要将其中的某些单元写入数据 0（部分 PROM 在出厂时数据全为 0，则用户可以将其中的部分单元写入 1），以达到对其"编程"的目的。PROM 最具代表性的产品有"双极性熔丝结构"，其工作原理是：当要对某些单元存储的数据进行改写时，对要改写的单元施加足够大的电流，并维持一定的时间，那么原先的熔丝将会被熔断，达到了改写某些位的效果。另外一类经典的 PROM 为使用"肖特基二极管"的 PROM，其在出厂时，内部的二极管处于反向截止状态，当需要写入数据时，同样用大电流的方法将反相电压加在"肖特基二极管"上，造成其永久性击穿即可改写信息。PROM 常用于需要预存固定资料或程序的各类电子产品中，例如，电子游戏机、电子词典、植入式医疗器械和 HDMI 接口等。

可擦可编程 ROM 是具有非易失性的存储芯片，其在断电之后仍可以有效地保存数据。用户可以对 EPROM 芯片进行重复擦除和写入操作，有效解决了 PROM 芯片只能写入一次的问题。EPROM 芯片具有一个非常明显的特征——在其正面的陶瓷封装上，设有一个玻璃窗口，透过该窗口，可以看到器件内部的集成电路，当用户利用紫外线透过该孔照射内部芯片时，就可以擦除其内部存储的数据。完成芯片擦除的操作需要配套的 EPROM 擦除器。一块编程后的 EPROM，其内部数据大约可以保持 10～20 年，并且可以进行无限次读取操作。用户不进行读写操作时，必须覆盖器件的擦除窗口，防止窗口偶然被光照射导致误擦除。EPROM 虽然具有可反复编程的优点，但需要采用专用的紫外线擦除器，并且只能整体擦除。由于擦除机制特殊，且玻璃窗口制作成本较高，导致 EPROM 逐渐退出市场。一种 32KB（256Kb）EPROM 如图 4.5 所示。

电擦除可编程 ROM 也是一种掉电后还可以有效保存数据的存储芯片。EEPROM 通过电信号将保存的数据全部或部分擦除，并能完成在线编程。这类存储器采用程序控制的方式来实现读写操作，但其读写的速度与 RAM 相比要慢很多。与 EPROM 相比，EEPROM 使用起来更加方便。读取数据时，只需要低电压（一般为 +5V）供电。编程写入时，通过编程电压（一般为 12V）写入或擦除数据。如今，EEPROM 被广泛用于需要经常擦除的 BIOS（Basic Input Output System）芯片以及快闪存储器芯片上，甚至还取代了部分硬盘的功能，比如固态硬盘。它与高速 RAM 一起成为当前最常用且发展最为迅猛的两项存储技术。

图 4.5　32KB（256Kb）EPROM 27C256

快闪存储器（Flash Memory）作为新一代的非易失性存储器，属于 EEPROM 的一种。根据其电路结构的不同，分为 NOR 闪存和 NAND 闪存两种，这两种闪存的比较如表 4.2 所示。

由于 NOR 闪存的写操作只能将数据位从 1 写成 0，而不能将 0 改写为 1，所以在对 NOR 闪存写入之前必须先进行预操作，将预写入的数据位初始化为 1。执行擦除操作的最小单位是一个区块，大约为 64～128KB，而不是单个字节，执行一个写入/擦除操作的周期为 5s。NAND 闪存的擦除操作是以 8～32KB 为单位的块进行的，执行相同的操作最多只需要 4ms。从上述数据可以看出，虽然 NOR 闪存的读速度比 NAND 闪存稍快一些，但是 NAND 闪存的写入速度比 NOR 闪存快很多。相对来说，NAND 闪存的随机读取能力差，较适用于大量数据的连续读取。

所有闪存器件都会存在位交换的现象。这是因为闪存在读写数据的过程中，会偶然产生一位或几位数据错误，即位反转，而位反转是无法完全避免的，只能采用其他有效手段对产生的错误结果进行事后弥补。在使用闪存过程中，还有可能会导致某些区块出现损坏。区块一旦被损坏，将无法采用任何手段进行修复。坏块在 NAND 闪存中是随机分布的，甚至是在 NAND 闪存出厂时就可能存在（大多厂商会标识出这些坏块）。可以通过对介质进行初始化扫描发现 NAND 闪存中的坏块，并对坏块进行标记，避免对坏块进行操作。如果对已损坏的区块进行任何操作，则可能带来不可预测的错误，这也是使用这类存储器时需要特别注意的地方。

表 4.2　两种 Flash 存储器的比较

参　数	NOR 闪存	NAND 闪存
容量	中	大
程序可否直接运行	可以	不可以
擦除	慢	快
工作速度写	慢	快
读	快	快
擦除次数	10 000～100 000	100 000～1 000 000
擦除方式	FN 隧道穿越	FN 隧道穿越
编程方式	热电子注入	FN 隧道穿越
访问方式	随机访问	顺序访问
价格	高	很低
擦除单位	块	块
编程单位	字节	页
读取单位	字节	页
优势	随机访问	寿命长，成本低
用途	启动 ROM（BIOS 等）	存储装置

在 NOR 闪存内可以直接运行应用程序，而且不需要再把代码读到系统 RAM 中进行运行。NOR 闪存具有很高的传输效率，但是较低的写入和擦除速度大大制约了它的性能。而 NAND 闪存结构具有很高的存储密度，并且写入和擦除的速度也很快，但 NAND 闪存需要特殊的系统接口来访问，硬件设计（例如访问控制器）比较复杂。

代码在 NOR 闪存上运行时不需要任何软件提供支持，而在 NAND 闪存上进行相同操作时，往往就需要相关的驱动程序提供支持，也就是需要内存技术驱动程序（Memory Technology Device，MTD）的支持。需要说明的是，NAND 闪存和 NOR 闪存在进行写入和擦除操作时都需要用到 MTD 支持。

NAND 闪存中每个块允许的最大擦写次数大约为一百万次，而 NOR 闪存的允许擦写次数约为十万次。NAND 闪存除了擦除周期具有很大优势外，典型的 NAND 闪存块尺寸约为 NOR 型闪存的 1/8。

各种存储器特点不同，决定了一种存储器不能绝对占优，应根据应用的场合、性能以及设计追求的目标来选择。

4.2.3　存储器的主要技术指标

1. 存储容量

存储容量是指存储器可以容纳的最大二进制信息量，采用存储器中存储地址寄存器的编址数与存储字位数的乘积来表示，容量一般以字节（Byte/B）为单位，其中：

$$1B = 8bit$$
$$1KB = 2^{10} B = 1024B$$
$$1MB = 2^{20} B = 1024KB$$
$$1GB = 2^{30} B = 1024MB = 1\ 048\ 576KB$$
$$1TB = 2^{40} B = 1024GB = 1\ 048\ 576MB$$

2. 存取时间

数据存入存储器的操作称为写操作，从存储器中取出数据的操作称为读操作，读/写操作被统称为访问。存取时间是指 CPU 对内存进行读或写操作时所需要花费的时间。以读取为例，当 CPU 发出相关指令给内存时，指令要求内存读取特定地址的数据，内存收到指令后便会将该地址位所存储的数据传输给 CPU，一直到 CPU 收到数据为止，这就是一个读取周期的流程。利用存取时间的倒数来表示速度，比如存取时间 1ns 的内存，实际访问频率为 $1/10^{-9}$Hz $= 1000$MHz。DRAM 芯片的存取时间一般为几十纳秒，SRAM 芯片为几纳秒，其他速度指标包括写入速度（一般与读取速度差别不大）、擦除速度等。

3. 存储周期

存储器从接收读出命令到被读出信息稳定在输出端为止的时间间隔称为"取数时间"。两次独立的存取操作之间所需最短时间称为"存取周期"。半导体存储器的存取周期一般为 $6\sim10$ns。存取周期作为存储器的性能指标之一，直接影响电子计算机或嵌入式系统的技术性能。存取周期越短，系统的处理速度越快，但对存储元件及制造工艺的要求也越高。

4. 访问带宽

内存访问带宽指的是内存总线所能提供的数据传输能力，其大小可以表示为：（存储器位数/8）× 读取速度峰值。

访问带宽是内存性能最主要的指标，内存访问带宽已作为主要的分类标准，但结合前面介绍的总线技术，我们也知道它并非决定嵌入式系统性能的唯一要素。

以内存为例，它有 3 种不同的频率指标，分别是核心频率、时钟频率和数据传输率。

（1）核心频率：即为内存单元阵列的工作频率，它是内存的真实运行频率。

（2）时钟频率：即输入/输出缓存的传输频率，也称为 I/O 频率。

（3）数据传输率：指数据在总线上传输的频率，经常以 MB/s 为单位。

4.3　ARM 存储器管理

从广义的存储器管理来说，需要对如图 4.1 所示的各个层级的存储器都有所认识和了解。前面讲过，寄存器属于特殊的存储器，对它们的使用大家可以参考编程手册来学习。早期的 ARM CPU 通过存储管理单元来实现存储器管理，在新的 Cortex-M4 核中，这一情形有所改变，如图 4.6 所示的芯核结构采用层次化的总线结构和存储器保护单元（MPU）来进行存储器管理，层级更高。

在 STM32F42XXX 和 STM32F43XXX 器件中，存储器挂载如图 4.7 所示，其中交叉点有圈的表示可以访问连接。不同的嵌入式芯片稍微有不同，主要区别在于总线的主设备和从设备的数目不同，以及外置的存储器大小不同。

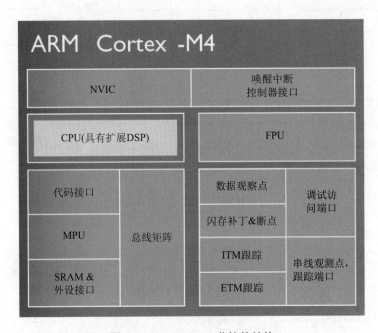

图 4.6　Cortex-M4 芯核的结构

4.3.1　存储映射

STM32F42XXX 和 STM32F43XXX 器件的地址总线是 32 位，可以访问的地址空间共有 4GB。尽管在多数情况下，嵌入式系统是用不了这么大的空间的，但是随着处理器性能的提升和未来需求的拓展，会有越来越多的空闲空间派上用场。

这么大的可访问存储空间对于现在的设备来说完全是一种巨大的浪费。因此，STM32F42XXX 和 STM32F43XXX 器件的存储映射将可访问的存储空间根据功能划分为若干个模块。这样既可以将存储的功能模块化，也可以为未来的拓展提供极大的便利。

处理器中的存储系统有不同的存储设备。事实上，处理器可以访问的存储设备会更多，比如外部存储空间甚至是外设。那么 STM32F42XXX 和 STM32F43XXX 器件内核是如何将这些存储空间一一映射到可访问空间中的呢？

在如图 4.8 所示的内存映射图中，存储空间可以划分为以下几类：

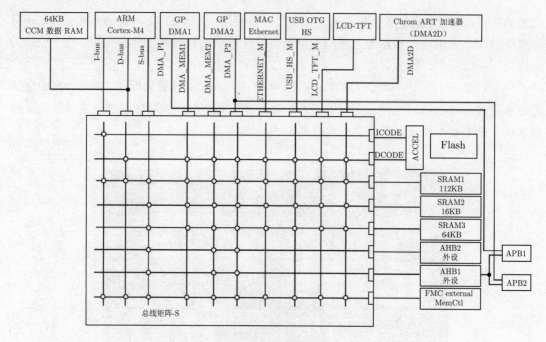

图 4.7　存储器的管理

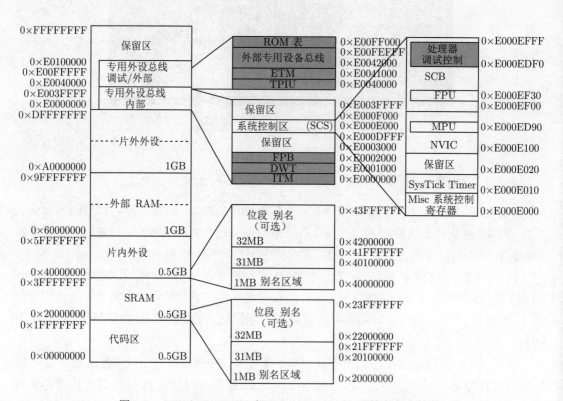

图 4.8　STM32F42XXX 和 STM32F43XXX 器件内存映射图

（1）程序代码访问区域（CODE）。

（2）数据交互区域（SRAM）。

（3）片内外围设备（Peripherals）。

（4）外部存储空间（RAM）或片外外设（Devices）。

（5）处理器内部控制（NVIC）和调试区域（System/Vector）。

其地址分配如表 4.3 所示。

表 4.3　STM32F42XXX 和 STM32F43XXX 器件存储映射表

地 址 范 围	存储功能	描　　述
0x0000.0000 ~ 0x1FFF.FFFF	代码区、数据区	是 Flash 存储，通常用来存储程序代码，可以存储数据
0x2000.0000 ~ 0x3FFF.FFFF	SRAM	数据和代码的运行区域。断电后数据消失
0x4000.0000 ~ 0x5FFF.FFFF	片内外设	片内外设模块中的各类寄存器和缓存区域
0x6000.0000 ~ 0x9FFF.FFFF	外部 RAM	内部 SARM 不够用，外加的 RAM
0xA000.0000 ~ 0xDFFF.FFFF	片外外设	请查看芯片手册
0xE000.0000 ~ 0xE00F.FFFF	专用外设总线	请查看芯片手册
0xE010.0000 ~ 0xFFFF.FFFF	保留区	无

这样的架构具有极大的灵活性，而且划分好的区域并非只能用于一种功能。例如，系统程序既可以在代码区域中执行，也可以在 SRAM 区域中执行。在实际应用中，嵌入式设备只会使用这些区域非常少的一部分作为程序的 Flash、SRAM 和外设，有些区域可能根本就不会用到。

4.3.2　存储格式

Cortex-M4 的字长是 32 位，一个字可以分为 4 字节。Cortex-M4 的指令包括 16 位的 Thumb 指令和 32 位的 Thumb-2 指令，数据同样也是 32 位的数据。Cortex-M4 的地址是 32 位编址，一个地址单元存储一字节的数据，那么如何存储 32 位的指令或数据呢？可以采用两种存储方式：小端格式和大端格式。

1．小端格式

在存储 32 位数据时，将 32 位分为 4 字节，每一字节存储到一个存储单元中。若采用小端格式，则将低字节存储到低地址上。例如，有一个 32 位数 0x12345678，要存储到以地址 0x4FFF 0000 开始的地址单元中，它的存储方式如表 4.4（a）所示。

表 4.4　大（小）端格式存储字数据

(a) 小端格式 　　　　　　　　　　　　　　　(b) 大端格式

地址	数据
0x4FFF 0000	0x78
0x4FFF 0001	0x56
0x4FFF 0002	0x34
0x4FFF 0003	0x12

地址	数据
0x4FFFF 0000	0x12
0x4FFFF 0001	0x34
0x4FFFF 0003	0x56
0x4FFFF 0003	0x78

2. 大端格式

若一个 32 位的字数据采用大端格式存储，则将高字节存储到低地址上。例如，有一个 32 位数 0x12345678，要存储到以地址 0x4FFF 0000 开始的地址单元中，它的存储方式如表 4.4(b) 所示。

4.3.3 工作原理

程序存储器、数据存储器、寄存器和 I/O 都统一在 4GB 存储空间线性组织，划分成 8 个主块，每个块 512MB，访问方式采用小端形式，细节映射方式参见前面章节，这里重点介绍一些具有特色的地方。

STM32F42XXX 和 STM32F43XXX 器件中嵌入了 4KB 的备用 SRAM 和 256KB 的系统 SRAM，它们可以以字节、半字和字方式访问，读写操作以 CPU 速度执行，且等待周期为 0。系统 SRAM 被分成 3 个块：

- SRAM1 和 SRAM2 映射在地址 0x20000000，可以被所有的 AHB 主设备访问。
- SRAM3 映射在地址 0x20020000，可以被所有的 AHB 主设备访问。
- 核心耦合存储器 CCM 映射在地址 0x10000000，只能供 CPU 通过数据总线访问。

AHB 主设备访问可以是并发的。CPU 可以通过系统总线访问 SRAM1、SRAM2、SRAM3；当选择从 SRAM 中启动时或者 SYSCFG 控制器中的物理重映射被选择时，通过指令代码/数据代码总线访问。后者可以获得最高性能。

闪存接口以读写保护机制管理了 CPU AHB 指令代码/数据代码的闪存访问。它通过指令预取和缓存机制加速代码执行。闪存组织如下：

- 主存储块被分成扇区。
- 系统存储器，器件在系统存储器启动模式下的系统存储器。
- 512B OTP（一次编程）用户数据。
- 读写保护、BOR 层，看门狗、复位等配置的可选字节。

带 FPU 存储器映射的 Cortex-M4 包括两个位带区，它们将存储器别名区的每个字映射到存储器位带区的相应位。写入别名区的字相当于对位带区的相应位执行读-修改-写操作。在 STM32F4 系列器件中，外设寄存器和 SRAM 均映射在位带区，因此允许单一位带读写操作，但只支持 CPU 操作，不支持其他主设备（例如 DMA）操作。映射公式给出了别名区的字如何关联位带区域的位：

$$位字地址 = 位带基址 + (字节偏移 × 32) + (位数目 × 4)$$

其中，位字地址是映射到目标位的别名区的字的地址；位带基址是别名区的开始地址；字节偏移是包含目标位的位带区的字节数目；位数目是目标位的位置（0~7）。

在存储器访问保护上，MPU 是一个可选单元。Cortex-M4 芯核通过 MPU 支持 ARMv7 保护的存储器系统结构：

- 保护区域。
- 交叠保护区域提供优先权（0 为最低优先级，7 为最高优先级）。
- 访问允许。

- 向系统导出存储器属性。

MPU 失配或者违反访问允许规则会激活可编程的优先权存储管理故障句柄。用户通过 MPU 来加强特权规则、分隔处理和加强访问规则。域访问控制寄存器中的访问允许位（TEX、C、B、AP 和 XN）控制着对相应存储区域的访问，如果访问没有允许权限的区域，MPU 就会产生一个允许故障。

4.3.4 启动配置

因为存储器映射是固定的，所以代码区从地址 0x00000000（通过 I 代码/D 代码总线访问）开始，数据区从地址 0x20000000（通过系统总线访问）开始。带 FPU 的 Cortex-M4 CPU 总是在 I 代码总线上取复位扇区，这意味着只有在代码区（一般而言是闪存）有启动空间。当然，STM32F4xx 器件采用了一种特殊机制支持从其他存储器（例如，内部 SRAM）启动，具体来说，即通过设置 BOOT[1:0] 引脚支持 3 种启动模式。

（1）2'bx0：主闪存启动模式。

（2）2'b01：系统存储器启动模式。

（3）2'b11：嵌入 SRAM 启动模式。

BOOT 引脚上的值在 SYSCLK 复位后的第四个上升沿被锁定，在复位选择启动模式后，由用户设置引脚的值。BOOT0 是专用引脚，而 BOOT1 和 GPIO 共享，一旦 BOOT1 被成功采用，就可以采用对应的 GPIO 引脚。在器件退出 Standby 模式时，BOOT 引脚会被重采样，这标志着在 Standby 模式时，器件启动模式配置需要被保持。在开机延迟用尽后，CPU 取出地址 0x00000000 的栈顶值，开始从地址 0x00000004 开始的启动存储区的代码执行。当器件从 SRAM 中启动时，在应用初始化代码中，需要使用 NVIC 例外表和偏移寄存器来重新定位 SRAM 中的向量表。

在 STM32F42XXX 和 STM32F43XXX 器件中，如果从主闪存启动，那么应用软件可以从 bank 1 或者 bank 2 启动，默认是 bank 1。在设置了用户选项字节的 BFB2 位后，就从 bank 2 启动。当该位被设置后，BOOT 引脚被配置成从主闪存启动，器件就从系统存储器启动，bootloader 就跳到执行闪存 bank 2 中的用户应用程序。

嵌入式的 bootloader 模式用来对闪存重编程，编程串口可以是 USART1、USART3、CAN2、器件模式的 USB OTG FS 之一。嵌入式 bootloader 代码放在系统存储器中，由 ST 公司在生产时编程。

在 STM32F42XXX 和 STM32F43XXXXX 中，一旦选定了启动引脚，应用软件就可以修改代码区可以访问的存储器，从而可以通过 I 代码总线代替系统总线执行代码。修改通过 SYSCFG 控制器的编程实现，随后主闪存、系统存储器、嵌入式 SRAM1（112KB）、FSMC bank 1（NOR/PSRAM 1 和 NOR/PSRAM 2）存储器被重新映射。

4.3.5 嵌入式闪存支持

闪存接口以读写保护机制管理 CPU AHB I 代码/D 代码的闪存访问。它通过指令预取和高缓行来加速代码执行。其访问特点如下。

（1）闪存读。

（2）闪存的编程/擦除操作。

（3）读写保护。

（4）代码预取。

（5）代码高速缓存有 128 位的 64 个高缓行。

（6）数据高速缓存有 128 位的 8 个高缓行。

【例 4-1】　STM32F405XX/07XX 和 STM32F415XX/17XX 的闪存配置如下。

（1）容量可达 1MB。

（2）128 位宽的数据读。

（3）字节、半字、字或者双字的写。

（4）扇区或者批量擦除。

（5）低功耗模式。

（6）组织方式：

① 主存储块分成 4 个 16KB 的区、1 个 64KB 的区、7 个 128KB 的区。

② 器件在系统存储器启动模式使用的系统存储。

③ 512B OTP 用户数据（OTP 区含有 16 个额外的字节用于锁定相应 OTP 数据块）。

④ 配置读写保护、BOR 层。软硬件看门狗、Standby 或者停止模式下的复位的可选字节。

为了从闪存中正确读出数据，需要按照 CPU 时钟 HCLK 和频率、器件的供电电压正确设置闪存访问控制寄存器 FLASH_ACR 中的等待状态数目（LATENCY），在供电电压低于 2.1V 时预取缓冲器必须被禁止。

STM32 系列带 FPU 的 Cortex-M4 处理器被自适应实时存储器加速优化，以对 Cortex-M4 的性能和闪存的性能做一个平衡。一般而言，如果没有这个机制，则处理器需要在高频下等待闪存操作。加速器实现了指令预取队列和分支高缓，从而提高程序执行速度。通过 CoreMark 基准程序测试，在 ART 加速器的帮助下，CPU 可以在达 180MHz 频率下实现从闪存的零等待程序执行。

依据启动的程序，闪存中提供 128 位的读操作，可以包含 4 个 32 位或者 8 个 16 位的指令。在时序代码中，执行前一个读指令行一般至少需要 4 个 CPU 周期，在 I 代码总线上的预取可以被用来从闪存中读取后一个顺序指令行，同时当前指令行被 CPU 请求。预取通过设置 FLASH_ACR 寄存器中的 PRFTEN 位来设置使能。

如果代码不是顺序执行的（例如，分支），那么指令可能不在当前的指令行或者预取的指令行中，就会出现指令不命中的情况，获得的处罚是至少需要等待按照等待状态计算的时钟周期数。

为了限制跳转的时间损失，有可能在指令高速缓存中保持 64 行，这可以通过设置 FLASH_ACR 寄存器中的高速缓存使能位 ICEN 来使能。一旦发生不命中，读的行就被复制到指令高速缓存中。如果指令高速缓存中的某些数据被 CPU 请求，则无延迟地提供。当所有的指令高速缓存行被填满，应用最近最少使用（Least Recently Used，LRU）策略来决定代替指令高缓的行，这一机制对于包含循环的代码非常有利。

在 CPU 流水的执行阶段，通过 D 代码总线从闪存中获取缓冲池，如果申请的缓冲池不能被提供，流水就会被阻塞。为了限制由缓冲池带来的时间损失，通过 AHB 数据 D 总线代码的访问具有高于 AHB 指令 I 总线代码访问的优先级。

如果某些缓冲池频繁地被使用，则可以通过设置 FLASH_ACR 寄存器中的数据高缓使能位 DCEN 使能数据高缓存储器。具体机制和指令高缓存储器类似，但保留的数据尺寸限于 8 行 128 位。需要注意的是，在用户配置扇区的数据是不能通过高缓来缓存的。

对于闪存的擦除或者编程操作，CPU 时钟频率 HCLK 至少为 1MHz。在闪存读写期间，如果被复位，则内容不能得到保障。实际上，当 STM32F4XX 芯片在被写入或者擦除的同时被读取，则会有总线阻塞。一旦编程操作结束，读操作就会被正确处理，因此意味着在写入或者擦除期间不能执行代码和数据的读取操作。如果有两个 bank，不同的 bank 之间的操作不受此限制。

在复位后，不允许写入闪存控制寄存器 FLASH_CR，这是为了保护闪存以免因为电气干扰带来的不期望的操作。解锁这一寄存器采用下列序列：

（1）在闪存键寄存器 FLASH_KEYR 中写入 KEY1=0x45670123。

（2）在闪存键寄存器 FLASH_KEYR 中写入 KEY2=0xCDEF89AB。

如果是其他序列，则会出现总线错误，FLASH_CR 被锁定直到下一个复位。可以通过软件设置该寄存器的 LOCK 位再次被锁定。当 FLASH_CR 的 BSY 位被设置时，FLASH_CR 不能在写模式下被访问，此时的写操作都会导致 AHB 总线阻塞。

闪存的并行访问尺寸通过 FLASH_CR 寄存器的 PSIZE 域来配置，表示一次写操作中的字节数目。PSIZE 被供电电压和外部 V_{PP} 是否使用限制。擦除操作只能是针对扇区、bank 和整个存储器实现。擦除的时间依赖于 PSIZE 的值。

非一致的编程并行/电压范围设置情况下的闪存编程和擦除会导致意想不到的结果，即使后续读操作显示逻辑值被有效写入到了闪存中，该值也不会被保持。使用 V_{PP} 时，必须给 V_{PP} 提供 8~9V 的外部电压，即使直流消耗超过 10mA，也必须达到和维持在这一范围内。因此建议在产品线的初始化编程时限制使用 V_{PP}，当然 V_{PP} 供电不能超过一个小时，否则闪存会被损坏。

4.3.6　弹性静态存储器控制器

1. 弹性静态存储器控制器（Flexible Static Memory Controller，FSMC）的特点

以 STM32F40X/41X 系列芯片为例对 FSMC 进行说明。

FSMC 块可以连接同步和异步处理器，也支持 16 位 PC 存储卡，其主要目的是将 AHB 总线的访问转化成外部存储器的访问协议，包括时序支持，支持方式是共享数据、地址和控制总线，通过芯片选择线来支持不同的器件，同时只对一个外部存储器进行访问。其主要特点如下。

（1）支持静态存储器 [SRAM、NOR 闪存/OneNAND 闪存、PSRAM（4 个 bank）]。

（2）带 ECC 硬件可以校验的 6KB 两个 bank 的 NAND 闪存。

（3）16 位 PC 卡兼容器件。

（4）对同步器件（NOR 闪存或者 PSRAM）支持猝发传输。

（5）数据宽度可以是 8 位或者 16 位。

（6）对每一个存储 bank 的独立片选和独立配置。

（7）时序的可配置（可达 15 个等待状态、切换周期、输出使能和写使能延迟，独立的读写时序和协议）。

（8）访问 PSRAM 和 SRAM 时的写使能和字节通道选择输出。

（9）32 位 AHB 总线宽向 16 位或者 8 位存储器访问的转换。

（10）双字长的 32 位宽写数据 FIFO，只对 AHB 猝发写进行缓冲，一次一个猝发传输；否则插入等待状态。

（11）外部异步等待控制（通过 FSMC 寄存器定义外部存储器类型，启动时这些特性就被设置，直到复位或者下一次上电，当然可能在任何时间修改这些设置）。

2. FSMC 的组成

FSMC 主要包含 4 个模块，如图 4.9 所示。

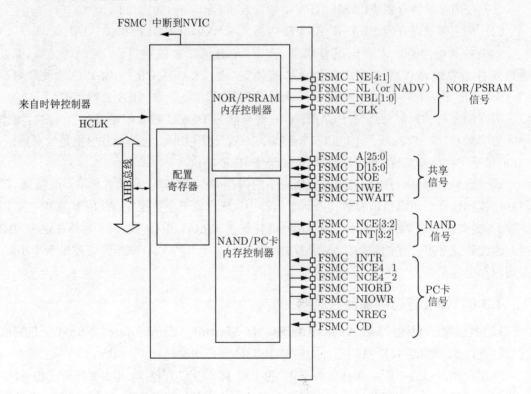

图 4.9　FSMC 控制器结构

（1）AHB 接口（包括配置寄存器）。

（2）NOR 闪存/PSRAM 控制器。

（3）NAND 闪存/PC 卡控制器。

（4）外部存储器接口。

4.3.7 弹性存储器控制器

1. 弹性存储器控制器（Flexible Memory Controller，FMC）的特点

下面以 STM32F42XX/43XX 系列芯片为例来说明 FMC。

FMC 包含 3 个存储器控制器：NOR/PSRAM 存储器控制器、NAND/PC 卡存储器控制器和同步 DRAM（SDRAM/LPSDR SDRAM）控制器。

FMC 功能块主要是对同步或者异步的静态存储器、SDRAM 存储器、16 位 PC 存储卡的访问进行支持。其主要目的是将 AHB 总线的访问转化成外部存储器的访问协议，包括时序支持，支持方式是共享数据、地址和控制总线，通过芯片选择线来支持不同的器件，同时只对一个外部存储器进行访问。其主要特点如下。

（1）支持静态存储器映射的器件［SRAM、NOR 闪存/OneNAND 闪存、PSRAM（4 个 bank）］。

（2）带 ECC 硬件可以校验的 8KB 两个 bank 的 NAND 闪存。

（3）16 位 PC 卡兼容器件。

（4）对同步 DRAM（SDRAM/LPSDR SDRAM）的支持。

（5）对例如 NOR 闪存、PSRAM 和 SDRAM 之类的同步器件的猝发传输支持。

（6）同步和异步访问的可编程的连续时钟输出。

（7）数据写宽度可以是 8 位、16 位、32 位。

（8）对每一个存储 bank 的独立片选和独立配置。

（9）访问 PSRAM、SRAM 和 SDRAM 时的写使能和字节通道选择输出。

（10）外部异步等待控制（通过 FMC 寄存器定义外部存储器类型，启动时这些特性就被设置，直到复位或者下一次上电，当然可能在任何时间修改这些设置）。

（11）16×33 位深的写数据 FIFO（其中 1 位为 AHB 猝发传输或者不是序列传输模式的标志）。

（12）16×30 位深的写地址 FIFO（其中 2 位为 AHB 数据规模，在猝发传输时，对 PSRAM 或者 SDRAM，只存储起始地址，除非跨页边界，跨页边界时会分成两个 FIFO 操作）。

（13）针对 SDRAM 控制器的 6×32 位深（6×14 位地址标签）可高缓的读 FIFO。

起始时，FMC 的引脚必须被用户应用配置，不被使用的引脚可以用作其他。

2. FMC 的组成

FMC 主要包含 5 个模块，如图 4.10 所示。

（1）AHB 接口（包括配置寄存器）。

（2）NOR 闪存/PSRAM/SRAM 控制器。

（3）NAND 闪存/PC 卡控制器。

（4）SDRAM 控制器。

（5）外部存储器接口。

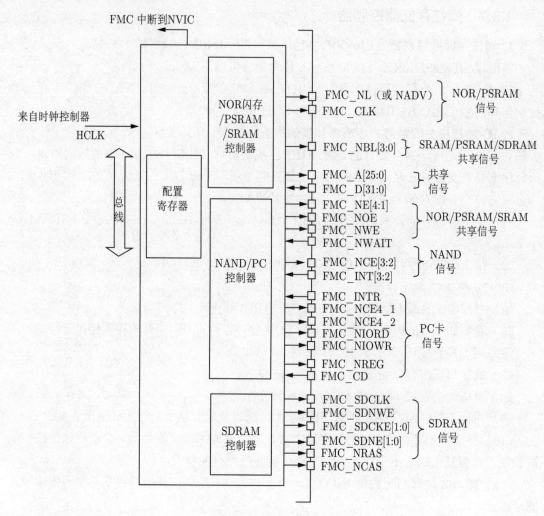

图 4.10　FMC 控制器结构

4.4　新型存储器

存储器大致可以分为易失性和非易失性两大类。易失性存储器主要是 SRAM 和 DRAM。非易失性存储器的种类很多，最主要的是闪存（Flash），其他的还有 SONOS（Silicon Oxide Nitride Oxide Semiconductor，基于氮化硅存储介质）、铁电存储器（Ferroelectric Random Access Memory，FRAM）、相变存储器（Phase Change Memory，PRAM）、磁存储器（Magnetic Random Access Memory，MRAM）和阻变存储器（Resistance，RRAM）等。此外，SRAM、DRAM、FLASH、SONOS 和 FRAM 这 5 种存储器是基于电荷的存储器，这类存储器的工作原理都是通过电容的充放电来实现的。而 PRAM、MRAM 和 RRAM 则是基于电阻的转变来实现对数据的存储的，这 3 类新型存储器，当前 MRAM 最高达 4Gb，PRAM 最高达 8Gb，RRAM 最高达 32Gb。和闪存相比，其容量差别很大，但三者的读写速度都比闪存要快 1000 倍以上。以下对 PRAM、MRAM 和 RRAM 这 3 种新型的存储器予以简单介绍。

4.4.1　MRAM

MRAM 的基本结构是磁性隧道结，即底下一层薄膜是铁磁材料（钉扎层），其磁自旋方向固定；中间一层是隧穿层；上面一层是自由层，其自旋方向可以在外加应力的情况下改变。当自由层的自旋方向和钉扎层的自旋方向一致，则隧道层处于低电阻的状态；反之则处于高阻状态。MRAM 利用这种磁性隧道结的电阻变化来实现数据存储。

MRAM 又可以分为传统的 MRAM 和 STT-MRAM。它们虽然都是基于磁性隧道结构，但是驱动自由层翻转的方式不同，MRAM 采用磁场驱动，STT-MRAM 则采用自旋极化电流驱动。对于传统的 MRAM 来说，由于半导体器件自身无法引入磁场，所以需要在结构中增加旁路引入较大的电流来产生磁场。因此，这种结构的功耗较大，而且也很难进行高密度集成。若采用极化电流驱动，即 STT-MRAM，则不需要增加旁路，功耗可以降低，集成度也可以大幅提高。

MRAM 的研发涉及非常多的领域，开发难度很大，吸引了众多科研人员的研究。磁性隧道结构看似简单实则相当复杂，在这个结构中，很多材料都是在几个纳米尺度，特别是对于 MgO 隧道层，要求达到 1.3nm，并且需要完美的单晶，因此制作工艺复杂。

4.4.2　PRAM

PRAM 也是一种三明治的结构，中间是相变层（和光盘材料一样，GST）。这种存储材料的一个特性是会在晶化（低阻态）和非晶化（高阻态）之间转变，即利用这个高低阻态的变化来实现存储。

英特尔和美光在 2015 年联合推出了 3D Xpoint 技术。3D Xpoint 技术的存储单元是采用的 1R1D 结构的 PRAM，3D Xpoint 技术在非易失存储器领域实现了革命性突破。虽然其速度比 DRAM 略慢，但其容量比 DRAM 高，比闪存快 1000 倍。3D Xpoint 采用堆叠结构，目前一般是两层结构。这种结构也有明显缺点。例如，堆叠层数越多，需要的掩膜板个数就越多。而在整个 IC 制造工业中，掩膜板占成本的最大份额。因此，从制造的角度来说，要想实现几十层的 3D 堆叠结构非常困难。

4.4.3　RRAM

RRAM 和 PRAM 十分类似，只是中间的转变层使用的原理不同。相变是材料在晶态和非晶态之间转变，而一种观点认为，阻变是通过在材料中形成和断开细丝（filament，即电导丝）来形成的高低阻态结构实现存储。

RRAM 利用材料电阻率的可逆实现二进制信息的存储，由于可以实现电阻可逆转换的材料非常多，因此便于选择制造工艺简单且和 CMOS 工艺兼容的材料。RRAM 存储单元结构简单、工作速度快、功耗低、信息保持稳定、具有不挥发性、易于实现三维立体集成和多值存储，有利于提高集成密度。因此，RRAM 将有可能替代 DRAM、SRAM 和 Flash，成为通用的存储器。

4.5 存储保护和校验技术

4.5.1 存储保护

对于多个用户共享主存时，就应该防止由于一个用户程序出错而破坏其他用户程序和系统软件，以及一个用户程序不合法地访问未分配给它的主存区域。系统提供存储保护的方法主要是存储区域保护和访问方式的保护。

对于不是虚拟存储器的主存系统可以采用界限寄存器的方式进行保护。具体而言，就是由系统软件经特权指令设置上、下界寄存器，划定存储区域，禁止越界访问。由于用户程序不能修改上下界的值，所以如果出现错误，只能破坏用户自己的程序，不能侵犯其他用户的程序和系统软件。当然这种设置界限寄存器的方式只适合于单个用户占用一个或者几个连续的主存区域的场合。

对于虚拟存储系统，由于一个用户程序的各个存储页离散分布在各个主存中，故通常用页表保护、段表保护和键时保护等方法实现存储保护。

具体到 ARM 嵌入式芯片内，闪存的用户区域通过一个授信码来实现读保护，保护有3 个层次。

（1）层次 0：无读保护。通过在读保护可选字节（RDP）中写入 0xAA 来设置，在所有启动配置（闪存用户启动、调试或者 RAM 启动）下对闪存或者备份 SRAM 的读都是可以的。

（2）层次 1：读保护使能。在 RDP 被擦除后（写入 0xAA 和 0xCC 以外的任何值）就进入默认的读保护层次。在此层的调试模式下或者从 RAM 以及系统存储器启动时不能执行任何对闪存或者备份 SRAM 的访问（读、编程和擦除），否则读操作会导致出现总线错误。在闪存启动模式下，用户代码对闪存或者备份 SRAM 进行访问是被允许的。在层次 1 激活时，编程 RDP 到层次 0 会导致闪存或者备份 SRAM 整体被擦除，结果是在读保护被移除前，用户代码区会被清除，整体擦除只擦除用户代码区，其他的可选字节保持不变。OTP 区也不受整体擦除影响。整体擦除只有在层次 1 激活和准备设置为层次 0 时执行，当保护层次增加时，不会有整体擦除。

（3）层次 2：调试/芯片保护被关闭。此层次通过在 RDP 字节写入 0xCC 激活。在此层次下，所有层次 1 下的保护被激活。从 RAM 或者系统存储器 bootloader 启动被禁止。JTAG、SWV（Single-Wire Viewer，单线查看器）、ETM 或者边界扫描被禁止使用。用户可选字节不能被改变。当从闪存启动时，从用户代码访问闪存或者备份 SRAM 被允许。存储器读保护层次 2 是不可逆转的操作，即层次 2 不能降低到层次 0 或者层次 1。

闪存中有多达 24 个用户扇区可以写保护，FLASH_OPTCR0/1 寄存器中的非写保护 nWRPi 位（$0 < i < 11$）为低时，相应的扇区不能被擦除或者编程，被写保护的扇区也不能被整体擦除。如果试图对被保护的扇区擦除或者编程，那么 FLASH_SR 寄存器中的写保护错误标志（WRPERR）被设置。在 STM32F42XXX 或者 STM32F43XXX 芯片中，当设置为 PCROP 模式时，因为 PCROP 扇区是自动被写保护的，nWRPi 实际为高，对应的扇区 i 被写保护。

当选择存储器读保护层次时（RDP 层为 1），CPU 调试模式（JTAG 或者 SWV）或者从 RAM 中执行启动代码时，则不能编程或者擦除闪存扇区，即使 $nWRPi = 1$ 也不行。

在 STM32F42XXX 或者 STM32F43XXX 芯片中还实现了专有的代码读出保护（PCROP），通过 PCROP，闪存用户扇区（0～23）可以屏蔽 D 总线读访问，通过 FLASH_OPTCR 寄存器中的 SPRMOD 可选位来设置。

（1）SPRMOD = 0:nWRPi 控制各个用户扇区的写保护。

（2）SPRMOD = 1:nWRPi 控制各个用户扇区的读写保护。

在 PCROP 模式激活时，扇区只能通过 I 代码总线来执行取代码，任何通过 D 数据总线的读访问都会触发 RDERR 错误标志，对被读写保护扇区的编程和擦除会触发一个 WRPERR 错误标志。

SPRMOD 的失活或者被读写保护的用户扇区不再受保护，只能在 RDP 层从 1 变到 0 的同时发生。如果不是这种情况，那么用户可选字节修改就被取消，同时置位 WRPERR 错误标志，因为没有激活的 nWRPi 位被复位，SPRMOD 是激活的，所以此时 BOR_LEV、RST_STDBY 等用户可选字节允许被修改。

在 STM32F4XX 系列芯片中也实现了独立的看门狗（IWDG），对其 Prescaler 寄存器 IWDG_PR、Reload 寄存器 IWDG_RLR 的访问是被写保护的，如果要修改，那么首先将代码 0x5555 写入 IWDG_KR（key），如果写入其他值将中断访问序列，寄存器将被重新保护，也就意味着处于重新装载操作中（写入 0xAAAA）。

类似于看门狗的寄存器保护的还有 CAN 的寄存器访问保护，因为错误的配置寄存器访问会暂时干扰整个 CAN 网络，因此 CAN_BTR 寄存器只能在 CAN 硬件初始化模式时被软件修改。传输邮箱只能在空的时候被软件修改。通过设置 FINIT 位或者关闭过滤器 bank 可以修改过滤器值。CAN_FMxR、CAN_FSxR、CAN_FFAR 寄存器中的过滤器配置（尺度、模式和 FIFO 安排）的修改只能在 CAN_FMR 寄存器的初始化模式被设置（FINIT=1）时执行。

在 SDIO 卡的主访问中，硬件上实现了 3 种写保护方法。

（1）内部卡写保护（存储卡来负责）。

（2）通过机械写保护开关（SDIO 卡主访问块负责）。

（3）密码保护。

3 种方法的细节请参考相关技术手册。

4.5.2　校验技术

内存在读写过程中应具有检测和纠正错误的能力，常用的错误校验方式有奇偶校验、ECC 校验等。

1. 奇偶校验

奇偶校验是用来检测代码传输是否正确的一种常见方法。该方法利用被传输的一组二进制代码中 1 的个数是奇数或偶数来进行校验。采用奇数的称为奇校验；反之，称为偶校验。采用何种校验是事先规定好的。通常还需要专门设置一个奇偶校验位，用它来表示代码中 1 的个数为奇数或偶数。若用奇校验，则当接收端收到这组代码时，校验 1 的个数是否为奇数，从而确定传输代码的正确性。

为了能检测和纠正内存软错误，首先出现的是内存"奇偶校验"。内存中最小的单位是比特，也称为"位"，位只有两种状态，分别以 1 和 0 来标示，每 8 个连续的比特叫作一字节（byte）。不带奇偶校验的内存每个字节只有 8 位，如果其某一位存储了错误的值，则会导致其存储的相应数据发生变化，进而导致应用程序发生错误。而奇偶校验就是在每一字节（8 位）之外又增加了一位作为错误检测位。

【例 4-2】　假设存储的数据用位为 1、1、1、0、0、1、0、1，那么把每个位相加

$$1+1+1+0+0+1+0+1=5$$

结果是奇数。

对于偶校验，校验位就定义为 1，反之为 0；对于奇校验，则相反。

当 CPU 读取存储的数据时，它会再次把前 8 位中存储的数据相加，计算结果是否与校验位相一致，从而在一定程度上检测出内存错误。奇偶校验只能检测出错误而无法对其进行修正，同时虽然双位同时发生错误的概率相当低，但奇偶校验无法检测出双位错误。

2. ECC 校验

错误检查和纠正（Error Checking and Correcting，ECC）校验是一种能够同时实现错误检查和纠正的技术。

如对内存数据进行 ECC 校验，当数据被写入内存时，相应的 ECC 代码也被保存下来。当重新读回刚才存储的数据时，保存下来的 ECC 代码就会和读数据时产生的 ECC 代码做比较。如果两个代码不相同，则它们会被解码，以确定数据中的哪一位是不正确的。然后这一错误位会被抛弃，内存控制器则会释放出正确的数据。假如相同的错误数据再次被读出，则纠正过程再次被执行。被纠正的数据很少会被放回内存。重写数据会增加处理过程的开销，导致系统性能的明显降低。如果是随机事件而非内存的缺点产生的错误，则这一内存地址的错误数据会被再次写入的其他数据所取代。

3. 区别

由上面的原理介绍可知，奇偶校验内存是通过在原来数据位的基础上增加一个数据位来检查当前 8 位数据的正确性，但随着数据位的增加，校验用来检验的数据位也成倍增加，也就是说，当数据位为 16 位时它需要增加 2 位用于检查，当数据位为 32 位时则需增加 4

位，以此类推。因此当数据量非常大时，数据出错的概率也就越大，对于只能纠正简单错误的奇偶检验的方法就显得力不从心了。ECC 校验虽然也是在原来的数据位上外加校验位来实现的，但不同的是两者增加的方法不一样，这也就导致了两者的主要功能不太一样。它与奇偶校验不同之处在于，如果数据位是 8 位，则需要增加 5 位来进行 ECC 错误检查和纠正，数据位每增加一倍，ECC 只增加一位检验位，也就是说，当数据位为 16 位时 ECC 位为 6 位，32 位时 ECC 位为 7 位，数据位为 64 位时 ECC 位为 8 位，以此类推。而且，在内存中 ECC 能够允许错误，并可以将错误更正，使系统得以持续正常地操作，不至于因错误而中断。

4. ARM 采用的校验技术

在 ARM 嵌入式芯片设计时，在 FSMC/FMC PC 卡控制器中，就集成了两个 ECC 计算硬件块，每个块负责一个存储 bank（bank2 和 bank3），硬件计算可以用于降低 CPU 的工作负载，对于 256B、512B、1024B、2048B、4096B 或者 8192B 的 NAND 闪存读或写可以纠正 1 位错误和检测 2 位错误，使用的是 Hamming 编码算法，计算的值存储在 FSMC_ECCR2/3 或 FMC_ECCR2/3 寄存器中，寄存器的值被读出后就通过复位 ECCEN 位到 0 来清除。为了计算新的数据块的 ECC 值，ECCEN 位必须设置为 1。具体的操作过程可以参考相关的技术手册。

4.6 本章小结

存储器是嵌入式系统重要的组成部分，本章介绍了存储器的分类、存储器性能技术指标、存储器的管理以及新型存储器。以 Cortex-M4 为例，介绍了它的存储结构和存储管理，最后介绍了存储保护和校验技术。

4.7 习题

1. 存储器系统一般有哪些层次？为什么有这样的组织方式？

2. 按照存储器的用途分类，存储器可以分为几类？简述其特点及用途。

3. SRAM 和 DRAM 的特点是什么？它们的区别在哪里？

4. 分析 EEPROM 与 Flash 的访问过程和性能异同。

5. 分析 NOR Flash 和 NAND Flash 的访问特点，说明为什么 NOR Flash 适合存放代码，而 NAND Flash 适合存放大数据。

6. 在对存储器进行性能分析时，需要从哪些方面考虑？

7. 存储器的技术指标包含哪些？在具体芯片中如何应用？

8. STM32F4 系列芯片为什么要采用矩阵式的总线结构？

9. 对非虚拟存储器的主存系统是如何进行访问的保护的？

10. ARM 嵌入式芯片的 Flash 用户区如何实现读保护和写保护？

11. 解释大端格式和小端格式。现要存储一个 32 位数据 0xA1B2C3D4，存储地址开始于 0x0000 1000，大端格式和小端格式分别是如何存储的？

12. 新型存储器有哪些发展方向？

13. 为什么要给存储器设定不同的访问方式？在设计芯片时，如何支持这些不同的访问方式？

14. 什么是奇偶校验？奇偶校验内存是如何实现的？

15. 什么是 ECC 校验？

16. 试比较奇偶校验与 ECC 校验。

17. 芯片启动和存储器的关系是怎么样的？

18. 设计一个简单的存储器组织方案，并阐明设计原理和优点。

19. 设计一种存储器保护方案，并阐明设计原理和优点。

20. 设计一种总线和存储器结合的优化方案并阐明设计原理和优点。

21. 探索一下忆阻器在未来芯片内的应用可能性。

嵌入式输入/输出设备的接口

5.1 I/O 接口

5.1.1 接口结构

嵌入式系统需要连接的外部输入/输出设备（简称外设）具备多样性、复杂性和异构性（处理速度不同）等特点，因此一般需要借助于接口电路来实现外设与 CPU 之间的连接。负责外设与 CPU 连接的中间接口电路即输入/输出接口电路，简称 I/O 接口。I/O 接口在嵌入式系统中所处的位置如图 5.1 所示。

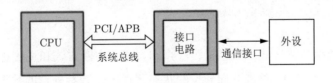

图 5.1　I/O 接口在嵌入式系统中所处的位置

5.1.2 I/O 接口组成

I/O 接口通常具备如下几方面的功能。

（1）数据缓存。

（2）CPU 命令接收和执行。

（3）信号电平转换。

（4）数据格式转换。

（5）外设选择。

（6）中断管理。

为实现上述功能，I/O 接口一般包括数据缓存、逻辑控制和外设连接 3 个基本的功能模块，I/O 接口的结构如图 5.2 所示。

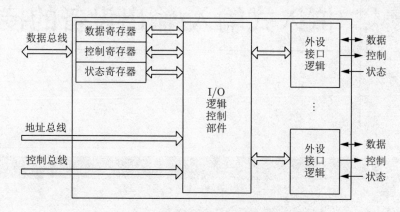

图 5.2　I/O 接口的结构

数据缓存功能模块主要对应一组寄存器，负责 I/O 交互过程的控制和记录等。数据缓存寄存器可根据存放数据类型的不同，划分为数据寄存器、控制寄存器和状态寄存器。其中数据寄存器用来存放交互过程中需传输的数据，控制寄存器用来存放外设、I/O 接口的控制命令（如 I/O 接口启动、中断使能等），状态寄存器则用来记录外设、I/O 接口的状态信息（如中断状态、系统故障等）。

逻辑控制功能模块主要接收 CPU 传输过来的地址，根据地址进行外设选择。

外设连接功能模块是 I/O 接口与外设的交互接口。同一个 I/O 控制器可与多个外设连接，因此需要设置一个或多个外设连接逻辑功能来实现外设与 CPU 的连接。

5.1.3　I/O 接口的数据传输

I/O 接口的数据传输方式一般包括程序查询方式、中断方式和直接访存方式 3 种。

程序查询方式是 CPU 负责查询外设的状态寄存器，判断外设的数据是否就绪。若就绪，则直接进行数据传输；否则，CPU 等待数据就绪或继续查询其他外设。

中断方式是当外设数据就绪时，外设向 CPU 发出中断服务请求信号。CPU 根据当前执行程序以及外设中断请求各自优先级的高低，判断是否暂停当前执行的程序以响应外设的中断服务请求。若外设中断服务请求的优先级高，则 CPU 暂停当前执行程序来完成外设数据传输；否则继续执行完当前程序再响应外设中断服务请求。从 CPU 响应的角度看，程序查询方式是一种主动的处理方式，程序中断方式是一种被动的处理方式。因此，后一种处理方式可实现 CPU 与外设的并行处理，使得 CPU 的利用率更高。

直接访存方式 DMA 在外设与内存之间建立直接的数据传输通道，数据传输过程中不需要 CPU 的参与，从而进一步提升了数据传输效率。I/O 接口 3 种数据传输方式的对比如表 5.1 所示。

表 5.1 I/O 接口 3 种数据传输方式的对比

数据传输方式	优 点	缺 点	适用场合
程序查询方式	实现成本低	CPU 利用率低 低速的字符外设 数据传输速度慢	低速的字符外设
中断方式	CPU 与外设可并行执行 CPU 利用率较高 数据传输速度较快	不适用于批处理数据传输	常见外设
直接访存方式	无须 CPU 参与 数据传输速度最快	需 DMA 控制器	高速外设

5.2 GPIO

5.2.1 GPIO 概述

GPIO（General Purpose Input/Output，通用输入/输出接口）用来实现外设与 CPU 的连接。I/O 接口的功能一般固定，但是 GPIO 可通过寄存器配置和编程实现功能复用。每个 GPIO 端口对应微处理器的一组 16 个引脚，GPIO 端口的功能通过一组寄存器来进行配置。GPIO 端口的内部结构如图 5.3 所示。

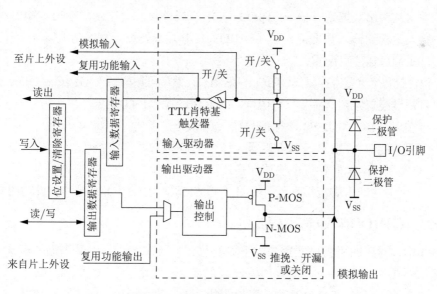

图 5.3 GPIO 端口内部结构图

以 Cortex-M4 微处理器为例，它包含 GPIO A～GPIO I 共 9 个 GPIO 端口，每个 GPIO 端口对应 1 个 32 位操作寄存器（GPIOx_BSRR）、1 个 32 位锁定寄存器（GPIOx_LCKR）、4 个 32 位配置寄存器（包括 GPIOx_MODER、GPIOx_OTYPER、GPIOx_OSPEEDR 和 GPIOx_PUPDR）、2 个 32 位数据寄存器（GPIOx_IDR 和 GPIOx

_ODR）和 2 个 32 位备用功能选择寄存器（GPIOx_AFRH 和 GPIOx_AFRL）。由于每个端口对应 16 个引脚，因此上述寄存器中的每 2 位控制一个引脚。Cortex-M4 的 GPIO 端口对应寄存器的功能如表 5.2 所示。

表 5.2 GPIO 寄存器功能描述

		模式（输入/输出/模拟/复用）	GPIOx_MODER
配置寄存器组		输出类型（推挽/开漏）	GPIOx_OTYPER
		输出速度	GPIOx_OSPEEDR
		上拉/下拉使能	GPIOx_PUPDR
数据寄存器组	输出数据	GPIOx_ODR	
	输入数据	GPIOx_IDR	
位操作寄存器		GPIOx_BSRR	
配置锁定寄存器		GPIOx_LCKR	
复用功能及重映射寄存器		GPIOx_AFRL, GPIOx_AFRH	

5.2.2 GPIO 功能特点

GPIO 具备如下资源。

（1）输出状态：推挽、开漏，上拉/下拉。

（2）输入状态：浮动、上拉/下拉、模拟。

（3）数据从输出数据寄存器（GPIOx_ODR）或外设（复用功能输出）输出。

（4）输入数据到输入数据寄存器（GPIOx_IDR）或外设（复用功能输入）。

（5）I/O 端口速度可配置。

（6）位设置和位重置寄存器（GPIOx_BSRR），然后可按位写入 GPIOx_ODR 寄存器。

（7）可通过配置锁定寄存器（GPIOx_LCKR）锁定 I/O 配置。

（8）可实现 ADC 和 DAC 模拟信号输入/输出。

（9）复用功能输入/输出选择寄存器（每个 I/O 端口最多支持 16 个 AFS 复用功能）。

（10）可实现每两个时钟周期快速切换。

（11）高度灵活的引脚复用功能，允许 I/O 引脚使用 GPIO 或几种外设功能之一。

5.2.3 GPIO 输入/输出模式

GPIO 端口对应的引脚可配置为如下 8 种模式，其中（1）～（4）为输入模式，（5）和（6）为输出模式，（7）和（8）为复用模式。

（1）浮空输入_IN_FLOATING：可以用作按键识别。

（2）带上拉输入_IPU：I/O 内部上拉电阻输入。

（3）带下拉输入_IPD：I/O 内部下拉电阻输入。

（4）模拟输入_AIN：应用 ADC 模拟输入，或者低功耗模式下进行节能操作。

（5）开漏输出_OUT_OD：I/O 输出 0 接 GND；I/O 输出 1 悬空，需外接上拉电阻才能实现高电平输出。

（6）推挽输出_OUT_PP：I/O 输出 0 接 GND；I/O 输出 1 接 VCC，读输入值未知。

（7）复用功能的推挽输出_AF_PP：片内外设功能（如 I²C 的 SCL、SDA）。

（8）复用功能的开漏输出_AF_OD：片内外设功能（TX1、MOSI、MISO、SCK）。

5.2.4　GPIO 引脚复用

由于微处理器的引脚有限，为了提高 I/O 接口的利用率，更好地协调不同外设与 CPU 之间的交互，将通过多路复用器实现引脚的多路复用。引脚多路复用是通过寄存器配置，实现同一引脚在不同时刻与不同外设之间的交互，即不同的外设可共享相同的引脚连接。在某一个时刻，只允许引脚与某一个外设交互。

如表 5.2 所示，每个 GPIO 端口均对应一组寄存器，其中 GPIOx_AFRL 和 GPIOx_AFRH 两个寄存器用来实现 x 端口对应引脚的多路复用功能。GPIOx_AFRL 和 GPIOx_AFRH 两个 32 位寄存器使用寄存器的每 4 位来配置一个引脚。GPIOx_AFRL 寄存器配置 x 端口对应的第 0～7 号引脚，GPIOx_AFRH 配置 x 端口对应的第 8～15 号引脚。如以 STM32F4 系列芯片为例，每个端口包含的 16 个引脚将通过多路复用器一一对应连接到 16 个复用功能模块（AF0～AF15）。GPIOx_AFRL 寄存器用来选择 AF0～AF7 功能模块，GPIOx_AFRH 用来选择 AF8～AF15 功能模块。GPIO 引脚的多路复用器和多路复用配置如图 5.4 所示。

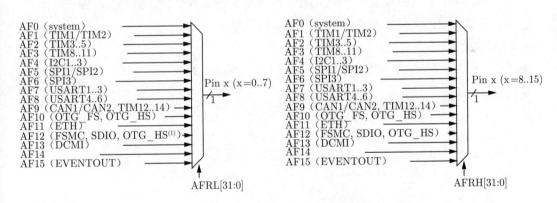

图 5.4　GPIO 引脚的多路复用器和多路复用配置

如图 5.4 所示，系统复位后，所有的 GPIO 引脚将连接到系统的备用功能 AF0，所有外设的复用功能将映射到 AF1～AF13，EVENTOUT 事件将映射到 AF15。

举例说明，假设开发板 x 端口对应的 11 号引脚 PC11 可作为 SPI3_MISO/U3_RX/U4_RX/SDIO_D3/DCMI_D4/I2S3ext_SD 等复用功能，而现在需要配置 PC11 为 SDIO_D3 功能使用。11 号引脚的复用功能将通过 GPIOx_AFRH[15:12] 来进行配置，因此需要选择 AF12，即设置 GPIOx_AFRH[15:12]=AF12。

5.2.5　GPIO 配置

GPIO 引脚的配置需完成输入配置、输出配置和复用配置等。

1. 输入配置

当 GPIO 引脚被配置为输入时，其输入配置如图 5.5 所示。

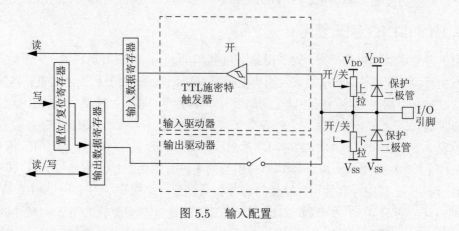

图 5.5　输入配置

（1）输出缓冲器被禁止。

（2）施密特触发输入被激活。

（3）根据寄存器 GPIOx_PUPDR 中的值选择引脚为上拉或下拉。

（4）GPIO 引脚上的数据在每个 AHB1 时钟周期被采样到输入数据寄存器。

（5）对输入数据寄存器的读访问可获得 GPIO 状态。

2. 输出配置

当 GPIO 引脚被配置为输出时，其输出配置如图 5.6 所示。

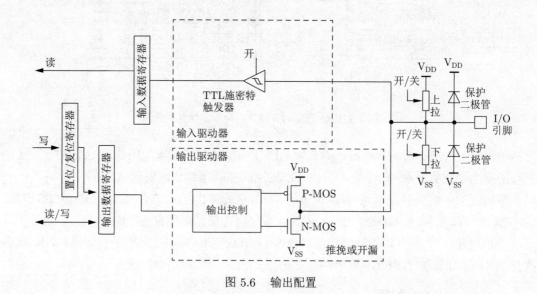

图 5.6　输出配置

（1）输出缓冲器被激活。

① 开漏模式：输出寄存器上的 0 激活 NMOS，而输出寄存器上的 1 将端口置于高阻状态（PMOS 从不被激活）。

② 推挽模式：输出寄存器上的 0 激活 NMOS，而输出寄存器上的 1 将激活 PMOS。

（2）施密特触发器输入被激活。

（3）根据寄存器 GPIOx_PUPDR 中的值选择引脚为弱上拉或弱下拉。

（4）GPIO 引脚上的数据在每个 AHB1 时钟周期被采样到输出数据寄存器 GPIOx-ODR。

（5）对输入数据寄存器的读访问可得到 GPIO 状态。

（6）对输出数据寄存器的读访问得到最后一次写入的值。

3. 复用配置

当 GPIO 引脚被配置为输出时，其复用配置如图 5.7 所示。

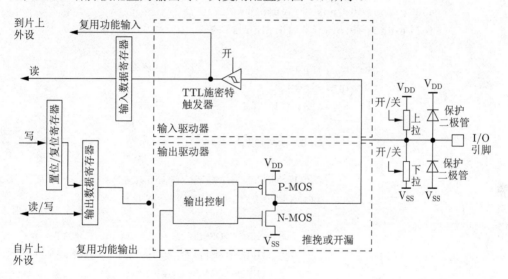

图 5.7　复用功能配置

（1）输出缓冲器可以被配置成开漏或推挽。

（2）输出缓冲器被片上外设信号驱动。

（3）施密特触发器输入被激活。

（4）根据 GPIOx_PUPDR 寄存器中的值选择引脚为弱上拉或弱下拉。

（5）GPIO 引脚上的数据在每个 AHB1 时钟周期被采样到输入数据寄存器 GPIOx-IDR。

（6）对输入数据寄存器的读访问将得到 GPIO 状态。

（7）对输出数据寄存器的读访问得到最后一次写入的值。

根据以上机制，可以设计一个通用的配置函数来进行 GPIO 配置。该函数的代码如下。

```
// GPIO 通用设置, GPIOx: GPIOA~GPIOI
// BITx: 0X0000~0XFFFF, 位设置, 每个位代表一个 I/O
// 第0位代表 Px0, 第1位代表 Px1, 以此类推。比如0X0101代表同时设置Px0和Px1
// MODE: 0~3模式选择, 0输入 (系统复位默认状态); 1普通输出; 2复用功能;
//            3 模拟输入
// OTYPE: 0/1, 输出类型选择, 0推免输出; 1开漏输出
// OSPEED: 0~3, 输出速度设置, 0 2MHz; 1 25MHz; 2 50MHz; 3 100MHz
// PUPD: 0~3, 上下拉设置, 0不带上下拉; 1上拉; 2下拉; 3保留
// 注意: 在输入模式 (普通输入/模拟输入) 下, OTYPE 和 OSPEED 参数无效

void GPIO_Set(GPIO_TypeDef* GPIOx, u32 BITx, u32 MODE, u32 OTYPE, u32
    OSPEED, u32 UPPD)
{
        u32 pinpos=0, pos=0, curpin=0;
        for(pinpos=0;pinpos<16;pinpos++)
        {
                pos=1<<pinpos;                  //一位位检查
                curpin=BITx&pos;
                if(curpin==pos)                 //需要设置
                {
                        GPIO->MODER&=~(3<<(pinpos*2));       //清除原来的
                            设置
                        GPIO->MODER|=(MODE<<(pinpos*2));  //设置新的模式
                        if(MODE==0X01)||(MODE==0X02)
                        {
                                GPIO->OSPEED&=~(3<<(pinpos*2));
                                GPIO->OSPEED|=(OSPEED<<(pinpos*2));
                                GPIO->OTYPE&=~(1<<pinpos);
                                GPIO->OTYPE|=(OTYPE<<pinpos);
                        }
                        GPIO->PUPDR&=~(3<<(pinpos*2));
                        GPIO->PUPDR|=(PUPDR<<(pinpos*2));
                }
        }
}
```

5.3 外部中断/事件

5.3.1 外部中断/事件概述

外部中断/事件是实现外设与微处理器之间通信的主要方式之一。微处理器中包含一

个外部中断/事件控制器（External Interrupt/Event Controller，EXTI），用于管理微处理器中的外部中断/事件线。每个中断/事件线都对应一个边沿检测器，实现输入信号的上升沿或下降沿检测。EXTI 可以对每个中断/事件线进行单独配置，配置中断或者事件类别以及触发时间的属性。EXTI 还包含一个挂起寄存器，用于记录每个中断/事件线的状态。

Cortex-M4 中的 EXTI 可支持如下所示的 23 个外部中断/事件：

（1）EXTI 线 0~15：对应 GPIO 的输入中断。

（2）EXTI 线 16：连接到 PVD 输出。

（3）EXTI 线 17：连接到 RTC 闹钟事件。

（4）EXTI 线 18：连接到 USB OTG FS 唤醒事件。

（5）EXTI 线 19：连接到以太网唤醒事件。

（6）EXTI 线 20：连接到 USB OTG HS（在 FS 中配置）唤醒事件。

（7）EXTI 线 21：连接到 RTC 入侵和时间戳事件。

（8）EXTI 线 22：连接到 RTC 唤醒事件。

5.3.2　EXTI 结构和外部中断/事件响应过程

如图 5.8 所示为 EXTI 结构和外部中断/事件响应过程。图中的实线箭头标注了外部中断信号的传输路径。响应具体的过程是：外设的中断信号从编号为 1 的芯片引脚进入，经过编号为 2 的边沿检测电路，通过编号为 3 的或门进入中断挂起请求寄存器。最后，经过编号为 4 的与门输出到内嵌向量中断控制器（Nested Vectored Interrupt Controller，NVIC）检测电路。该边沿检测电路受上升沿或下降沿选择寄存器控制，用户可以通过它们控制在哪一个边沿产生中断。由于上升沿或下降沿分别受两个并行的选择寄存器控制，所以用户可以选择上升沿或下降沿，或者同时选择上升沿和下降沿。如果只有一个寄存器控制，则只能选择一种边沿触发。编号 3 所对应或门的另一个输入是软件中断/事件寄存器，软件可以优先于外部信号请求中断或事件，即当软件中断/事件寄存器的对应位为 1 时，不管外部信号如何，编号为 3 的或门都会输出有效信号。中断或事件请求信号经过编号为 3 的或门后进入挂起请求寄存器，挂起请求寄存器中记录了外部信号的电平变化。在此之前，中断和事件的信号传输路径一致。外部请求信号经过编号为 4 的与门后，向 NVIC 发出一个中断请求。如果中断屏蔽寄存器的对应位为 0，则该请求信号不能传输到与门的另一端，从而实现了中断屏蔽；反之，则正常响应中断，进入中断服务程序。

如图 5.8 所示，虚线箭头标注了外部事件信号的传输路径。外部事件请求信号经过编号为 3 的或门后，进入编号为 5 的与门。这个与门的作用与编号为 4 的与门类似，用于引入事件屏蔽寄存器的控制。最后，编号 6 所对应脉冲发生器的跳变信号转变为一个单脉冲，输出到芯片中的其他功能模块。如图 5.8 所示，从外部激励信号来看，中断和事件的产生源可以一样。中断和事件的区别在于，中断需要 CPU 参与后续的中断响应，包括上下文切换、执行中断服务程序、恢复现场并返回等；但是事件仅触发脉冲发生器产生一个单脉冲，进而由硬件自动完成事件的响应，比如 DMA 操作、AD 转换等。

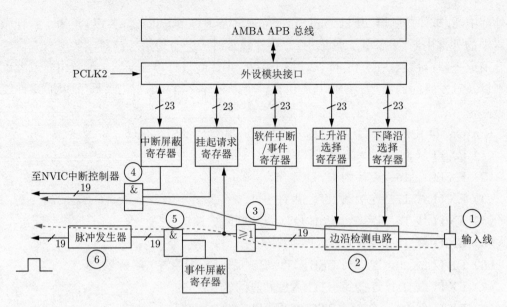

图 5.8　EXTI 结构和外部中断/事件响应过程

5.3.3　外部中断/事件的配置

如果要产生中断/事件，则必须配置中断/事件线。首先，选择中断/事件的边沿触发信号，设置两个触发选择寄存器，同时在中断/事件屏蔽寄存器相应位写 1，允许中断/事件请求。当外部中断/事件线发生了配置的边沿触发信号时，将产生一个中断/事件请求，对应挂起位将被置为 1。在挂起寄存器对应位写 1 将清除该中断。通过在软件中断/事件寄存器写 1，也可以由软件产生中断/事件请求。

具体而言，外部中断/事件的中断配置如下。

1. 硬件中断选择配置

通过如下过程可配置 23 个中断线路作为中断源。

（1）配置 23 个中断线的屏蔽位（EXTI_IMR）。

（2）配置所选中断线路的触发选择位（EXTI_RTSR 和 EXTI_FTSR）。

（3）配置对应到外部中断控制器（EXTI）的 NVIC 中断通道的使能和屏蔽位，使得 23 个中断线路中的中断请求可以被正确响应。

2. 硬件事件选择配置

通过如下过程可配置 23 个线路作为事件源。

（1）配置 23 个事件线的屏蔽位（EXTI_EMR）。

（2）配置所选事件线的触发选择位（EXTI_RTSR 和 EXTI_FTSR）。

3. 软件中断/事件选择配置

19 个线路可配置为软件中断/事件线，其配置如下：

（1）配置 19 个中断/事件线的屏蔽位（EXTI_IMR 和 EXTI_EMR）。

（2）设置软件中断寄存器的请求位（EXTI_SWIER）。

GPIO 作为外部中断/事件的入口，部分中断/事件线与 GPIO 引脚的映射关系如图 5.9 所示。GPIO 端口的引脚 GPIOx.0~GPIOx.15（其中 x = A/B/C/D/E/F/G/H/I）分别对应外部中断/事件线 0~15。因此，每个中断/事件线对应 9 个端口。以中断/事件线 0 为例，它对应了 GPIOA.0、GPIOB.0、GPIOC.0、GPIOD.0、GPIOE.0、GPIOF.0、GPIOG.0、GPIOH.0 和 GPIOI.0。然而，中断/事件线每次只能连接到 1 个引脚上，因此需要通过配置来决定中断/事件线具体连接到哪个引脚上。

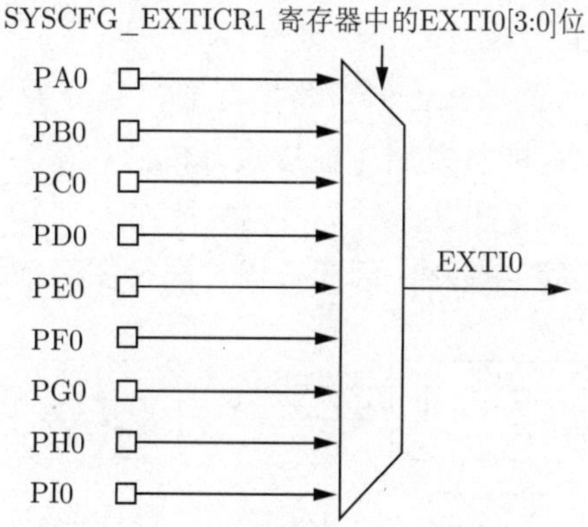

SYSCFG_EXTICR1 寄存器中的EXTI0[3:0]位

PA0
PB0
PC0
PD0
PE0   EXTI0
PF0
PG0
PH0
PI0

图 5.9 部分外部中断/事件线与 GPIO 之间的映射关系

基于以上配置过程，使用外部中断/事件的程序编写步骤如下。

（1）初始化 GPIO 口为输入。

（2）开启 GPIO 口复用时钟 SYSCFG，设置 GPIO 口与中断线的映射关系。

（3）初始化线上中断，设置触发条件等。

（4）配置 NVIC 中断分组，并使能中断。

（5）编写中断服务函数。

5.4 通信接口

5.4.1 通信接口概述

除了 GPIO 之外，嵌入式微处理器还提供了一些常见的通信接口用于实现外设与处理器之间的交互，如 UART、SPI 和 I²C 等，它们与 GPIO 的区别主要体现在通信时序、速度等方面。

通信接口可根据如下特征进行分类。

1. 并行/串行通信

并行通信：外设和微处理器之间存在多根数据传输线，数据的多个比特位可同时传输。

串行通信：外设和微处理器之间仅存在一根数据传输线，数据必须按照顺序一位一位传输。

2. 同步/异步通信

同步通信：外设和微处理器之间有同步时钟，两者之间的数据传输受同步时钟的控制。通信双方之间采用阻塞模式，即发送方发出数据后需接收到接收方的反馈后才发送下一个数据包。

异步通信：外设和微处理器之间没有同步时钟，一般借助缓存来进行数据传输。在异步通信过程中，通信双方必须约定通信协议和传输速率。通信双方之间采用非阻塞模式，即发送方发出数据后，无须等待接收方反馈便可直接发送下一个数据包。

3. 单工/半双工/全双工

如图 5.10 所示，按照数据传输方向可将串行通信划分为单工、半双工和全双工 3 种制式。在单工制式下，数据只能从发送方往接收方传输。在半双工制式下，数据能在发送方和接收方之间双向传输，但是在某个时刻数据只能在一个方向上传输。在全双工制式下，接收数据和发送数据占用不同的线路，因此数据可同时在两个方向上传输。

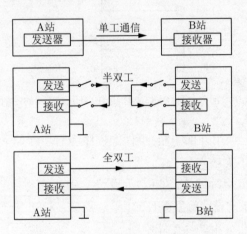

图 5.10　串行通信的通信制式

根据以上特征描述，可将 UART、SPI 和 I²C 3 种通信接口的特征总结如表 5.3 所示。

表 5.3　UART、SPI 和 I²C 3 种通信接口对比

通信接口	引　脚	引脚说明	通信方式	通信制式
UART	TXD、RXD、GND	TXD：发送端 RXD：接收端	异步	全双工
SPI	SCK、MISO、MOSI	SCK：同步时钟 MISO：主机输入，从机输出 MOSI：主机输出，从机输入	同步	全双工
I²C	SCL SDA	SCL：同步时钟 SDA：数据输入/输出端	同步	半双工

5.4.2 串行通信

1. 串行通信概述

串行通信具有使用方便、成本低廉和编程简单等特点，因而被广泛应用在各种嵌入式系统中。目前，各微处理器提供的常见串行通信接口为通用异步收发器（Universal Asynchronous Receiver and Transmitter，UART）。在 STM32 系列的微处理器中，串行通信为通用同步/异步收发器接口（Universal Synchronous/Asynchronous Receiver and Transmitter，USART）。UART 与 USART 的区别在于 USART 可同时支持同步和异步的串行通信，当 USART 支持同步串行通信的时候，需有同步时钟信号 USART_SCLK。USART 用于同步功能的场合较少，一般情况下，UART 和 USART 的使用方式相同。本章将以 USART 为例介绍串行通信。

在如图 5.11 所示的典型应用中，PC 通过 USART 与嵌入式系统进行数据交换和通信。

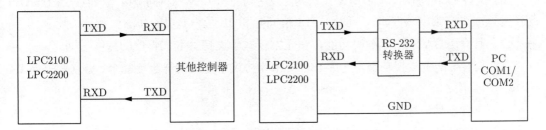

图 5.11　USART 典型应用

串行通信过程如图 5.12 所示。

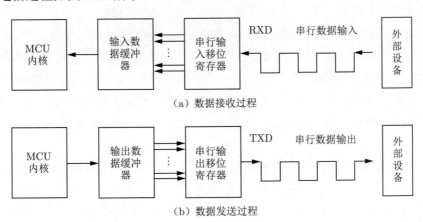

（a）数据接收过程

（b）数据发送过程

图 5.12　串行通信过程

2. USART 的特点和功能

1）USART 的特点

USART 与采用工业标准非归零编码（Non Return Zero，NRZ）异步串行数据格式的外设之间可进行全双工数据通信，并可利用分数波特率发生器提供宽范围的波特率选择。它同时支持同步单向数据通信和半双工单线通信（单线模式），也支持局部互联网协议（Local Interconnect Network，LIN）、智能卡协议、红外数据组织 IrDA SIR ENDEC 规范，以及调制解调器清除发送/请求发送（Clear To Send/Request To Send，CTS/RTS）硬件流量控制操作。USART 还支持多处理器通信，并可使用多缓冲器配置的 DMA 方式实现高速数据通信。

USART 具备如下几个方面的特点。

（1）支持全双工、异步通信。

（2）数据传输采用 NRZ 格式。

（3）采用分数波特率发生器，最高可支持 10.5 Mb/s。

（4）可编程配置的数据字长度（8 位或 9 位）。

（5）可配置的停止位（1 位或 2 位）。

（6）支持 LIN 协议，具有 LIN 主机间隙发送功能和 LIN 从机间隙检测功能；当 USART 配件配置成支持 LIN 协议时，可生成 13 位间隙和 10 位/11 位的间隙检测。

（7）具有 IrDA SIR 编解码功能，在正常模式下支持 3 位/16 位的持续时间。

（8）具有智能卡模拟功能，支持 ISO7816-3 协议中定义的异步智能卡，该协议支持 0.5 或 1.5 个停止位。

（9）支持硬件流控操作。

（10）USART 实现同步数据通信时，发送端提供时钟。

（11）具有独立带时钟的发送和接收中断使能位。

（12）具有检测标志位：接收缓冲器满、发送缓冲器空、传输结束标志。

（13）支持奇偶校验：发送奇偶校验位，接收数据奇偶校验。

（14）支持 4 种错误检测：溢出错误、噪声错误、帧错误和校验错误。

（15）支持 10 个带标志的中断源：CTS 改变、LIN 间隙检测、发送数据寄存器空、发送完成、接收数据寄存器满、检测到总线空闲、溢出错误、帧错误、噪声错误、校验错误。

（16）支持多处理器通信：从机检测到地址不匹配，则进入静默模式；通过空闲总线检测或地址标志检测唤醒从机；主机在需要的时候发送指令唤醒从机并进行数据传输。

2）USART 功能

如图 5.13 所示，USART 通信接口通过 3 个引脚（RX/TX/SW_RX）与外设之间进行通信，其中 RX 表示数据接收引脚，TX 表示数据发送引脚，SW_RX 表示数据接收引脚，但只用于单线和智能卡模式。USART 与外设通信至少需要 RX 和 TX 两个引脚。

（1）RX：接收串行的数据输入。通过采样技术来区分数据和噪声，从而恢复数据。

（2）TX：发送数据到输出。当发送器被禁止时，输出引脚恢复到它的 I/O 端口配置；当发送器激活并且未发送数据时，该引脚处于高电平；在单线和智能卡模式下，此 I/O 端口同时用于接收和发送数据。

（3）总线在接收和发送数据前应处于空闲状态。

（4）1 个起始位。

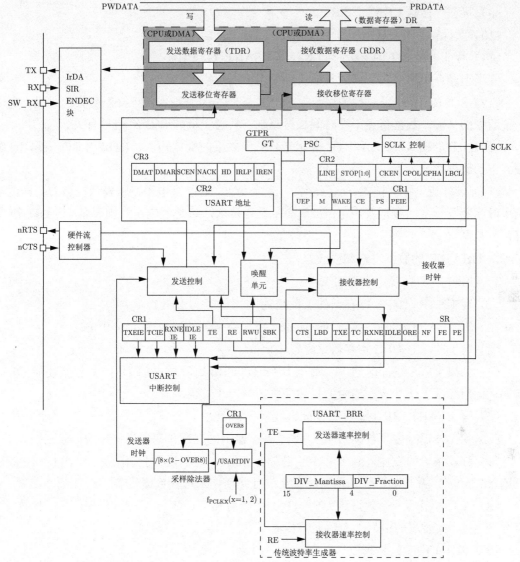

$$USARTDIV = DIV\_Mantissa + (DIV\_Fraction / 8 \times (2 - OVER8))$$

图 5.13　USART 结构

（5）1 个数据字（8 位或 9 位），最低有效位在前。

（6）0.5/1.5/2 个停止位，停止位代表数据帧的结尾；0.5 个停止位配置用于智能卡模式下的数据接收，1.5 个停止位配置用于智能卡模式下的数据发送，2 个停止位配置用于常规 USART、单线模式和调制解调器模式。

（7）使用分数波特率发生器，波特率寄存器（USART_BRR）的低 4 位（[0:3]）表示分频器除法因子（DIV）的小数部分，中 12 位（[4:15]）表示分频器除法因子（DIV）的整数部分，其他位（[16:31]）保留。

（8）控制寄存器 USART_CR。

（9）状态寄存器 USART_SR。

（10）数据寄存器 USART_DR（TDR/RDR）。

（11）智能卡模式下的保护时间寄存器 USART_GTPR。

除了上述介绍的引脚之外的其他引脚仅用于同步模式：

（12）SCLK：发送器时钟输出。在 SCLK 的一个上升沿或者下降沿到来的时候，实现一位数据的传输。数据传输不受时间长短限制，只与主机的 SCLK 信号有关。

（13）IrDA 模式：IrDA_RDI 表示 IrDA 模式下的数据输入，IrDA_TDO 表示 IrDA 模式下的数据输出。

（14）硬件流量控制模式：nCTS 表示清除发送，若是高电平，则表示在当前数据传输结束时阻断下一次的数据发送；nRTS 表示发送请求，若是低电平，则表示 USART 准备好接收数据。

3. USART 的数据发送和接收过程

1）USART 数据发送步骤如下：

（1）写 USART_CR1 寄存器的 UE 位为 1 来使能 USART。

（2）写 USART_CR1 寄存器的 M 位来定义数据帧长度为 8 位或 9 位。

（3）写 USART_CR2 寄存器来配置停止位。

（4）如果采用多缓冲区通信，则写 USART_CR3 寄存器中的 DMAT 位来使能 DMA 传输，此时需按多缓冲区通信中的描述配置 DMA 寄存器。

（5）写 USART_BRR 寄存器来配置波特率。

（6）初次传输时需设置 USART_CR1 寄存器中的 TE 位来发送一个空闲帧。

（7）将需传输的数据写到 USART_DR 寄存器（该操作同时会清除 USART_SR 寄存器的 TXE 位）。在单缓冲区通信时将重复进行此动作来进行数据传输。

（8）在写入最后一个数据到 USART_DR 寄存器后，等待 USART_SR 寄存器的 TC 信号变为 1，此时表明最后一个数据帧传输结束。

图 5.14为 USART 数据发送过程的时序图。

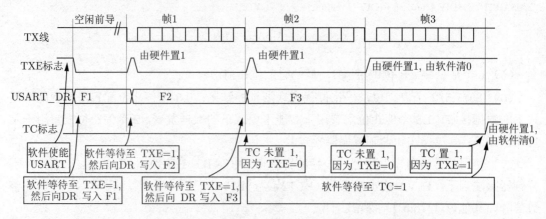

图 5.14　USART 数据发送过程的时序

2）USART 数据接收步骤如下：

（1）写 USART_CR1 寄存器中的 UE 位为 1 来使能 USART。

（2）写 USART_CR1 寄存器中的 M 位来定义数据帧长度为 8 位或 9 位。

（3）写 USART_CR2 寄存器来设置停止位。

（4）如果采用多缓冲区通信，则写 USART_CR3 寄存器来使能 DMA 传输，此时需按多缓冲区通信中的描述配置 DMA 寄存器。

（5）写 USART_BRR 来配置波特率。

（6）写 USART_CR1 寄存器中的 RE 位使能数据接收。当接收到一个数据帧时，US-ART_SR 寄存器中的 RXNE 位被设置，此时表明移位寄存器中的数据传输到了 RDR，数据帧可以被读取。

如果 RXNEIE 位被置位，那么系统将产生中断。如果发送帧错误，那么错误标志位会被置位。在多缓冲区模式下，RXNE 位在每次接收完 1 个数据帧之后会被置位，并且被 DMA 的读数据寄存器操作清除置位。在单缓冲区模式下，对 USART_DR 寄存器的读操作会清除 RXNE 标志。该位也可以通过写 0 来清除。RXNE 位在下一次传输之前必须被清除，以防止数据被覆盖。

5.4.3 SPI

1. SPI 概述

串行外设接口（Serial Peripheral Interface，SPI）是由摩托罗拉公司首先提出的一种同步串行通信接口，主要用于微处理器与外设之间的串行通信，比如 Flash、RAM、A/D 转换器、数字信号处理器和网络控制器等外设。

SPI 是一种高速、全双工、同步的串行通信接口，它在芯片上仅需占用 4 个引脚（MISO/MOSI/SCK/CS）。它在节约芯片引脚的同时，为 PCB 布局节省了空间，因而越来越多的芯片都集成了 SPI 接口。SPI 是一种不对等的通信接口，通信的发起、结束均由主机控制，SPI 通信双方时钟产生和片选控制的一方即为主机。

SPI 接口的 4 个引脚的功能如下：

（1）MISO——主设备数据输入，从设备数据输出。

（2）MOSI——主设备数据输出，从设备数据输入。

（3）SCK——时钟信号，由主设备产生。

（4）CS——从设备片选信号，由主设备控制（例如 STM32 中的 NSS 即 CS）。

SPI 接口的硬件连线如图 5.15 所示，一个 SPI 总线可连接多个主机和多个从机，但是在同一个时刻只允许由一个主机来操作总线。在每次数据传输的过程中，主机总是向从机发送一个字节的数据，从机也是向主机发送一个字节的数据。

2. SPI 工作方式

SPI 接口可根据外设通信的需求，对串行同步时钟的极性（CPOL）和相位（CPHA）进行配置。CPOL 对 SPI 接口的通信影响不大，如果 CPOL=0，那么串行同步时钟的空

闲状态为低电平；如果 CPOL=1，那么串行同步时钟的空闲状态为高电平。CPHA 决定了
SPI 接口上数据的采样位置，如果 CPHA=0，那么在串行同步时钟的第一个跳变沿（上升
或下降）数据将被采样；如果 CPHA=1，那么在串行同步时钟的第二个跳变沿（上升或下
降）数据才被采样。SPI 主机和外设的 CPOL 和 CPHA 应该保持一致。

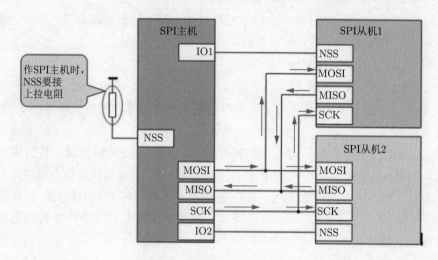

图 5.15　SPI 接口的硬件连线图

SPI 在不同时钟相位下的数据传输时序如图 5.16 所示。

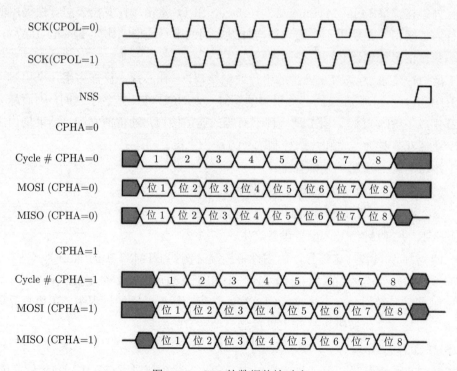

图 5.16　SPI 的数据传输时序

3. SPI 内部结构和寄存器

SPI 接口的内部结构如图 5.17 所示，其中可通过 SPI_CR1 寄存器的配置来设置 SPI 的工作模式。SPI_CR1 寄存器各位的含义如图 5.18 所示。

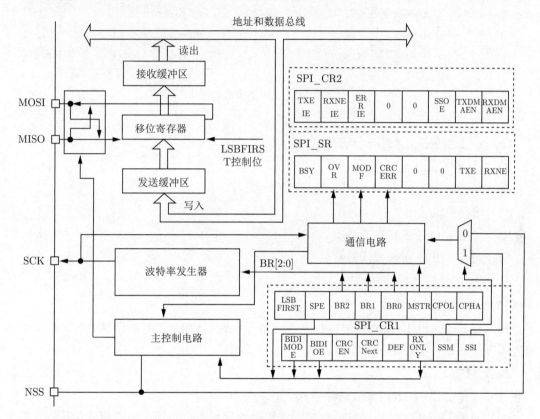

图 5.17　SPI 接口的内部结构

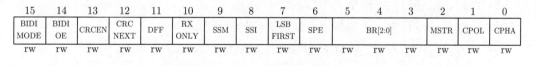

图 5.18　SPI_CR1 寄存器

4. SPI 工作模式

在如图 5.19 所示的 SPI 通信模式中，以微处理器为参照对象，可将 SPI 的通信区分为主机模式和从机模式。

1）在主机模式下

（1）主机使用一个 I/O 引脚选择从机。

（2）传输的起始由主机发送数据来启动。

（3）时钟（SCK）信号由主机产生。

（4）通过 MOSI 引脚发送数据。

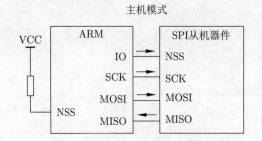
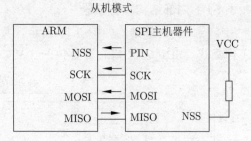

图 5.19　SPI 通信模式

（5）通过 MISO 引脚接收数据。

2）在从机模式下

（1）数据传输在 NSS 被主机拉低后开始。

（2）接收主机输出的时钟信号。

（3）通过 MOSI 引脚接收数据。

（4）通过 MISO 引脚发送数据。

5. SPI 的从模式配置与传输

1）配置 SPI 为从模式

在从模式下，SCK 引脚用于接收主机的串行时钟。SPI_CR1 寄存器中的 BR[2:0] 的设置不影响数据传输速率。

配置过程如下：

（1）设置 DEF 位来定义数据帧格式（8 位或 16 位）。

（2）设置 CPOL 位和 CPHA 位来定义数据传输和串行时钟之间的相位关系，保持主机和从机的 CPOL 位和 CPHA 位一致。

（3）保持主机和从机帧的格式一致。

（4）在通信的过程中，必须保证 CS 片选信号处于低电平。

（5）清除 MSTR 位，设置 SPE 位使相应引脚处于 SPI 工作模式。

2）数据传输

（1）数据发送过程。在写操作过程中，数据字被并行写入发送缓冲器。当从设备收到时钟信号并且在 MISO 引脚上出现第一个数据位时，发送过程开始。剩下的数据位被写入移位寄存器。当发送缓冲器中的数据字写入移位寄存器时，SPI_SP 寄存器的 TXE 位被置位。如果设置了 SPI_CR2 寄存器中的 TXEIE 位，则触发中断。

（2）数据接收过程。对于数据接收而言，当数据接收完成时，在最后一个采样时钟边沿后，RXNE 位被置位，移位寄存器中的数据字被写入接收缓冲器。当读 SPI_DR 寄存器时，SPI 设备返回接收缓冲器接收到的数据字。如果设置了 SPI_CR2 寄存器中的 RXNEIE 位，将触发中断。

在最后一个采样时钟边沿后，RXNE 位被置位，移位寄存器中的数据字被写入接收缓冲器。当读 SPI_DR 寄存器时，SPI 设备返回接收缓冲器接收到的数据字。

6. SPI 主模式配置与传输

1）配置 SPI 为主模式

在主机模式下，SCK 引脚产生时钟信号。该模式的配置如下：

（1）通过 SPI_CR1 寄存器的 BR[2:0] 位定义串行时钟波特率。

（2）设置 CPOL 位和 CPHA 位来定义数据传输和串行时钟之间的相位关系。

（3）设置 DEF 位来定义数据帧格式（8 位或 16 位）。

（4）设置 SPI_CR1 寄存器的 LSBFIRST 位来定义帧格式。

（5）在通信过程中，必须保证 CS 片选信号处于高电平。

2）数据传输

（1）数据发送过程。当写入数据到发送缓冲器时，发送过程开始。当发送第一个数据位时，数据被并行写入移位寄存器，然后串行地移出到 MOSI 引脚。数据字的高位在前还是低位在前传输，取决于 SPI_CR1 寄存器的 LSBFIRST 位的配置。当数据字从发送缓冲器写入移位寄存器时，SPI_SP 寄存器的 TXE 位被置位，如果设置了 SPI_CR2 寄存器中的 TXEIE 位，则触发中断。

（2）数据接收过程。对于数据接收而言，当数据传输完成时，移位寄存器中的数据字被写入接收缓冲器，并且 RXNE 标志位被置位。如果设置了 SPI_CR2 寄存器中的 RXNEIE 位，将触发中断。在最后一个采样时钟边沿，RXNE 位被置位，移位寄存器中接收到的数据字被写入接收缓冲器。读 SPI_DR 寄存器时，SPI 设备返回接收缓冲器接收到的数据字。读 SPI_DR 寄存器时，RXNE 位被清除。

一旦数据传输开始，如果下一个将要发送的数据字被写入了发送缓冲器，就可以维持持续的数据字传输。在写发送缓冲器之前，需确认 TXE 标志位是否被置位。

5.4.4　I²C

1. I²C 概述

I²C（Inter-Integrated Circuit，I²C）总线是一种由飞利浦公司开发的串行通信总线，它通过 2 根连线实现双向数据传输，可以方便地搭建多机系统和外设扩展系统。在标准模式下，I²C 总线的数据传输速度为 0～100kb/s，在高速模式下，可达 0～400kb/s。I²C 总线通过硬件设置的方法给总线中的所有设备设置了一个唯一的地址，并通过软件寻址完全避免了设备的片选线寻址方法，从而实现了 I²C 总线系统简单而灵活的可扩展性。

如图 5.20 所示是一个 I²C 总线系统的典型架构，从图中可知 I²C 总线的 2 根线（串行数据线 SDA，串行时钟线 SCL）可连接到总线上的任何一个设备。在执行数据传输的过程中，每个设备都可以当作主机或从机。在数据传输过程中，发起数据传输、产生时钟信号和终止数据传输的设备叫主机，它可以是发送器或接收器；被主机寻址的设备叫从机，它也可以是发送器或接收器。

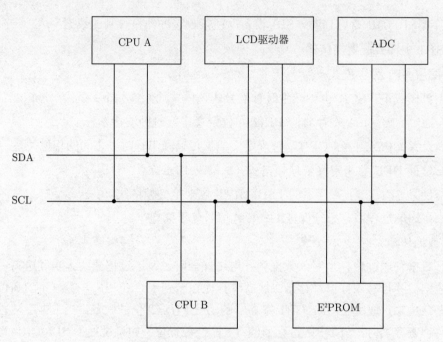

图 5.20   I²C 总线系统的典型架构

当总线系统中的 2 个或 2 个以上的控制设备同时发起数据传输时，只能有一个控制设备获得总线控制权而成为主机，并使数据帧不被破坏，该过程即仲裁。同时，总线系统必须能同步所有控制设备所产生的时钟信号。

2. I²C 数据传输

I²C 总线上每传输一个数据位必须有一个时钟脉冲。SDA 线上的数据必须在时钟线 SCL 的高电平期间保持稳定，SDA 线的电平状态只有在 SCL 线的时钟信号为低电平时才能发生改变。在 I²C 总线上，存在如下 4 种信号。

（1）起始信号：在 SCL 为高电平时，SDA 由高电平向低电平跳变，开始数据传输。

（2）停止信号：在 SCL 为高电平时，SDA 由低电平向高电平跳变，终止数据传输。

（3）应答信号：接收器在接收到发送器发过来的数据字之后，向发送器发出特定的低电平脉冲信号，表示已经接收到数据。微处理器向受控器件发出一个信号后，等待受控器件发出应答信号，CPU 接收到应答信号后根据实际情况决定是否继续数据传输的判断。若 CPU 未接收到应答信号，则判断受控器件发生故障。

（4）非应答信号：为高电平有效脉冲信号。当主机接收从机发送的最后一个数据字节后，必须给从机发送一个非应答信号，使从机释放数据线，以便主机发送停止信号而结束通信。

起始信号、停止信号和非应答信号由主机发起。起始信号是一次数据传输的开始，起始信号后总线将处于忙状态。停止信号是一次数据传输的结束，停止信号后总线将处于空闲状态。

在 I²C 总线的通信过程中，每次发送到 SDA 线上的数据均为 1 个字节。主机和从机之间每次传输的字节数量不受限制，可重复传输多个字节。每个字节后必须跟一个应答信号。如图 5.21 所示，SDA 线上的数据传输从数据字的高位（MSB）开始传输。

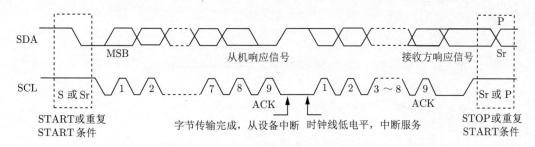

图 5.21 I²C 总线的数据传输过程

1）同步

I²C 总线上的时钟同步是通过各个能产生时钟的器件连接到 SCL 上实现的，各个器件均有各自独立的时钟，时钟的频率、周期、相位和占空比等可能都不相同。通过所有器件时钟的"线与"，在 SCL 上产生的实际时钟的低电平宽度由低电平持续时间最长的器件决定，而高电平宽度由高电平持续时间最短的器件决定。

2）仲裁

当总线空闲时，如果同时有多个控制器件启动数据传输，可能会有多个控制器件检测到满足起始信号而同时获得主机权，此时需要进行总线仲裁。当 SCL 线是高电平时，仲裁发生在 SDA 线上。当其他控制器件在 SDA 线上发送低电平时，SDA 线上发送高电平的控制器件仲裁失败，这是因为此时总线上的电平与自己的电平不同。仲裁可能持续多个数据位，首先进行比较的是发送的第一个数据字（地址信息）。如果多个控制器件尝试访问同一个器件（地址对应数据字相同），仲裁会继续比较后面的数据字内容，或者比较响应位。通过总线的地址和数据字赢得仲裁的控制器件，在仲裁的过程中不会丢失数据。

3）传输协议

主机产生起始信号之后，将发送第一个寻址字节。该字节的高 7 位为从机地址，最低位（R/W）决定了数据传输的方向。1 表示主机读取从机数据，0 表示主机向从机发送数据。当主机发送完寻址字节之后，总线上的设备都将寻址字的高 7 位与自己的地址进行比较。如果相同，则向主机发送应答信号。

当主机和从机通过寻址建立联系之后，两者之间的数据传输正式开始。当需要结束数据传输的时候，一般由主机发送停止信号。但是，如果主机仍希望与总线上的其他设备进行通信，则可再次产生起始信号并通过寻址与另一个从机建立联系。

如图 5.22 所示为主机发送数据到从机的通信过程。

如图 5.23 所示为主机读取从机数据的通信过程。

如图 5.24 所示为主机分别向从机发送和读取数据的复合通信过程。

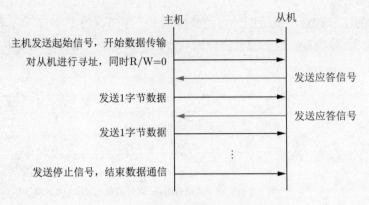

图 5.22　主机发送数据给从机的通信过程

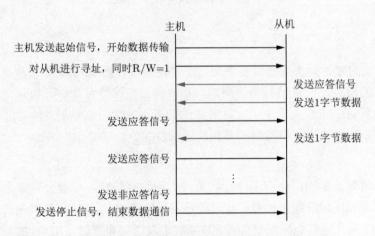

图 5.23　主机读取从机数据的通信过程

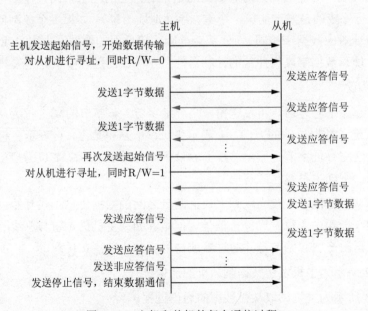

图 5.24　主机和从机的复合通信过程

5.5 人机交互

5.5.1 LCD 概述

液晶显示器（Liquid Crystal Display，LCD）是一种被动的显示器件，它本身不能发光，需借助于周围环境的光。如图 5.25 所示为液晶显示器的基本原理，液晶显示器将液晶置于两个导电玻璃之间，通过两个电极间电场的驱动引起液晶分子有规则地旋转形成扭曲角，发生扭曲向列效应，从而控制投射光的强度。完全投射即白色，完全阻挡即黑色，不同投射程度呈现不同的灰阶。

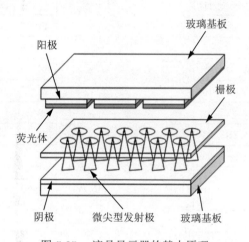

图 5.25 液晶显示器的基本原理

根据工作原理，可将 LCD 划分为：扭曲向列型液晶 TN-LCD、超扭曲向列型液晶 STN-LCD 和薄膜晶体管液晶 TFT-LCD。TFT-LCD 与其他两种液晶不同，它在液晶显示屏的每一个像素上都设置有一个薄膜晶体管，可有效克服非选通时的串扰，从而使显示液晶屏的静态特性与扫描线数无关，因此大大提高了图像质量。本节将以分辨率为 320×240 像素的 2.8 英寸 ALIENTEK TFT-LCD 为例，来介绍 LCD 接口的相关内容。

5.5.2 LCD 显示的控制方法

LCD 的驱动方式分为如下两种：

（1）扫描驱动的 LCD 驱动器——将显示缓存中的图像数据通过动态扫描的方式传输到 LCD 显示屏。

（2）总线驱动的液晶模块（LCD Module，LCM）——将液晶显示屏、连接件、驱动和控制集成电路、PCB 线路板、背光源等装配在一起的显示控制器。

TFT-LCD 的 LCM 内置有与液晶像素点对应的显示数据 RAM 区（即显存）。TFT-LCD 支持 16 位的显示颜色，若取每个像素点 16 位的数据来表示该像素点的 RGB 颜色信息，则内置的 RAM 需 320×240×16 位的空间。若要改变某一个像素点的颜色，只需对该点所对应的 16 位显存进行操作即可。

ALIENTEK TFT-LCD 采用 16 位的 8080 并口与外部连接，该模块的接口如图 5.26 所示。

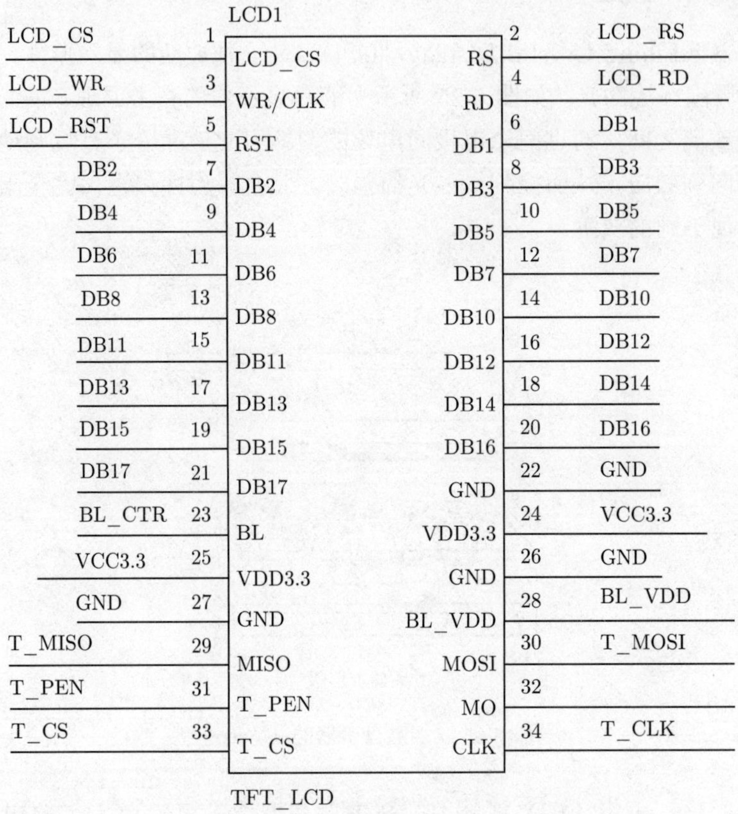

		LCD1			
LCD_CS	1	LCD_CS	RS	2	LCD_RS
LCD_WR	3	WR/CLK	RD	4	LCD_RD
LCD_RST	5	RST	DB1	6	DB1
DB2	7	DB2	DB3	8	DB3
DB4	9	DB4	DB5	10	DB5
DB6	11	DB6	DB7	12	DB7
DB8	13	DB8	DB10	14	DB10
DB11	15	DB11	DB12	16	DB12
DB13	17	DB13	DB14	18	DB14
DB15	19	DB15	DB16	20	DB16
DB17	21	DB17	GND	22	GND
BL_CTR	23	BL	VDD3.3	24	VCC3.3
VCC3.3	25	VDD3.3	GND	26	GND
GND	27	GND	BL_VDD	28	BL_VDD
T_MISO	29	MISO	MOSI	30	T_MOSI
T_PEN	31	T_PEN	MO	32	
T_CS	33	T_CS	CLK	34	T_CLK
		TFT_LCD			

图 5.26　TFT-LCD 模块的接口图

该 TFT-LCD 模块的接口包括如下信号线：CS（片选信号）、WR（向 TFT-LCD 写入数据）、RD（从 TFT-LCD 读取数据）、DB1[15:0]（16 位双向数据线）、RST（硬复位）、RS（命令/数据标志）。

ALIENTEK TFT-LCD 提供多种 LCM 模块可供选择，本节将以 ILI9341 为例来对液晶显示控制器进行说明。ALIENTEK TFT-LCD 的每个像素采用 16 位进行表示，ILI9341 在 16 位模式下采用 RGB565 格式存储颜色数据，其中最低 5 位代表蓝色、中间 6 位代表绿色、最高 5 位代表红色。如表 5.4 所示，ILI9341 在 16 位模式下用到的数据线为 DB17～DB13 和 DB11～DB1，而 DB12 和 DB0 两位没有被用到。ILI9341 的 DB17～DB13 和 DB11～DB1 数据线对应微处理器的 DB15～DB0 数据线。

TFT-LCD 模块的操作主要分为两种：对控制寄存器的读/写操作、对显存的读/写操作。上述两种操作均通过对 ILI9341 的寄存器的操作来完成。如图 5.27 所示为对 TFT-LCD 模块的读/写时序。

ILI9341 提供了索引寄存器，对该索引寄存器的写入操作可以指定操作的寄存器索引，以便完成控制寄存器、显存寄存器的读/写操作。RS 控制线用于区分当前操作的是控制寄存器还是数据寄存器。当 RS 为低电平时，表示当前是对控制寄存器进行的操作，并指明接下去的寄存器操作是针对哪一个寄存器；当 RS 为高电平时，表示当前是对数据寄存器的操作。

表 5.4   ILI9341 16 位数据与显存 RAM 的对应关系

ILI9341 总线	DB17	DB16	DB15	DB14	DB13	DB12	DB11	DB10	DB9	DB8	DB7	DB6	DB5	DB4	DB3	DB2	DB1	DB0
MCU 数据线	DB15	DB14	DB13	DB12	DB11	NC	DB10	DB9	DB8	DB7	DB6	DB5	DB4	DB3	DB2	DB1	DB0	NC
LCD RAM	R[4]	R[3]	R[2]	R[1]	R[0]	NC	G[5]	G[4]	G[3]	G[2]	G[1]	G[0]	B[4]	B[3]	B[2]	B[1]	B[0]	NC

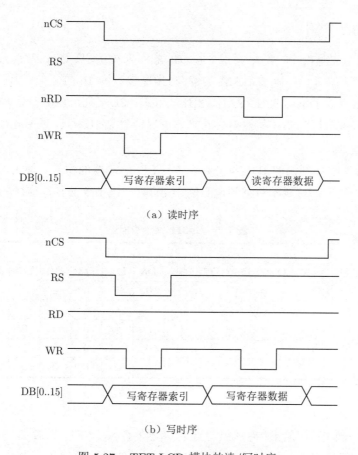

（a）读时序

（b）写时序

图 5.27   TFT-LCD 模块的读/写时序

当需要对 TFT-LCD 显示面板上的某一点（X，Y）进行操作时，需要先通过地址定位到该点所对应的 RAM 显存地址，然后通过光标的上下左右移动控制来连续写入或读取显存数据，从而完成对显示内容的操作。TFT-LCD 的使用流程如图 5.28 所示。

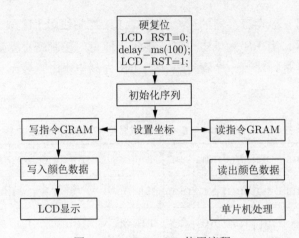

图 5.28　TFT-LCD 使用流程

5.5.3　指令介绍

ILI9341 按照先写指令，然后写指令参数的顺序来对 LCD 进行控制。ILI9341 的所有指令均为 8 位（低 8 位），除了 RAM 的读/写指令参数为 16 位之外，其他指令的参数均为 8 位。接下来将以 D3H、36H、2AH、2BH、2CH、2EH 几个重要指令为例，对 ILI9341 控制指令及其参数进行介绍，其他指令的具体情况请参见 ILI9341 的数据手册。

1. D3H 指令

用于读取 LCD 控制器的 ID，据此可判别 LCD 驱动器的型号。如第 3 个和第 4 个参数分别为 93 和 41，则对应本节举例说明的 ILI9341。该指令的具体描述如表 5.5 所示。

表 5.5　D3H 指令的描述

顺序	控　制			二　进　制									十六进制
	RS	RD	WR	D15～D8	D7	D6	D5	D4	D3	D2	D1	D0	
指令	0	1	↑	××	1	1	0	1	0	0	1	1	D3H
参数 1	1	↑	1	××	×	×	×	×	×	×	×	×	×
参数 2	1	↑	1	××	0	0	0	0	0	0	0	0	00H
参数 3	1	↑	1	××	1	0	0	1	0	0	1	1	93H
参数 4	1	↑	1	××	0	1	0	0	0	0	0	1	41H

2. 36H 指令

存储访问控制指令，用来控制 ILI9341 存储器的读/写方向。当对 RAM 进行连续读写的时候，通过该指令可控制指针的增长方向。该指令的具体描述如表 5.6 所示，其中 MY 参数表示行地址顺序、MX 参数表示列地址顺序、MV 表示行/列交换。通过上述 3 个参数的设置可控制屏幕扫描方向（见表 5.7）；ML 表示垂直刷屏顺序，通过该参数可控制 LCD 垂直刷屏的方向；BGR 参数用来控制颜色开关，0 表示 RGB 顺序、1 表示 BGR 顺序；MH 参数用来控制 LCD 水平刷新方向。

表 5.6　36H 指令的描述

顺序	控 制			二 进 制									十六进制
	RS	RD	WR	D15～D8	D7	D6	D5	D4	D3	D2	D1	D0	
指令	0	1	↑	××	0	0	1	1	0	1	1	0	36H
参数	1	1	↑	××	MY	MX	MV	ML	BGR	MH	0	0	0H

表 5.7　MY/MX/MV 参数设置与 LCD 扫描方向的关系

控 制 位			效果
MY	MX	MV	LCD 扫描方向（GRAM 自增方式）
0	0	0	从左到右，从上到下
1	0	0	从左到右，从下到上
0	1	0	从右到左，从上到下
1	1	0	从右到左，从下到上
0	0	1	从上到下，从左到右
0	1	1	从上到下，从右到左
1	0	1	从下到上，从左到右
1	1	1	从下到上，从右到左

3. 2AH 指令

列地址设置指令，在默认的从左到右、从上到下扫描方式中，该指令用来设置横坐标（x 坐标）。该指令的描述如表 5.8 所示，它带有 4 个参数，分别用来设置 SC 和 EC 两个坐标值，它们分别代表列地址的起始值和结束值。SC 的值必须小于或等于 EC，且两者的值都满足 0～239。

表 5.8　2AH 指令的描述

顺序	控 制			二 进 制									十六进制
	RS	RD	WR	D15～D8	D7	D6	D5	D4	D3	D2	D1	D0	
指令	0	1	↑	××	0	0	1	0	1	0	1	0	2AH
参数 1	1	1	↑	××	SC15	SC14	SC13	SC12	SC11	SC10	SC9	SC8	SC
参数 2	1	1	↑	××	SC7	SC6	SC5	SC4	SC3	SC2	SC1	SC0	
参数 3	1	1	↑	××	EC15	EC14	EC13	EC12	EC11	EC10	EC9	EC8	EC
参数 4	1	1	↑	××	EC7	EC6	EC5	EC4	EC3	EC2	EC1	EC0	

4. 2BH 指令

页地址设置指令，在默认的从左到右、从上到下扫描方式中，该指令用来设置纵坐标（y 坐标）。该指令的描述如表 5.9 所示，它带有 4 个参数，分别用来设置 SP 和 EP 两个坐标值，它们分别代表页地址的起始值和结束值。SP 的值必须小于等于 EP，且两者的值都满足 0~319。

表 5.9　2BH 指令的描述

顺序	控　　制			二　　进　　制									十六进制
	RS	RD	WR	D15~D8	D7	D6	D5	D4	D3	D2	D1	D0	
指令	0	1	↑	××	0	0	1	0	1	0	1	1	2BH
参数 1	1	1	↑	××	SP15	SP14	SP13	SP12	SP11	SP10	SP9	SP8	SP
参数 2	1	1	↑	××	SP7	SP6	SP5	SP4	SP3	SP2	SP1	SP0	
参数 3	1	1	↑	××	EP15	EP14	EP13	EP12	EP11	EP10	EP9	EP8	EP
参数 4	1	1	↑	××	EP7	EP6	EP5	EP4	EP3	EP2	EP1	EP0	

5. 2CH 指令

写 RAM 指令，通过该指令可往 RAM 中写入颜色数据。该指令支持连续写，其描述如表 5.10 所示。当收到 2CH 指令后，数据的有效位变为 16 位，此时可以往 RAM 中连续写入颜色数据，RAM 的地址将根据 MY/MX/MV 设置的扫描方向进行自增长。例如，当采用默认的从左到右、从上到下扫描方式时，通过 SC 和 SP 设置好写操作的起始坐标后，每写入一个 16 位的颜色值，RAM 地址将会自动增加 1（SC++）；如果到达列尾（即 SC 的值增至 EC），则切换至下一行（SP++），并回到列起始位置。连续写操作一直到 EC、EP 结束，该过程中无须再次设置坐标，从而可大大提高写速度。

表 5.10　2CH 指令的描述

顺序	控　　制			二　　进　　制									十六进制
	RS	RD	WR	D15~D8	D7	D6	D5	D4	D3	D2	D1	D0	
指令	0	1	↑	××	0	0	1	0	1	1	0	0	2CH
参数 1	1	1	↑	D1[15:0]									××
……	1	1	↑	D1[15:0]									××
参数 n	1	1	↑	D1[15:0]									××

6. 2EH 指令

2EH 指令为读 RAM 指令，通过该指令可读取 RAM 中的颜色数据。该指令的描述如表 5.11 所示。当收到 2EH 指令后，第一次输出的是 dummy 数据，即无效数据。第二次读取到的才是有效的 RAM 数据。数据读取从 SC 和 SP 指示的地址开始的数据。该指令支持连续读，数据输出的规律为：每个颜色值占 8 位，每次输出 2 个颜色值。例如，第一次输出的是 R1G1，然后依次输出 B1R2→G2B2→R3G3→B3R4→G4B4→R5G5→……如果每次仅需读取 1 个颜色值，则只需接收参数 3 即可。

表 5.11 2EH 指令的描述

顺序	控 制			二 进 制												十六进制
	RS	RD	WR	D15～D11	D10	D9	D8	D7	D6	D5	D4	D3	D2	D1	D0	
指令	0	1	↑	××				0	0	1	0	1	1	1	0	2EH
参数 1	1	↑	1	××												无效数据
参数 2	1	↑	1	R1[4:0]		××			G1[5:0]					××		R1G1
参数 3	1	↑	1	B1[4:0]		××			R2[4:0]					××		B1R2
参数 4	1	↑	1	G2[5:0]			××		B2[4:0]					××		G2B2
参数 5	1	↑	1	R3[4:0]		××			G2[5:0]					××		R3G3
……																
参数 N	1	↑	1	按以上规律输出												

5.6 ADC/DAC

5.6.1 ADC/DAC 概述

模数转换器（Analog-to-Digital Converter，ADC）负责将物理环境中的模拟信号（连续物理量）转换为计算机可处理的数字信号（离散数字量），如将电压信号转换为数字信号输出，从而减少传输过程中的损耗并提高稳定性。数模转换器（Digital-to-Analog Converter，DAC）则将数字信号还原为模拟信号，DAC 可驱动执行器来控制某个物理对象。如图 5.29 所示，ADC 和 DAC 是嵌入式系统与物理世界交互的两个接口。

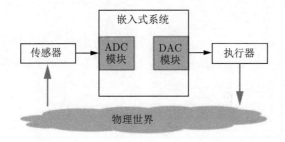

图 5.29 ADC/DAC 在嵌入式系统中的作用

5.6.2 ADC 接口的内部结构

ADC 接口将时间连续、幅值也连续的模拟量转化为时间离散、幅值也离散的数字量，它一般经过取样、保持、量化和编码 4 个过程。在实际的 ADC 电路中，取样和保持、量化和编码往往同时实现。Cortex-M4 处理器中包含 3 个 ADC 接口，ADC 接口的内部结构如图 5.30 所示。Cortex-M4 处理器的 ADC 是 12 位逐次逼近模数转换器，支持 19 路信号输入，分别是 16 路外部信号（ADCx_IN0～ADCx_IN15）、2 路内部信号（温度传感器和 V_{REFINT}）和 V_{BAT} 电源信号。各个通道可以进行单次、连续、扫描和间断模式的 A/D 转换，转换的结果将存储到左或右对齐的 16 位数据寄存器中。

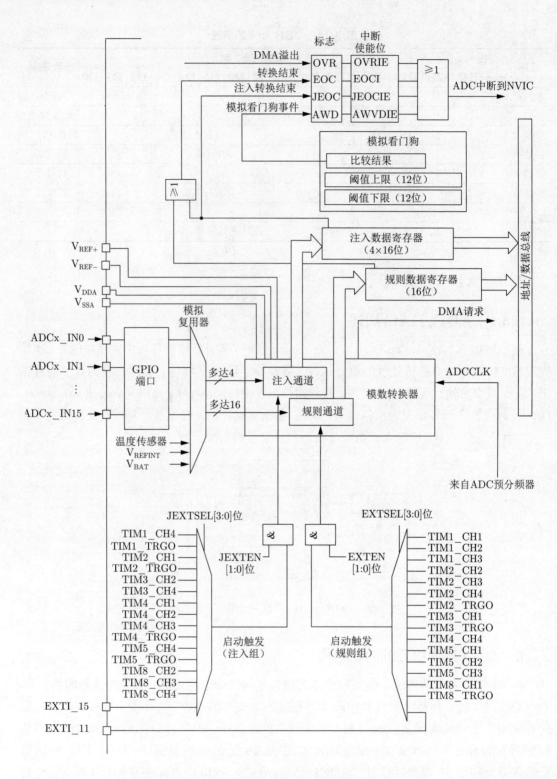

图 5.30　单个 ADC 接口的内部结构

Cortex-M4 处理器的 ADC 具备如下几个特点：

（1）12 位、10 位、8 位或 6 位配置的分辨率，该分辨率决定了模数转换的精度和时延。位数越多，精度越高，但是时延也越大。

（2）在转换结束、注入转换结束、模拟看门狗事件和溢出事件等情况下，可产生中断。

（3）可选择单转换模式和连续转换模式。

（4）扫描模式可支持通道 0 到通道 N 的自动切换。

（5）通过数据对齐来保持内置数据的一致性。

（6）可按照通道来编程配置采样间隔。

（7）支持外部触发极性配置选项，为规则转换和注入转换配置极性。

（8）支持间断采样模式。

（9）具有双重/三重模式（具有 2 个或更多 ADC 的器件提供这一功能）。

（10）双重/三重 ADC 模式下可支持转换时延的配置。

（11）ADC 电源要求：全速运行时为 2.4~3.6V，慢速运行时为 1.8V。

（12）ADC 输入值的范围：$V_{REF-} \leqslant V_{IN} \leqslant V_{REF+}$。

ADC 转换分为两个通道组：规则通道组和注入通道组。规则通道组相当于正常运行的程序，而注入通道组相当于中断。在正常执行程序的时候，中断可以打断其执行。与之类似，注入通道的转换可打断规则通道的转换，在注入通道的转换结束后，规则通道的转换才能继续。在实际应用中，系统需要对很多的检测任务和视频监控任务等进行快速处理，ADC 中规则通道组和注入通道组的划分将简化事件处理程序并提高事件处理的效率。

在 Cortex-M4 处理器中，一个规则通道组最多支持 16 路转换输入，必须在 ADC_SQRx 寄存器中声明转换输入信号及其顺序，在 ADC_SQR1 寄存器中的 [3:0] 位写入规则通道组中的转换输入信号总数。在 Cortex-M4 处理器中，一个注入通道组最多支持 4 路转换输入，必须在 ADC_JSQR 寄存器中声明转换输入信号及其顺序，在 ADC_JSQR 寄存器中的 [1:0] 位写入注入通道组中的转换输入信号总数。

如果 ADC_SQRx 或 ADC_JSQR 寄存器在转换过程中被修改，当前的转换将被清除，一个新的启动脉冲将发送到 ADC 以转换新选择的通道组。

5.6.3　ADC 功能

ADC 的引脚描述如表 5.12 所示。

表 5.12　ADC 的引脚描述

名　　称	信 号 类 型	备　　注
V_{REF+}	正模拟参考电压输入	ADC 高/正参考电压：$1.8V \leqslant V_{REF+} \leqslant V_{DDA}$
V_{DDA}	模拟电源输入	模拟电源等于 V_{DD} 全速运行时，$2.4V \leqslant V_{DDA} \leqslant V_{DD}$（3.6V） 低速运行时，$1.8V \leqslant V_{DDA} \leqslant V_{DD}$（3.6V）
V_{REF-}	负模拟参考电压输入	ADC 低/负参考电压：$V_{REF-} = V_{SSA}$
V_{SSA}	模拟电源接地输入	模拟电源接地电压等于 V_{SS}
ADCx_ IN[15:0]	模拟输入信号	16 个模拟输入通道

1. 启动与时钟

将 ADC_CR2 寄存器中的 ADON 位置 1 来为 ADC 接口供电。将 ADON 位清零可停止转换并使能 ADC 进入掉电模式。首次将 ADON 位置 1 时，会将 ADC 从掉电模式唤醒。SWSTART 或 JSWSTART 位置 1 时，将启动 ADC 转换。

ADC 有如下两种时钟方案：

（1）ADCCLK 时钟用于模拟电路，可供所有 ADC 连接公用。RCC 控制器为 ADC 时钟提供一个专用的可编程预分频器，ADCCLK 时钟可通过 APB2 分频来得到，预分频器可选择在 $f_{PCLK2}/2$、$f_{PCLK2}/4$、$f_{PCLK2}/6$、$f_{PCLK2}/8$ 下工作。

（2）用于数字接口的时钟，它等同于 APB2 时钟。可通过 RCC APB2 外设时钟使能寄存器（RCC_APB2ENR）分别为每个 ADC 使能/禁止数字接口时钟。

2. 时序

如图 5.31 所示为 ADC 接口工作的时序。ADC 在开始精确转换之前需要一段稳定时间 t_{STAB}。ADC 开始转换并经过 15 个时钟周期后，EOC 标志置 1，转换结果将存放在 16 位 ADC 数据寄存器中。

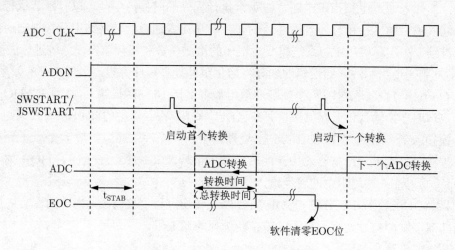

图 5.31   ADC 接口工作的时序

3. 单次转换模式

在单次转换模式下，ADC 仅执行一次转换。该模式可通过如下方式来启动：

（1）将 ADC_CR2 寄存器中的 SWSTART 位置 1（适用于规则通道）。

（2）将 JSWSTART 位置 1（适用于注入通道）。

（3）外部触发（同时适用于规则/注入通道）。

在完成所选通道的信号转换之后，

（1）如果规则通道完成转换，那么

① 转换数据存储在 16 位 ADC_DR 寄存器中。

② EOC 转换结束标志位置 1。

③ EOCIE 位置 1 时产生中断。

（2）如果注入通道完成转换，那么

① 转换数据存储在 16 位 ADC_JDR1 寄存器中。

② JEOC 转换结束标志位置 1。

③ JEOCIE 位置 1 时产生中断。

然后，ADC 停止。

4. 连续转换模式

在连续转换模式下，ADC 一次转换结束后立即启动下一次的转换。该模式可通过外部触发或 ADC_CR2 寄存器中的 SWSTART 位启动，此时 CONT 位是 1。每次转换后，如果规则通道完成转换，那么

（1）转换数据存储在 16 位 ADC_DR 寄存器中。

（2）EOC 转换结束标志位置 1。

（3）EOCIE 位置 1 时产生中断。

需要注意的是，注入通道一般不能采用连续转换模式，唯一的例外情况是注入通道配置为在规则通道之后自动转换之时。

5. 扫描模式

扫描模式用来扫描一组模拟通道，通过设置 ADC_CR1 寄存器的 SCAN 位来选择。此位置位后，ADC 会扫描所有被 ADC_SQRx 寄存器（对于规则通道）或 ADC_JSQR 寄存器（对于注入通道）选中的通道，并在每个组的每个通道上执行单次转换。在每次转换结束时，会自动转换该组中的下一个通道。如果此时 CONT 位置位，那么规则通道转换不会在组中的最后一个通道停止，而是再次从该组的第一个通道继续转换。

如果设置了 DMA 位，那么在每次规则通道转换之后，均采用 DMA 方式把转换数据传输到 SRAM 中，而注入通道转换得到的数据总是存储在 ADC_JDRx 寄存器中。

在以下情况中，ADC_SR 寄存器中的 EOC 位将被设置：

（1）在每个规则组序列转换结束后，EOC 位被清 0。

（2）在每个规则通道转换结束后，EOC 位置 1。

6. 注入通道管理

1）触发注入

清除 ADC_CR1 寄存器中的 JAUTO 位，并且设置 SCAN 位，即可使用触发注入功能。

（1）利用外部触发或通过设置 ADC_CR2 寄存器中的 ADON 位，可启动一组规则通道的转换。

（2）如果在规则通道转换期间产生一个外部注入触发或者 JSWSTART 位被设置，当前转换被复位，注入通道序列被以单次扫描的方式进行转换。

（3）恢复上次被中断的规则通道转换。如果在注入转换期间产生一个规则事件，那么注入转换不会被中断，但是规则序列将在注入通道序列转换结束后被执行。

当使用触发的注入转换时，必须保证触发事件的间隔长于注入序列。例如，序列长度为 30 个 ADC 时钟周期（即 2 个具有 3 个时钟间隔采样时间的转换），触发之间的最小间隔必须是 31 个 ADC 时钟周期以上。

2）自动注入

如果设置了 JAUTO 位，那么在规则组通道转换完成之后，注入组通道将自动启动转换。该功能可用来转换在 ADC_SQRx 和 ADC_JSQR 寄存器中设置的多达 20 个转换序列。在此模式下，必须禁止注入通道的外部触发。如果除 JAUTO 位外还设置了 CONT 位，规则通道至注入通道的转换序列将被连续执行。

当 ADC 时钟预分频系数为 4~8 时，从规则切换到注入序列或从注入切换到规则序列会自动插入 1 个 ADC 时钟间隔；当 ADC 时钟预分频系数为 2 时，则会自动插入 2 个 ADC 时钟间隔。

7. 间断模式

1）规则组

间断模式通过设置 ADC_CR1 寄存器上的 DISCEN 位激活。它可以用来执行一个短序列的 n 次转换（n ≤ 8），此转换是 ADC_SQRx 寄存器所选择的转换序列的一部分。数值 n 由 ADC_CR1 寄存器的 DISCNUM[2:0] 位给出。

一个外部触发信号可以启动 ADC_SQRx 寄存器中描述的下一轮 n 次转换，直到此序列所有的转换完成为止。总的序列长度由 ADC_SQR1 寄存器的 L[3:0] 位定义。例如，当 n = 3，需转换的通道序列为 0、1、2、4、5、7、8、10 时，通道转换的顺序如下所示。

第一次触发：转换的通道序列为 0、1、2。

第二次触发：转换的通道序列为 4、5、7。

第三次触发：转换的通道序列为 8、10，并产生 EOC 事件。

第四次触发：转换的通道序列为 0、1、2。

当以间断模式转换一个规则组时，转换序列结束后不自动从头开始。当所有子组被转换完成，下一次触发将启动第一个子组的转换。

在上面的例子中，第三次触发结束后将重新转换第一子组的通道序列 0、1 和 2。

2）注入组

该模式通过设置 ADC_CR1 寄存器的 JDISCEN 位来激活。在一个外部触发信号之后，该模式按通道顺序逐个转换 ADC_JSQR 寄存器中选择的通道序列。

一个外部触发信号可以启动 ADC_JSQR 寄存器中选择的下一个通道序列的转换，直到序列中所有的通道转换完成为止。总的序列长度由 ADC_JSQR 寄存器的 JL[1:0] 位定义。例如，当 n = 1，需转换的通道序列为 1、2、3 时，通道转换的顺序如下所示。

第一次触发：通道 1 被转换。

第二次触发：通道 2 被转换。

第三次触发：通道 3 被转换，并且产生 JEOC 事件。

第四次触发：通道 1 被转换。

当所有注入通道完成转换之后，下个触发将启动第一个注入通道的选择。在上述例子中，第四个触发重新启动第一个注入通道。系统不能同时使用自动注入和间断模式。

8. 快速转换模式

降低 ADC 分辨率（转换精确度）可以提高转换速度。RES 位用于选择数据寄存器中可用的位数。每种分辨率对应的最小转换时间计算方法如下。

（1）12 位：$3 + 12 = 15$ ADCCLK 周期。

（2）10 位：$3 + 10 = 13$ ADCCLK 周期。

（3）8 位：$3 + 8 = 11$ ADCCLK 周期。

（4）6 位：$3 + 6 = 9$ ADCCLK 周期。

其中，总转换时间的计算公式为：T_{conv} = 采样时间 + 12 个时钟周期。

9. 校准

在 ADC 接口中会因内部电容器组的变化而造成转换精确度误差，因此 ADC 内置了自动校准模式。通过设置 ADC_CR2 寄存器中的 CAL 位启动校准，校准结束 CAL 位将被硬件复位，随后 ADC 可开始正常转换。建议在上电时执行一次 ADC 校准，校准结束后，校准码存储在 ADC_DR 寄存器中。

10. 数据对齐

ADC_CR2 寄存器中的 ALIGN 位用于选择转换得到数据的存储对齐方式。数据可以左对齐或右对齐，具体数据存储对齐方式如图 5.32 所示。

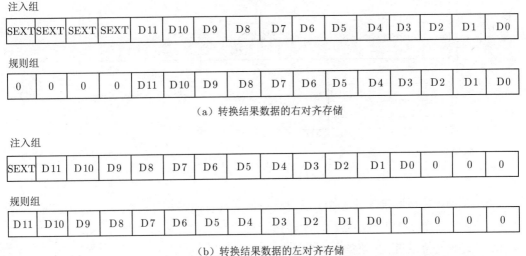

图 5.32　转换结果在数据寄存器中的存储方式

注入组通道转换的数据值将减去 ADC_JOFRx 寄存器中写入的用户自定义偏移量，因此结果可以是一个负值。对于规则组中的通道，不需要减去偏移量，因此只有 12 位有效位，其中 SEXT 位表示扩展的符号值。

5.6.4 DAC 接口的内部结构

DAC 模块是 12 位离散数字输入、连续电压输出的数模转换器。DAC 可以按 8 位或 12 位模式来进行配置，并且可与 DMA 控制器配合使用。在 12 位模式下，数据可以采用左对齐或右对齐方式进行存储。DAC 有两个输出通道，每个通道各有一个转换器。在 DAC 双通道模式下，每个通道可以单独进行转换；当两个通道组合在一起同步执行更新操作时，也可以同时进行转换。可通过一个输入参考电压引脚 V_{REF+}（与 ADC 共享）来提高分辨率。单个 DAC 通道的内部结构如图 5.33 所示。

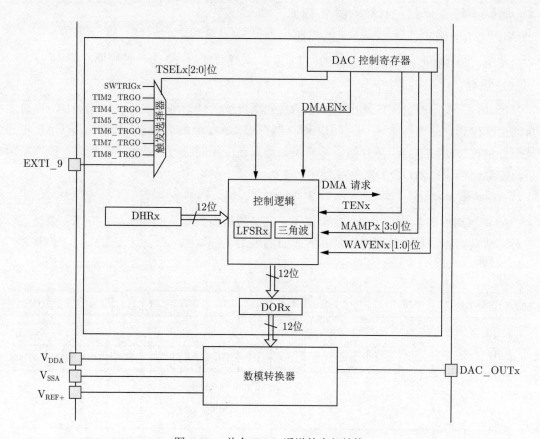

图 5.33　单个 DAC 通道的内部结构

Cortex-M4 处理器包含的 DAC 接口具备如下几方面的特征：

（1）包含 2 个 DAC 转换器，每个转换器对应一个输出通道。

（2）支持 8 位或者 12 位的单调输出。

（3）12 位模式下支持数据的左对齐或者右对齐存储。

（4）具备同步更新功能。

（5）可生成噪声波形。

（6）可生成三角波形。

（7）支持 DAC 双通道同时或者单独进行转换。

（8）每个通道都具备 DMA 功能。

（9）支持外部信号触发转换功能。

（10）输入参考电压 V_{REF+}。

5.6.5 DAC 的功能

DAC 接口涉及的引脚描述如表 5.13 所示。

表 5.13 DAC 的引脚描述

名 称	信 号 类 型	备 注
V_{REF+}	正模拟参考电压输入	DAC 高/正参考电压：$1.8V \leqslant V_{REF+} \leqslant V_{DDA}$
V_{DDA}	模拟电源输入	模拟电源
V_{SSA}	模拟电源接地输入	模拟电源接地
ADC_OUTx	模拟输出信号	DAC 通道 x 模拟输出

1. DAC 通道使能

将 DAC_CR 寄存器的 ENx 位置 1 即可打开 DAC 通道 x 的供电。经过一段启动时间 t_{WAKEUP} 之后，DAC 通道 x 即被使能。

ENx 位置位只使能 DAC 通道 x 的模拟部分，即便该位被置 0，DAC 通道 x 的数字部分仍然继续工作。

2. DAC 输出缓存使能

DAC 接口中集成了 2 个输出缓存，可以用来减少输出阻抗，无需外部运放即可直接驱动外部负载。每个 DAC 通道输出缓存可以通过设置 DAC_CR 寄存器中的 BOFFx 位来使能或者关闭。

3. DAC 输出电压

数字输入经过 DAC 被线性地转换为模拟电压输出，其范围为 $0 \sim V_{REF+}$。任一 DAC 通道引脚上的输出电压均满足如下关系：

$$DAC \text{ 输出电压} = V_{REF} \times (DOR/4095)$$

4. DAC 数据格式

根据所选择的配置模式，数据将按照如下所述写入指定的寄存器：

1）对于 DAC 单通道 x，存在 3 种可能的写入方式，如图 5.34 所示的 DAC 单通道模式下的数据寄存器

（1）8 位数据右对齐：软件必须将数据写入寄存器 DAC_DHR8Rx[7:0] 位（实际是存储到寄存器 DHRx[11:4] 位）。

（2）12 位数据左对齐：软件须将数据写入寄存器 DAC_DHR12Lx[15:4] 位（实际是存储到寄存器 DHRx[11:0] 位）。

（3）12 位数据右对齐：软件须将数据写入寄存器 DAC_DHR12Rx[11:0] 位（实际是存入寄存器 DHRx[11:0] 位）。

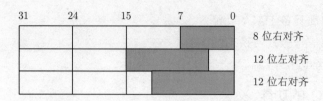

图 5.34　DAC 单通道模式下的数据寄存器

根据对 DAC_DHRyyyD 寄存器的操作，用户写入的数据将通过移位的方式被存储到 DHRx 寄存器中（DHRx 是内部的数据保存寄存器 x）。随后，DHRx 寄存器中的内容或自动加载到 DORx 寄存器，或通过软件触发或外部事件触发的方式被传输到 DORx 寄存器之中。

2）对于 DAC 双通道，存在 3 种可能的写入方式，如图 5.35 所示的 DAC 双通道模式下的数据寄存器

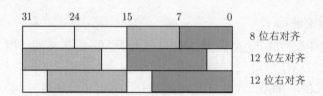

图 5.35　DAC 双通道模式下的数据寄存器

（1）8 位数据右对齐：将 DAC1 通道中的数据写入寄存器 DAC_DHR8RD[7:0] 位（实际是存储到寄存器 DHR1[11:4] 位）；将 DAC2 通道中的数据写入寄存器 DAC_DHR8RD[15:8] 位（实际是存储到寄存器 DHR2[11:4] 位）。

（2）12 位数据左对齐：将 DAC1 通道中的数据写入寄存器 DAC_DHR12RD[15:4] 位（实际是存储到寄存器 DHR1[11:0] 位）；将 DAC2 通道中的数据写入寄存器 DAC_DHR12RD[31:20] 位（实际是存储到寄存器 DHR2[11:0] 位）。

（3）12 位数据右对齐：将 DAC1 通道中的数据写入寄存器 DAC_DHR12RD[11:0] 位（实际是存储到寄存器 DHR1[11:0] 位）；将 DAC2 通道中的数据写入寄存器 DAC_DHR12RD[27:16] 位（实际是存储到寄存器 DHR2[11:0] 位）。

根据对 DAC_DHR8RD、DAC_DHR12RD 和 DAC_DHR12LD 寄存器的操作，用户写入的数据将通过移位的方式被存储到 DHR1 寄存器和 DHR2 寄存器中（它们是内部的数据保存寄存器）。随后，DHR1 和 DHR2 寄存器中的内容或自动加载到 DOR1 和 DOR2 寄存器，或通过软件触发或外部事件触发的方式被传输到 DOR1 和 DOR2 寄存器之中。

5. DAC 转换

DAC_DORx 寄存器无法直接写入数据，任何输出到 DAC 通道 x 的数据都必须先写入 DAC_DHRx 寄存器（数据实际写入 DAC_DHR8Rx、DAC_DHR12Lx、DAC_DHR12Rx、DAC_DHR8RD、DAC_DHR12LD 或者 DAC_DHR12RD 寄存器）才能传到通道 x。如果未选中硬件触发（寄存器 DAC_CR1 的 TENx 位置 0），那么存入寄存器 DAC_DHRx 中的

数据会在一个 APB1 时钟周期后自动传输至寄存器 DAC_DORx。如果选中硬件触发（寄存器 DAC_CR1 的 TENx 位置 1），那么数据传输在触发发生之后 3 个 APB1 时钟周期后完成。DAC 触发关闭时的转换时序如图 5.36 所示，当数据从 DAC_DHRx 寄存器写入 DAC_DORx 寄存器时，在经过时延 $t_{SETTLING}$ 之后，DAC 的输出即有效，该时延的长短依赖于电源电压和模拟输出负载的大小。

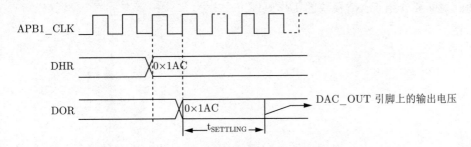

图 5.36　DAC 触发关闭时的转换时序

5.7　本章小结

嵌入式输入/输出设备的接口多种多样，本章介绍了通用的输入/输出接口的特点，并针对 Cortex-M4 介绍了如何配置 GPIO，以及外部中断的配置。对常见通信接口，如 USART、SPI、I²C 做了简单介绍，介绍了液晶显示器的基本原理和控制方法，最后介绍了 A/D 和 D/A 转换。

5.8　习题

1. 请简要描述 I/O 接口的结构。
2. 请简要介绍 I/O 接口的几种数据传输方式。
3. 在进行引脚的 GPIO 功能设置时，如何控制某个引脚的输入和输出？
4. 如何读取 GPIO 某个引脚的状态？
5. 为什么 GPIO 引脚采用复用模式？这样做有何优点？
6. 请给出至少两种 GPIO 的应用实例。
7. 外部中断可支持哪些中断事件的响应？
8. 请概述外部中断的处理流程。
9. 请对比分析串行通信和并行通信方式各自的优缺点。
10. 串行通信的通信制式有哪几种？
11. 请介绍 UART 的特点以及 UART 数据通信的过程。
12. 请介绍 SPI 的特点以及 SPI 数据通信的过程。
13. 请介绍 I²C 的特点以及 I²C 数据通信的过程。
14. 请介绍 I²C 的仲裁机制。

15. 请对比分析 UART、SPI 和 I^2C 3 种通信接口。

16. 常见的嵌入式人机交互技术有哪些?

17. 请概述 LCD 的控制方法和使用流程。

18. 请简要介绍 ADC 模块的工作原理。

19. 请简要介绍 ADC 模块的几种工作模式。

20. 请简要介绍 DAC 模块的工作原理。

第6章

CHAPTER 6

程序设计与分析

学习目标与要求

1. 掌握嵌入式程序模型。
2. 掌握嵌入式 C 语言程序设计方法。
3. 理解编译的优化技术。
4. 了解程序性能分析。

6.1 嵌入式程序设计

嵌入式程序一般运行在特定环境下，出于成本的考虑，计算资源通常较为紧缺。某些场合需要考虑到实时性、可靠性和性能等要素，因此在程序设计时需要考虑各个方面的影响。在实时性、可靠性、性能和成本等方面做到平衡，以满足用户的需求。

嵌入式系统对软硬件的可靠性要求非常高，一旦失效可能会导致灾难性的后果，造成严重的经济损失，尤其是在航空航天、汽车电子等安全攸关领域。可靠性是指在规定的条件和时间内，完成规定功能的能力。嵌入式硬件的可靠性比较直观，通过一系列测试来检查。而嵌入式软件承载着组织硬件、完成功能需求的重要任务，但软件的开发者很难发现程序中的所有缺陷。一旦在实际应用中触发这些未被发现的缺陷，就可能引发超出预期的结果，甚至造成灾难性的后果。因此要求软件开发者能够对程序防错、判错、纠错，从而使程序在运行时有良好的容错能力。

程序性能的重要性不言而喻，在嵌入式系统中，采用多线程、有效的调度策略等方法能提高程序性能。但嵌入式软件可能会直接与传感器、显示器、驱动器、小键盘等硬件设备进行通信，这为提高程序性能带来了更多挑战。即使现在可以选择如 Java 等高级语言编写程序，但为了追求更高的处理效率，嵌入式软件往往采用 C 语言作为编程语言，有时为了进一步提高处理效率而不得不使用汇编语言（assembly language）。

成本是嵌入式产品需要考虑的一个重要因素，成本包括硬件成本和软件成本。而软件成本往往与可靠性、性能等相互制约，需要平衡考虑很多因素，这更需要加强对程序设计与分析的理解。

6.1.1 嵌入式程序设计方法

嵌入式程序的设计有自身的特点，既要提供丰富的功能，又要满足系统的截止时限，同时还要满足存储容量和功耗的要求，设计满足这些要求的程序是一项极具挑战的工作。常见的开发方法或工具如下所述。

（1）自然语言描述。它直接使用语言文字描述设计过程。这种方法抽象且容易造成误解，即使是程序规模较小的嵌入式系统也很少单独使用，一般是结合其他方法使用。

（2）形式化描述。形式化描述通过严谨的数学语言、逻辑和公式描述。比自然语言描述更加严格，不过面对大规模系统，表达非常困难，对开发工程师的知识背景要求严格。

（3）伪代码。伪代码是一种常用的描述程序的设计方法，能够较为清晰地描述思路，但通篇伪代码设计，会降低可读性。通常使用伪代码设计核心部分。

（4）结构图。结构图用来描述系统整体与部分的结构，是一种常见的描述系统结构的表示方法，能够很好地说明系统的组织结构。

（5）流程图。它既可以用来描述系统流程，也可以用来描述算法流程。对小规模嵌入式程序，是一种不错的设计方法。

（6）状态图。它是一种常见的行为建模方法，描述系统中某一对象在生命周期内的状态及其状态变迁，以及引起状态变迁的事件和对象在状态中的动作等，在嵌入式程序设计中具有重要作用。

（7）控制/数据流图（Control/Data Flow Graph，CDFG）。这是一种面向活动的计算模型，常用于数据处理领域，CDFG 是一种主流的设计方法。

在程序设计阶段，图形描述相对于自然语言描述有着较大优势。自然语言描述、形式化描述和伪代码这里不再描述，主要介绍其他方法。

1. 结构图

结构图（structure chart）是一种自顶向下的模块化设计工具，由系统中的不同模块和模块之间的关系组成，用小方块表示模块，线表示模块之间的关系。结构图用于计算机程序的高层设计或体系结构设计。作为一种设计方法，它帮助程序员划分大型系统，递归地将问题分解成程序员可以理解的小问题，这个过程称为自顶向下设计或者功能分解。程序员使用结构图构建程序，类似于建筑师使用蓝图构建房屋的方式。嵌入式最小系统结构图如图 6.1 所示，它是一个嵌入式最小系统的结构图，用一种倒置的树形图表示，该系统被分解为 Flash 模块、SDRAM 模块、时钟模块、复位模块、JTAG 模块和 UART 模块。

图 6.1　嵌入式最小系统树形结构图

结构图在软件开发中能够反映软件组件之间的相互关系和约束，是一种体系结构设计图，通过层次或时间段划分等方式说明软件体系结构各组件的相互关系。在注重组件之间交互的情况下，它可以不画成树形。如图 6.2 所示，同样用来描述嵌入式最小系统的结构图。

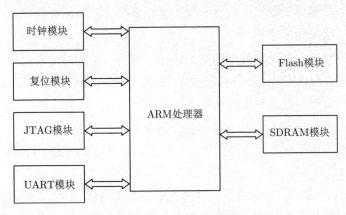

图 6.2　嵌入式非树形最小系统结构图

2. 流程图

流程图（flow chart）用于描述一个程序的工作流程或过程。使用方框表示步骤、菱形表示判断、带箭头的线表示执行流程。流程图表示对给定问题的解决方案，常用于分析、设计、记录或者管理的流程中，是一种常见的设计方法。如下是一个 C 语言 for 循环程序：

```
for （A；B；C）
    D
```

它的程序流程图如图 6.3 所示。

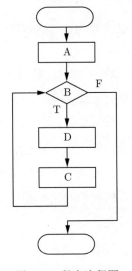

图 6.3　程序流程图

3. 状态图

状态图（states diagram）关注系统中某一对象在生命周期内的特性和特性的变化，以及引起特性变化的时间和动作等。对于一个对象，如果它具有事件驱动的特性，则适合用状态图设计。对于非事件驱动型，假如它既不是由多个对象协同配合完成也不受外部事件驱动，同样可以用状态图来建模。

状态是指建模对象在生命周期中的某个特性，具有一定的时间稳定性，即会在一段时间内保持相对稳定。状态分为不同类型，如初始状态、终止状态、中间状态等。初始状态代表状态图的起始位置，终止状态是一个状态图的终点。

转移（transition）表示两个状态之间的一种关系，在指定事件发生后，在特定的条件下，对象执行特定的动作从源状态转换到目标状态。转移由源状态、目标状态、触发事件、警戒条件和转移动作组成。转移之前的状态就是源状态，转移之后，对象的状态发生了变化，由源状态变为目标状态。触发事件是状态发生转移的前提，描述了引发状态发生改变的事件。条件是转移被激发的前提，即满足一定条件才能激发转移的发生。触发事件的发生不仅导致对象状态发生变化，还导致对象执行特定的动作，将这个动作称作转移动作。图6.4表示了一个状态图的转移过程。

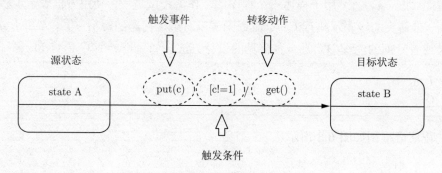

图 6.4　状态图的转移

【例 6-1】　给定一个电话座机，打电话包含哪几种状态？并画出状态图。

解析：无人使用电话机，电话机处于空闲状态。

拿起听筒准备拨号，电话机处于拨号状态。

拨号后，一直无人接听，电话机仍处于拨号状态。

如果很长一段时间都没有人接听，则拨号人会挂断电话，电话机回到空闲状态。

当有人接听、电话拨通后，电话机处于通话状态。

通话结束后，挂断电话，电话机又回到了空闲状态。

通过分析，电话座机一共有 3 种状态：空闲、拨号和通话状态。电话座机的状态图如图 6.5 所示。其中空闲状态就是起始状态，用无源状态的带箭头的有向边表示。电话座机状态图无终止状态。

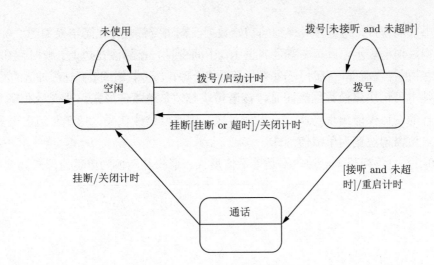

图 6.5 电话座机的状态图

4. 控制/数据流图

控制/数据流图（Control/Data Flow Graph，CDFG）使用数据流图（Data Flow Graph，DFG）作为元素，是一种结合流程图和数据流图的综合模型，它既能表达程序执行流程，又能描述程序数据在系统中传播的路径。在一般的 CDFG 中，通常包含两种节点：判断节点和数据流节点。

数据流图是对基本语句块建模的一种方式。所谓基本语句块，就是在语句块中只包含顺序语句，不包含条件判断的语句序列。它通过对数据流的传递和加工进行建模，常常用在程序设计的早期阶段，可以作为一种常用的逻辑模型，或作为一种数据流分析工具来使用。

将数据流图用作数据流分析是代码分析中一种重要的手段。在数据流图中，有两种类型的节点：圆形节点和矩形节点。圆形节点表示运算，矩形节点表示变量的值。如图 6.6(a) 所示的语句序列，对该语句块分析，得到如图 6.6(b) 所示的数据流图。

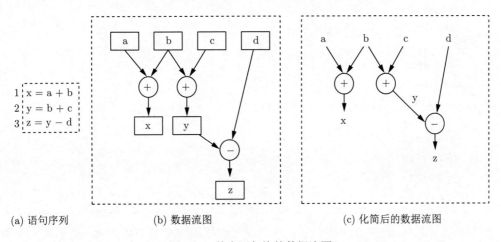

(a) 语句序列   (b) 数据流图   (c) 化简后的数据流图

图 6.6 基本语句块的数据流图

为了书写的便捷，通常会对得到的初始数据流图进行简化，化简结果如图 6.6(c) 所示。变量没有用矩形框表示，直接用变量名表示，中间变量直接标注在边上。数据流图能够描述基本语句块中的操作流程，有助于分析数据流是否合理，减少管道或者高速缓冲区的冲突。

一个基本语句块建模数据流图时，该语句块必须是**单赋值形式**，即变量在整个语句块中赋值语句的左边仅能出现一次，若出现多次，则需要修改代码，把在左边出现多次的变量名替换，使语句块变为单赋值形式。

【例 6-2】　下列基本语句块不是单赋值形式，请将其转换为单赋值形式。

```
x=a+b;
y=c;
x=y+1;
z=x+b;
```

解析：由于 x 在赋值语句的左边出现了两次，因此，此语句块不是单赋值形式，其单赋值形式如下所示。

```
x=a+b;
y=c;
x1=y+1;
z=x1+b;
```

对于一个控制/数据流图，通常包含两种节点：数据流节点和判决节点。数据流节点对应一个完整的基本语句块数据流图，判决节点描述程序控制结构，包含分支与跳转结构。一个完整的 CDFG 可以由若干数据流图组成，因此它是一个分层设计，它的执行过程与程序执行过程非常相似。

【例 6-3】　请给出下列 C 语言程序段的 CDFG 图。

```
switch (state){
    case IDLE:
        idle();
        break;
    case DIAL:
        dial();
        break;
    case CALL:
        call();
        break;
}
```

解析：其 CDFG 图如图 6.7 所示，每个矩形块代表一个基本语句块，可以用一个数据流图来构建。

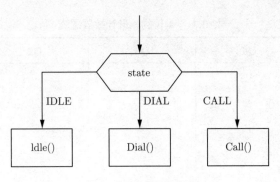

图 6.7 控制/数据流图

6.1.2 嵌入式程序模型

在嵌入式软件开发过程中，最常见的程序模型有状态机模型和环形缓冲区模型，它们在不同场景下发挥着不同的重要作用。

1. 状态机模型

对于事件驱动的系统，给定不同输入信号，系统根据输入信号做出不同响应，即程序的输出或行动可能取决于之前的输入或状态，在这种情况下适用于状态机建模。

状态机包括 Moore 状态机和 Mealy 状态机。对于 Moore 状态机来说，在当前状态，给定输入信号，当变迁条件满足时，就会由当前状态跳转到下一个状态，即目的状态，而输出是由当前状态决定的，也就是输出是关于当前状态的函数。对于 Mealy 状态机来说，当变迁条件满足时，状态跳转到目的状态，但输出是在变迁时产生的，是关于当前状态和变迁的一个函数。图 6.8 给出了 Moore 和 Mealy 机模型，其中图 6.8 (a) 是 Moore 状态机模型，图 6.8 (b) 是 Mealy 状态机模型。

(a) Moore状态机　　　　　　　　　　(b) Mealy状态机

图 6.8 Moore 和 Mealy 状态机模型

状态机是一个具有离散特性的系统模型，一种常用的状态机叫作有限状态机（Finite State Machine，FSM），表示状态数目是有限的，系统在任何时刻只能处于这些状态中的某一个。

【例 6-4】 给出八进制约翰逊计数器的状态机模型。

解析：一般的二进制计数器或十进制计数器，由于在每次计数时，有不止一位触发器翻转，以至于引发竞争冒险现象，造成误译动作。为了消除这种干扰，采用每次仅有一位触发器反转的计数器，称为约翰逊计数器。表 6.1 给出了 4 位约翰逊计数器的逻辑。

表 6.1   4 位约翰逊计数器逻辑

状 态 序 号	Q4	Q3	Q2	Q1
0	0	0	0	0
1	1	0	0	0
2	1	1	0	0
3	1	1	1	0
4	1	1	1	1
5	0	1	1	1
6	0	0	1	1
7	0	0	0	1

其状态机模型如图 6.9 所示。

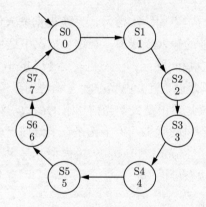

图 6.9   约翰逊状态机模型

对于一个状态转换机模型，可以容易地转换成 C 语言程序。下面使用 C 语言实现例 6-1 中电话座机的状态机模型。

【例 6-5】   编写程序实现例 6-1 所示状态机。

解析：电话座机有 3 个状态，分别是空闲、拨号、通话，分别用 IDLE、DIAL、CALL 表示，用 state 表示当前状态。假设已经有输入 call、dial、hang_up，分别表示接通、拨号、挂断事件。使用一个 switch 语句来表示状态转换，可以用如下代码（注意代码中省略了循环）。

```
#define IDLE 0
#define DIAL 1
#define CALL 2
#define MAX_TIME 45
swtich(state){
```

```
        case IDLE:
            if(dial){
                    state=DIAL;
                    timer_on=true;
                    timer=0;
                }
                    ...
                    break;
        case DIAL:
            if(call && timer<MAX_TIME){
                    state=CALL;
                    timer=0;
            }
            else if(!call || timer>MAX_TIME){
                    state=IDLE;
                    timer_on=false;
                }
            ...
            break;
        case CALL:
            if(hang_up){
                    state=IDLE;
                    timer_on=false;
            }
            ...
            break;
    }
```

当状态处于空闲状态 IDLE 时，系统调用了 dial() 事件，更新当前状态 state 为拨号状态 DIAL，执行动作为启动计时器；当处于拨号状态 DIAL 时，系统给定挂断信号或者超时，执行关闭定时器动作，更新状态 state 为空闲状态 IDLE；系统给定接听信号且此时未超时，执行重启计时器，状态更新为通话状态 CALL；当处于通话状态 CALL 时，给定挂断信号，执行关闭定时器动作，并更新状态 state 为空闲状态 IDLE。

2. 环形缓冲区模型

在通信程序中，经常使用缓冲区来存放通信中发送和接收的数据。缓冲区可以使用数据结构中的队列来实现，它是一个先进先出（First Input First Output，FIFO）的缓冲区。在数据结构中，一般利用线性存储结构实现缓冲区。队列通常采取限定读和写在不同端进行，允许写入的一端称为队尾（rear），允许读出的一端称为队头（front）。

通过单向移动 front 和 rear 就可以实现缓冲区的数据读取和写入，如图 6.10 所示，给出了一个顺序队列，如图 6.10(a) 所示，在初始化情况下，front 和 rear 指向同一位置，当写入元素 a、b 后，rear 移动两个位置，队列情况如图 6.10(b) 所示。从队列中读取 a、b 后如图 6.10(c) 所示，这时候队列为空，front 等于 rear，它们指向同一位置。队列依次写入 c、d、e、f，此时，rear 指向末尾位置。

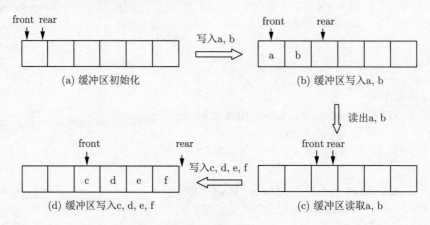

图 6.10 顺序队列

如图 6.10(d) 所示，rear 已经到了最后位置，表示存储已满，无法再写入数据，而在 front 之前还有存储空间，这种情况称之为假溢出。这对空间利用率是极其不利的，尤其是在嵌入式的小存储空间系统中，对资源的利用率有较高的要求。使用环形队列可以解决这一问题，也就是在移动 front 和 rear 的时候做一个判断，判断当前位置是否在末尾位置，如果当前位置不是末尾位置，则和顺序队列一样直接移动到下一位置，如果到达数组末尾，则继续判断队列是否已满，若未满则跳至首位置。通常不会直接对 front 和 rear 进行判断，而是间接使用当前位置对数组的大小进行求余，这一操作可以达到同样效果。

线性结构转换成环形结构，如图 6.11 所示，对比这两种队列在 rear 达到末尾位置的处理，体现了使用环形缓冲区的优势。如图 6.10(d) 所示，在写入 c、d、e 后，继续向队列写入 f。此时，顺序队列 rear 到达末尾的下一个位置，而循环队列利用（rear+1）%n 使得 rear 移至首位置。这意味着顺序队列存储已满，无法继续写入 g，而循环队列仍然可以继续写入数据 g。通过这种求余操作，使得一个顺序队列变成了一个首尾相连的环形存储结构，提高了存储空间的利用率。

在顺序队列中，当 front 等于 rear 时队空，rear 等于数组规模 n 时队满，循环队列不同于顺序队列。考虑循环队列存在跳转机制，可能存在 front 追上 rear，也可能存在 rear 追上 front 的情况。如图 6.12所示，在队空的初始情况下，front 等于 rear，不断对队列进行写入操作，最后写入 h 后，rear 和 front 相等，rear 追上了 front，此时是队满状态。这个例子说明在循环队列中不能简单地以 front 是否等于 rear 来判断队空、队满。

通常有 3 种解决办法判断队空、队满。

（1）使用一个计数器，记录队列中数据的个数，初始值为 0，写入一个元素加 1，读取一个元素则减 1。当 front 和 rear 相等时，结合计数器为 0 还是为正数即可判断是队空、队满。

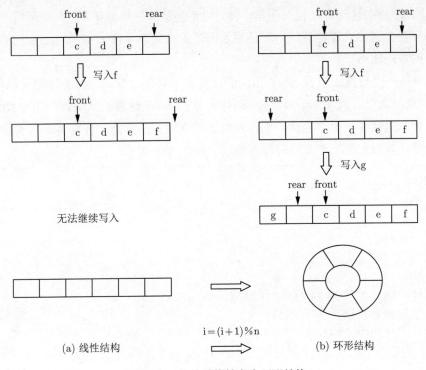

图 6.11 线性结构转变为环形结构

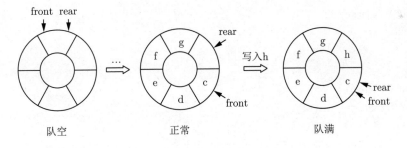

图 6.12 队空、队满的分析

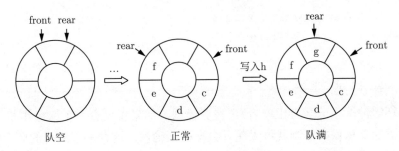

图 6.13 队空队满判断

（2）使用一个判断标志，初始化标志为0，只要有元素写入，设置该标志为1，元素读出，设置标志为 0。这种方法相对于第一种，它不记录队列数据量，只判断最后一次是写入还是读出元素。这种只查看最后一次是写入还是读出元素导致 rear 和 front 相等来判断队满、队空的方法比第一种方法更高效。

（3）牺牲一个位置，设置 front 指向的位置，不存储数据，这种方法则可以使用 front 等于 rear 表示队空，当（rear+1）%maxsize 等于 front 时表示队满，如图 6.13 所示。

第三种方法牺牲了一个存储位置，换取了每次读写的判断。在许多地方都是使用这个方法实现循环队列，第三种方法的写入和读出操作代码如下：

```
#define maxsize 1024
int data[maxsize];
int front=0;
int rear=0;

int inQueue(int value){
    if((rear+1)%maxsize==front){
        printf("队列已满");
        return NULL;
    }
    else{
        rear=(rear+1)%maxsize;
        data[rear]=value;
        return 1;
    }
}

int outQueue(){
    if(front==rear){
        printf("队列已空");
        return NULL;
    }
    else{
        front=(front+1)%maxsize;
        return data[front];
    }
}
```

这种循环缓冲区十分契合生产者/消费者模型，如果仅仅有一个读操作和一个写操作，那么不需要添加互斥保护机制就可以保证数据的正确性。这种基于队列的环形缓冲区是否为一次性读写的缓冲区，是由实现机制所决定的。还存在一种固定长度的环形缓冲区，它是基于窗口滑动实现的，适合处理流数据，在上述代码的基础上只要稍加改造就能实现，此处不再赘述，请读者自行完成。

6.2 嵌入式 C 语言编程

汇编语言是面向机器的程序设计语言,对于汇编语言,除了伪指令,其他汇编指令是机器语言二进制编码的助记符。汇编语言编写的代码与硬件平台的相关性极强,因此无法在不同指令集的处理器上进行移植。它对处理器的依赖程度比较大,易受处理器的影响,不同系列之间由于指令集不同导致移植性能比较差。这种专门针对具体硬件的语言,使得处理器的执行效率很高,最终生成的二进制可执行代码体积相对较小。在前些年,嵌入式系统中存储资源较为稀缺,CPU 运行速度较低,汇编语言就非常适合用于嵌入式系统的开发,这样可以充分利用有限的资源。

随着硬件成本逐渐降低和性能逐渐提升,处理器无论是在处理速度上还是在存储能力上,已经有了很大的改善,现在嵌入式编程已经不完全局限在怎样提高 CPU 的执行效率和更小的可执行二进制代码体积上。可移植性以及编程效率等指标越来越受到关注,综合各种指标需求,C 语言成为最适合嵌入式系统开发的语言之一。相对于早期的嵌入式汇编语言,C 语言的可移植性相对较高,受平台和具体的硬件限制小,不会因为机器的指令集不同就无法移植。除此之外,C 语言程序的可读性要比实现同样功能的汇编程序好,而且C 语言也是一门偏向于底层的语言,是嵌入式开发这种偏硬件风格编程所需要的。

相比于汇编语言,C 语言开发的嵌入式程序,其有如下优点。

(1)表现能力和处理能力极强。它具有丰富的运算符和数据类型,便于实现各类复杂的数据结构。

(2)可读性强,易于调试和维护。采用自顶向下的设计方法,层次清晰,便于按模块方式组织程序。

(3)具有非处理器特定代码,可移植性强的特点。

(4)运算速度快,编译效率高。具有功能丰富的库函数,而且可以直接实现对系统硬件的控制。

6.2.1 嵌入式 C 语言编程方法

嵌入式程序开发是一种硬件实现与软件编程相结合的开发过程。当拿到一块开发板后,首先要对其硬件有一定的了解,板子上有哪些芯片,这些芯片有哪些特性等等,尤其需要查阅开发板上微处理器的相关官方资料,比如数据手册、参考手册等。根据编程目标,确定目标需要哪些硬件设备,开发板是否具有这些硬件?若有,则进行下一步的操作;若没有,则通过查阅原理图或实物板子上面的标识,查看其引脚是否引出?对于有引出的开发板可以考虑用杜邦线外接所需要的模块。除此之外,还需要预估微处理器的性能,比如处理速度、存储空间和内置外设是否满足目标需求。

在了解硬件的属性后,接下来需要关注的问题就是 I/O 连线。有的开发板内部已经连好,无法做出改变。有的是将微处理器或板载外设的引脚通过与排针连接的方式引出来,由使用者用杜邦线自行决定如何走线。一般微处理器的部分引脚有复用功能,即同样的引脚可以通过软件编程配置使其具有不同功能,这就使得连线变得复杂化,有的外设任意连接一个通用 I/O 引脚就行，有的外设则必须连接某一个或几个特殊的 I/O 引脚。

假设需要同时并口通信和外部中断功能，若是一组 I/O 用来与并口通信的外设连接，另一组 I/O 引脚复用能够提供外部中断的输入端口，否则引脚分配会出现相互冲突的问题，所以在进行引脚分配与 I/O 连线的时候，需要考虑到一些特殊性。先分配需要特定功能引脚的外设连接，再分配通用 I/O 引脚的外设连接。

对于一个大型嵌入式系统，可以采用模块化编程的思想将整个系统分解成许多小模块，然后针对每个小模块进行具体的编程。这些一般涉及初始化原始参数、封装底层硬件驱动操作、开放一个或几个函数接口供上层调用，这样最终使用这个模块的时候就直接调用接口函数，不需要再对底层硬件驱动做过多的工作。

在对每个小模块编程完成后，都需要设计出一个程序流程框架，这个框架表达了整个系统的走向以及转移条件，根据这个流程框架整合各个模块形成完整的系统。先调用什么模块的函数，再调用什么模块的函数，什么条件下执行哪个模块，什么条件下跳出循环执行另一个模块的函数等等。程序流程框架就相当于总的编程导航地图。整合模块得到完整的程序后进行编译，有问题无法通过时，就通过编译器的提示对相应位置修改。若无问题就把编译后生成的.hex 文件（即十六进制文件）下载到开发板中调试。调试中若与预期效果不同，就根据当前的调试效果结合代码查看问题，进行修改后再调试，直到达到预期的效果。如果在程序中找不到问题，可以查看硬件电路是否有问题，比如接线没接紧、芯片烧坏以及虚焊等问题，这些需要用仪器（如万用表等）逐一排查。

模块化的编程思想使程序层次化结构清晰、可移植性强、可维护性好。在硬件成本逐年降低的情况下，处理器和内存利用率已经不是唯一的程序评估指标，可移植性和可维护性在嵌入式系统开发中也越来越重要。一个成功的嵌入式 C 语言程序应该至少做到处理器和内存利用率高、可移植性强和可维护性好这 3 点。当然这些只是针对中高端的嵌入式系统的 C 语言程序开发。在某些场合出于成本考虑会使用低端设备，但处理器和内存利用率仍然是第一指标。

6.2.2 嵌入式 C 语言中的元素

嵌入式 C 语言编程通常具有 3 个方面的结构化元素：预处理声明、定义和 include 语句；主函数；函数、异常和中断服务函数。对于预处理，通常包括用于文件包含的 include 语句、预处理全局变量的定义、常量的定义、全局数据类型的类型声明、结构体的定义、宏定义以及函数声明等。

1. 用于包含文件的 include 语句

include 是一个用于包含某个文件内容的预处理语句，将给定文件的代码导入（粘贴）到当前文件中。它用来包括系统定义和用户定义的头文件（.h 文件）。如果未找到包含的文件，则编译器会提示错误。

#include <filename> 告诉编译器查找保存的系统头文件。

#include "filename" 指示编译器查找运行程序的当前目录下的头文件。

include 语句除了可以包含头文件外，还可以用来包含文本文件、数据文件、代码文件或者变量文件。使用 include 语句，可以将经过良好测试和调试的模块加入到程序中，这会为后期的测试和调试带来便利。同时，通过 include 语句，可以提供访问标准库的接口。

2. 预处理语句

预处理语句以"#"开头。这些命令是为了给编译器传达指示。预处理语句 #define 是宏定义，可用来提高程序的可读性。

（1）预处理全局变量。例如，

```
#define GPIOH_MODER        *(unsigned int*)(GPIOH_BASE+0x00)
```

这条语句将一个无符号整数类型的指针指向的数据用 GPIOH_MODER 表示。

（2）预处理常量。例如，

```
#define TRUE 1
```

这条语句表示在编译之前将 TRUE 替换成常量 1，它是一个预处理语句。

3. 条件编译语句

#ifdef 说明当满足某条件时对一组语句编译，条件不满足时编译另一组语句的功能。采用条件编译指令，可以减少被编译的语句，从而减少目标代码的长度。当条件编译段比较多时，目标程序长度可以大大减少。

条件编译语句最常见的形式如下：

```
#ifdef 标识符
    程序段1
#else
    程序段2
#endif
```

它的作用是当"标识符"已经被定义（一般是用 #define 命令定义）时，对程序段 1 进行编译，否则编译程序段 2。其中 #else 部分也可以没有，即

```
#ifdef
    程序段1
#endif
```

该语句经常会出现在库文件中。例如，在基于 Cortex-M4 的意法半导体公司的芯片 STM32F407VGT6 的固件库的 stm32f4xx.h 头文件中可以看到下面的语句：

```
/* 对旧的STM32F40XX的定义 */
#ifdef STM32F40XX
  #define STM32F40_41xxx
#endif /* STM32F40XX */
```

```
/* 对旧的 STM32F427X 的定义 */
#ifdef STM32F427X
  #define STM32F427_437xx
#endif /* STM32F427X */
```

4. extern 外部声明

在 C 语言中，extern 表明变量或者函数是定义在其他文件中的。这个关键字用在多个 C 语言源文件编译的程序中。在一个文件中定义全局变量，而在另一个文件中用 extern 对全局变量声明。编译器由此知道是一个已在别处定义的外部变量，它先在本文件中找有无外部变量，如果有，则将其作用域扩展到本行开始，如果本文件中无此外部变量，则在程序连接时从其他文件中找有无外部变量，如果有，则把在另一文件中定义的外部变量的作用域扩展到本文件。例如，

```
extern int value1;
```

声明变量名为 value1，且是在其他文件中定义的。

利用 extern 还可声明外部函数。定义函数时，如果在函数首部的最左端加关键字 extern，则表示此函数是外部函数，可供其他文件调用。如果在定义函数时省略 extern，则隐含为外部函数，因此定义处是不用写 extern 的，但也有人声明和定义都写上。在需要调用此函数的文件中，用 extern 对函数作声明，表示该函数是在其他文件中定义的外部函数。例如，

```
extern int p(void);
```

函数 p( ) 的定义在其他文件中，提示编译器遇到此函数时在其他模块中寻找其定义。

5. typedef 类型别名

typedef 可定义一种类型的别名，也可定义与平台无关的类型。比如定义一个叫 REAL 的浮点类型，在目标平台一上，它表示最高精度的类型，其定义如下：

```
typedef long double REAL;
```

在不支持 long double 的目标平台二上，改为：

```
typedef double REAL;
```

在连 double 都不支持的目标平台三上，改为：

```
typedef float REAL;
```

也就是说，当跨平台时，只要改 typedef 本身就行，不用对其他源码做任何修改。标准库就广泛使用了这个技巧。

另外，因为 typedef 是定义了一种类型的新别名，不是简单的字符串替换，所以它比宏稳健（虽然用宏有时也可以完成别名的定义）。例如，下面的例子定义了一个新类型 GPI-OMode_TypeDef，它是枚举类型。

```
typedef enum
{
  GPIO_Mode_IN   = 0x00 , /* GPIO 输入模式 */
  GPIO_Mode_OUT  = 0x01 , /* GPIO 输出模式 */
  GPIO_Mode_AF   = 0x02 , /* GPIO 复用模式 */
  GPIO_Mode_AN   = 0x03  /* GPIO 模拟模式 */
}GPIOMode_TypeDef;
```

为了给复杂的声明定义一个新的简单的别名，也会使用 typedef 声明。

6. 结构体

结构体是由一系列具有相同类型或不同类型的数据项构成的数据集合，这些数据项被称为结构体的成员，是 C 语言中的复合数据类型。结构体可以被声明为变量、指针或数组等，用来实现较复杂的数据结构。

结构体的定义是将不同的数据类型整合为一个有机整体，方便数据管理，增加代码的可读性。结构体指针作为函数入口参数，提高程序的可扩展性。在嵌入式程序开发过程中，经常需要初始化一个外设，比如串口，它的初始化是由几个属性来决定的，比如串口号、波特率、极性以及模式。若不使用结构体，一般的方法如下：

```
void USART_Init(u8 usartx, u32 BaudRate,u8 parity,u8 mode);
```

但是如果这个函数的入口参数随着软件升级，参数可能增多，这时就需要修改函数的定义。这时使用结构体就能解决这个问题，将串口有关的参数组合到一个结构体中，在函数定义时，将入口参数改为此结构体类型的形参，这样在不改变入口参数的情况下，只需要改变结构体的成员变量，就可以达到改变入口参数的目的。也可以不修改任何函数定义而达到增加参数的目的。

在对硬件寄存器的访问时，也常常使用到结构体，例如，一个芯片的 GPIO 寄存器的定义如下：

```
typedef struct
{
  __IO  uint32_t MODER;    /* 模式寄存器   */
  __IO  uint32_t OTYPER;   /* 类型寄存器 */
  __IO  uint32_t OSPEEDR;  /* 输出速度寄存器 */
  __IO  uint32_t PUPDR;    /* 上拉/下拉电阻寄存器 */
  __IO  uint32_t IDR;      /* 输入数据寄存器 */
  __IO  uint32_t ODR;      /* 输出数据寄存器   */
  __IO  uint16_t BSRRL;    /* 置位/复位低位寄存器 */
  __IO  uint16_t BSRRH;    /* 置位/复位高位寄存器 */
  __IO  uint32_t LCKR;     /* 配置时钟寄存器 */
```

```
    __IO uint32_t AFR[2];   /* 复用功能寄存器 */
} GPIO_TypeDef;
```

GPIO 共 10 个寄存器，都是 32 位的，所以每个寄存器占有 4 个地址单元，一共占用 40 个地址单元，地址偏移范围为 0x00～0x24。这个地址偏移是相对 GPIO 的基地址而言的。GPIO 的基地址是怎么算出来的呢？若 GPIO 都挂载在 AHB1 总线之上，则它的基地址是由 AHB1 总线的基地址加 GPIO 的偏移得到的。

7. 位运算操作

在嵌入式系统编程中，位运算比其他运算更常用。这是由于嵌入式系统涉及很多有关硬件寄存器的操作。硬件寄存器由若干位组成，这些位可能具有读写、只读、只写等属性。在 C 语言中，可以通过 8 位、16 位、32 位的指针进行相应的数据操作，因此整字节数据的读写还是比较直观的。然而，C 语言中没有专门指定位操作的语法，在进行位操作时，需要对指令进行简单的组合来完成功能。

C 语言位运算操作符有 6 个：

& 　　按位与。只有 1&1 才等于 1，其他都为 0。

| 　　按位或。只有 0|0 才等于 0，其他都为 1。

^ 　　按位异或。相异为 1，相同为 0，用来检查两个操作数的对应位是否一致。

~ 　　按位非。任何数的非与数本身相加都等于 −1。

<< 　　左移。左移一位，相当于乘以 2。

>> 　　右移。右移一位，相当于除以 2。对于无符号数，相应位补 0；有符号数，最高位不变，其他补 0。

在嵌入式系统程序开发中，位运算是节省开发时间和提高开发效率的一种高效方式。很多寄存器可能都是多字节的（如 16 位和 32 位），而有时需要写入或读出单个字节，将一个 32 位数的指定字节全部置为 1 或者全部清 0。有时需要对整个寄存器进行设置，例如，在初始化阶段，整个寄存器的所有位都需要按照具体需求设置初始值。有时需要设置和读取寄存器的指定位或位组。例如，读取 32 位寄存器的第 10 位的值。在这些情况下，使用位操作就非常方便。

【例 6-6】 位操作例子。

（1）判断 x 第 n 位的情况。

```
if x & (1 << n)
```

（2）对于单个或多个位置 0 或置 1 的操作。

```
GPIOH_MODER&=~(0x03 << (2*10));
/* 将 GPIOH_MODER 的第 20、21 位清 0 */

GPIOH_MODER |= (01 << 2*10);
/* 将 GPIOH_MODER 的第 20、21 位置为 01*/
```

（3）获取寄存器 x 的第 3~7 位的值。

思路：

第一步，将其他位清 0；

第二步，右移 3 位。

代码：

```
x = (x & (0x1f << 3)) >> 3;
```

（4）给寄存器 a 的 bit3~bit7 赋值 0xc。

思路：

第一步，将 bit3~bit7 清 0；

第二步，将 0xc 左移 3 位，写入 a。

代码：

```
a = (a & (~(0x1f << 3)))| (0xc << 3);
```

（5）给寄存器 a 的 bit3 ~ bit7 加上 0xd。

思路：

第一步，先取出 bit3 ~ bit7；

第二步，将取出的数加上 0xd；

第三步，将 a 的 bit3~bit7 清 0；

第四步，将取出的数写入 a。

代码：

```
tmp = (a & (0x1f << 3)) >> 3;
tmp += 0xd;
a = a & (~(0x1f << 3));
a |= tmp << 3;
```

（6）给寄存器 a 的 bit3 ~ bit7 赋值 4 和 bit8 ~ bit12 赋值 7。

```
a = (a & (~0x1f << 3)) | (4 << 3);
/* 寄存器 a 的 bit3~bit7 赋值 4*/
a = (a & (~0x1f << 8)) | (7 << 8);
/* 寄存器 a 的 bit8~bit12 赋值 7*/
```

在嵌入式程序设计中，采用逻辑运算实现位操作，程序简单明了，可移植性好，可读性更好。

6.3 编译及优化技术

C 语言良好的可移植性和偏硬件的风格非常适用于嵌入式系统的开发，常常是嵌入式系统的首选高级语言。实际上，机器无法识别相对于人类更易读的高级语言源程序，仅能对二进制序列组成的文本进行处理，那么机器是如何处理高级语言源程序的呢？编译器正是这一重要的中间层，它将人类能识别的高级语言转换为机器能识别的低级语言。但很多时候，程序执行起来达不到预期的结果，这很可能就是因为编译器进行这种转换时未能按预期进行。因此，了解编译器的工作原理可以帮助我们更好地理解转换过程，同时知道什么时候不能依赖于编译器，从而编写出性能良好的程序。

编译过程是将一种语言转换成另一种语言的过程，可以总结为翻译和优化两个阶段，翻译即将高级语言以"字典式"解释为机器识别的语言，而优化是指将机器识别的语言进行修改以提升其执行性能的过程。优化对于代码生成是很重要的，优化过程会直接影响代码的性能。如图 6.14 所示，给出了编译器编译过程的框架图。

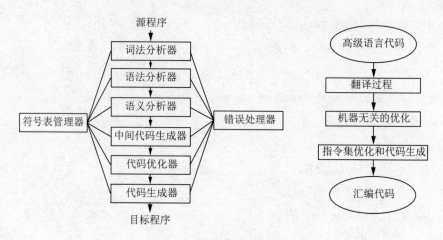

图 6.14　编译过程的框架图

编译器第一阶段的工作是代码翻译，这个过程包括词法分析、语法分析、语义分析以及涉及符号表的生成和错误处理。

（1）词法分析。在词法分析中，从左到右地读构成源程序的字符流，把字符流分组为多个记号（token），而记号是具有整体含义的字符序列。

（2）语法分析。在语法分析中，根据语法规则将字符串或记号在层次上划分为具有一定层次的多个嵌套组（语法树），每个嵌套组具有整体的含义。

（3）语义分析。在语义分析中要进行某些检查，以确保程序各个组成部分确实是有意义地组合在一起，同时语义分析也会对语法树进行必要的优化。

（4）符号表的生成。符号表是记录源程序中使用的标识符及其各种属性信息的一个数据结构。每个标识符在符号表中都有一条记录，记录的每个域对应于该标识符的一个属性。这种数据结构允许我们快速地找到每个标识符的记录，并在该记录中快速地存储和检索信息。在词法分析、语法分析和语义分析过程中都会涉及符号表的生成。

源程序经过翻译后会产生一种对应的显式中间抽象表示，称为中间代码。中间代码是一种低效且未进行大范围优化的表示，是由翻译过程中对表达式进行计算、处理控制流结构和处理过程调用等任务而产生的。代码优化过程试图改进中间代码，以产生执行速度更快的机器代码。优化阶段包括机器无关的优化和与具体机器特征相关的指令集优化。机器无关的优化通常涉及程序的逻辑结构、数据表示以及变量计算方面，是与 CPU 无关的代码级优化。指令集优化是和 CPU 的流水线以及高速缓存相关的优化。当翻译和优化阶段完成后，编译最后阶段就是目标代码生成，目标代码指可重定位的机器代码或者汇编代码。

本节对编译过程各个阶段不再进行深入讲解，关注的重点是编译代码是如何生成，以及如何优化低效的代码。

编译的目标就是生成目标代码，下面将以生成目标代码为目的将翻译阶段和优化阶段分开进行描述，翻译过程的代码生成是描述翻译的基本代码生成过程，代码优化阶段是将代码生成更有效率的目标代码。

6.3.1　编译的翻译过程

1. 表达式的翻译

源程序翻译过程包括词法分析、语法分析和语义分析。首先考虑如何翻译一个表达式，在一个典型应用中，大量代码都是由算术表达式和逻辑表达式构成的。理解表达式翻译是学习整个编译一个好的开始。

考虑如下表达式：

```
x=4*a+5*(b-c)
```

这个算术表达式机器是无法理解的，需要进行词法分析，即将整个表达式中的标识符、数字等单词分离出来，字符流拆分为记号组，编译器通常会对源程序从左到右进行扫描，所以词法分析也被称为线性分析或扫描。对上述表达式扫描后得到下面的单词以及它们的记号。

（1）标识符：x

（2）赋值符号：=

（3）数字：4

（4）乘号操作符：*

（5）标识符：a

（6）加法操作符：+

（7）数字：5

（8）乘法操作符：*

（9）标识符：（

（10）标识符：b

（11）减法操作符：−

（12）标识符：c

（13）标识符：）

在词法分析中，空格被删除。经过词法分析，生成了几组分类记号，这些分组的字符将被存储到一个字符表中。

语法分析也叫层次分析，各个记号被进一步分组。实际上，词法分析和语法分析没有严格意义上的界限，语法分析只是进一步对记号进行分组并根据语法规则产生记号之间的依赖，形成语法树，相当于代码生成的层次结构。上述表达式的语法树如图 6.15 所示。

语义分析主要对程序的语义错误进行检查，通过源程序的一些说明，检查一个操作符的操作数是否满足要求。例如，大多数程序设计语言都要求数组的下标值是整数而不能是实数，这就是一种典型的检查语义方式。语义分析阶段一个重要的过程就是收集代码生成阶段要用到的类型信息（操作符和操作数以及变量信息等），根据这些类型信息以及语法结构就可以为代码生成阶段提供上下文环境。

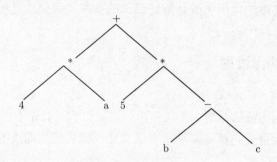

图 6.15　表达式的语法树

在代码生成阶段，需要为每一个变量和中间值分配寄存器从而形成完整的可执行代码。采用如图 6.16 所示的数据流图模型。

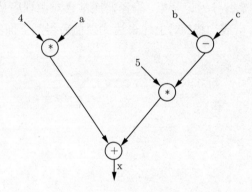

图 6.16　数据流图

假设翻译过程是采用从根节点开始对该层次结构进行后序遍历的，一般情况也是如此。每个操作被转换成指令，并给操作数分配寄存器。

下面是该表达式产生的后序遍历的 Cortex-M4 汇编代码（顺序从左至右、从上至下）。

```
;乘法操作
ADR  r4,a
LDR  r1,[r4]
MUL  r3,r1,#4


;减法操作
```

```
ADR  r4,b
LDR  r5,[r4]
ADR  r2,c
LDR  r1,[r2]
SUB  r1,r1,r5

; 乘法操作
MUL  r2,r1,#5

        ; 加法操作
ADD  r1,r2,r3

        ; 分配
ADR  r4,x
STR  r1,[r4]
```

每一个变量和中间值都需要分配一个寄存器，但是在实际的系统中，寄存器的数目是有限的，如果随意地分配寄存器，显然是不可行的，这也是优化阶段需要考虑的问题。

2. 控制结构的翻译

代码中除了有表达式，还存在大量的控制流程，在控制结构中也包含表达式，如 if 语句中包含布尔表达式。控制流本身翻译成中间代码也是必不可少的。控制结构中用到的表达式也可以通过上述表达式代码生成的方法创建代码，而控制结构本身可以采用控制/数据流图（CDFG）的形式描述。考虑如下 C 语言代码：

```
if(a > b)
        x = a;
else
        x = b;
```

以上代码的 CDFG 图如图 6.17 所示。

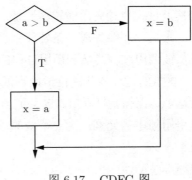

图 6.17   CDFG 图

结合表达式创建的方法，通过遍历 CDFG 创建控制流汇编代码。

（1）遍历条件表达式。根据数据流图方式生成该表达式中变量加载等信息的代码。

（2）测试判定表达式。如图 6.17 所示，a > b，这个判定表达式编译器会创建能够在分支中测试的条件代码和标记。

（3）在各个分支指令中继续运用表达式的翻译方法生成相应的代码。

通过遍历，得到了如下汇编代码：

```
        ADR  r4,a
        LDR  r1,[r4]
        ADR  r4,b
        LDR  r2,[r4]
        ADR  r4,x
        CMP  r1,r2
        BGT  label1
        STR  r2,[r4]
         B  label2
label1
        STR  r1,[r4]
label2
```

表达式的翻译需要仔细考虑操作执行次序，分支是保证控制流转向正确的代码块，因此创建条件代码是很有用的。以不同的遍历顺序来遍历 CDFG 产生代码，将代码块以不同的顺序存放在内存中，只要是正确的控制分支顺序，都会产生正确的汇编代码。

3. 过程的翻译

在高级语言编写的代码中，存在大量的函数调用，翻译过程调用的代码是代码生成的一个重要部分。函数调用是典型的带返回值的过程，与变量表达式代码的翻译不同，过程调用的翻译包括一个调用序列，它是进入和离开每一个过程都要执行的一系列动作。每一次过程调用都将建立过程参数并且执行调用，在调用完成之后还需要返回到原来代码位置。这就要求在创建代码的时候，必须提供为程序传递变量的方式、过程返回值的方式以及恢复被过程修改了的寄存器的值（链接机制很好地做到了这一点）。同时需要将返回地址也保存在已知的位置，返回地址是被调过程执行完后的转移地址，它经常是调用过程中紧跟调用指令之后的下一条指令地址。最后，还要生成一条转移到被调用过程代码起始位置的跳转语句，当然对应地也要生成从被调用过程跳转到调用过程的返回地址的指令代码。

过程调用运用过程栈完成，典型的过程栈从高位地址到低位地址建立。栈指针（sp）定义了当前栈帧在内存中的结束地址，而帧指针（fp）定义了当前栈帧在内存中的起始地址。过程可以通过栈指针相对寻址引用帧中的元素。当一个新的过程被调用时，栈指针和帧指针会被修改并将另一帧压入栈中。

这里使用 ARM 过程调用标准（ARM Procedure Call Standard，APCS）为 ARM 处理器的程序链接。如果寄存器能够容纳参数，则 R0 为第一个参数，R1 为第二个参数，R2 为第三个参数，R3 为第四个参数。APCS 标准传参时只能使用 R0~R3 这 4 个寄存器，如果这 4 个寄存器不够，则将前 4 个参数放在 R0~R3 中，把其余参数放在栈里面传递，而过程的返回结构是存储在 R0 寄存器中的。下面的示例展示了编译器过程链接代码的生成，其 C 语言代码如下。

```
int fun (int i)
{
  int a = 2;
  return a * i;
}

int main(void)
{
  int i = 25;
  fun(i);
  return 0;
}
```

过程功能是将传入的参数乘以 2 返回，主函数传入参数 i，然后调用 fun() 函数（注意在高级语言中，常以"函数"表示过程，而在汇编语法中，常采用"过程"这一术语）。

下面是 ARM gcc 编译器生成的程序代码：

```
; fun function <fun>
822c   PUSH {fp}
       ADD FP, SP, #0
       STR R0, [FP, #-16]
       MOV R3, #2
       STR R3, [FP, #-8]
       LDR R3, [FP, #-8]
       LDR R2, [FP, #-16]
       MUL R3,R2, R3
       MOV R0, R3
       SUB SP, FP, #0
       POP {FP}
       BX LR
       ; main function <main>
       PUSH   {FP, LR}
       ADD FP, SP, #4
       SUB SP, SP, #8
       MOV R3, #25
       STR R3, [FP, #-8]
       LDR R0, [FP, #-8]
       BL 822c <fun>
```

```
MOV R3, #0
MOV R0, R3
SUB SP, FP, #4
POP {FP, PC}
```

其中，<fun><main> 是 fun() 函数与 main() 函数的标识。从上述汇编代码可知，高级语言的过程（函数）调用与栈的操作紧密相关，当一个过程调用开始时，系统必须通过压栈操作将当前程序的状态保存并进行参数传递操作。当过程调用结束时，还需要将返回值返回到主调用函数（这里仅对流程进行介绍，并不具体展开，详细的参数调用以及返回等请参考 ATPCS 标准），所以相对表达式以及控制结构的翻译，过程翻译会产生更多的操作指令，即使是简单的过程调用也能产生大量的汇编代码。

至此，已经介绍了基本的翻译过程，通过表达式、控制流和过程调用的汇编代码创建，展示了源程序是如何被翻译成正确的中间代码（或者目标代码）的。下面在默认翻译过程已经做好的情况下，讨论优化阶段所用到的技巧。

6.3.2　编译过程中的代码优化

翻译过程产生低效代码，存在许多问题（如指令选择、寄存器分配和计算次序等）。编译器使用很多算法优化生成代码。了解代码优化的基本技巧有助于知道在什么时候不能依赖编译器，甚至有时需要添加手写的汇编代码例程，再结合编译器产生的汇编代码以生成优化的代码。优化过程包括两个方面：一是机器无关的优化，主要是软件方面的优化，修改源程序从而提高代码的性能；二是机器相关的优化，如指令集的选择、高速缓存优化、流水线的优化等。

1. 指令选择与调度

翻译过程将源程序翻译成中间代码，中间代码简单地根据语法树构造每一条指令，然而生成的指令通常是冗余的且性能低下，所以优化的第一个目标就是对语法树生成的指令代码进行优化。通过效率更高的指令来替换中间代码生成指令，也可以通过流水线对指令进行重排来改变指令的性能。实际上，选择指令的过程也是一个指令调度问题。

指令集的丰富程度决定了可选指令的范围，指令集的一致性和完整性是指令选择的重要因素。

有几种不同的指令都可以用于实现相同的功能，而每种指令可能有不同的执行时间。此外，在程序某部分使用的某条指令可能对相邻代码中用到的指令造成影响。通过调度指令实现性能最优，常见的指令调度有本地（基本块）调度、全局调度、模调度、跟踪调度和超级块调度等方法。其中本地调度是不能跨基本块边界移动的；全局调度则可跨越基本块的指令调度。模调度是一种生成软件流水线的方法，通过对内循环不同的迭代次数来消除软件流水线气泡的一种技术；跟踪调度通过跟踪最常执行的控制流路径实现优化；超级块调度则是跟踪调度的一种简化版本。

2. 寄存器分配

CPU 的寄存器是有限的,如果计算需要寄存器,但所有可用的寄存器均被占用,则必须临时将一些值溢出(spill)到内存。计算出这些值之后将值写入临时内存单元,其他的计算再重用这些寄存器,然后重新从临时内存单元读入以前的数值继续进行运算。寄存器溢出可能在很多方面都会产生问题,比如它要求额外的 CPU 时间进行数据交换。合理的分配调度寄存器资源是提高系统资源利用率的重要方法。

选择最优的寄存器分配方案是一个 NP 完全问题,由于某些寄存器有特殊用途或者其使用必须遵循一定约束,所以通常能够利用的寄存器数目是非常有限的,这又增加了问题的复杂度。

可以参考图的着色问题来解决寄存器分配问题。图的着色是一个 NP 完全问题,但是存在有效的启发式算法,并在典型的寄存器分配问题上给出很好的结果。另外,常见的寄存器分配问题的解决方法有整数线性规划、PBQP 算法、基于 SSA 的寄存器分配、线性扫描等算法。其中线性扫描算法简化了基于图着色的分配问题,考虑的是对一个有序的生命期序列的着色,以提高寄存器分配的速度(线性速度),并且没有过度降低寄存器的利用率。

3. 计算次序的选择

计算执行的次序也会影响目标代码的效率。某些计算次序相较其他的计算次序需要保存中间结果的寄存器数目更少。本质上,计算次序的选择所影响的也是寄存器分配问题,但计算次序是更上层的改进,有时候对于程序员来说,这种改进更容易实现。

【例 6-7】 下面这段代码需要几个寄存器?

```
a=b+c;
y=d+2;
z=c+3;
x=a+b;
```

解析:需要 5 个寄存器。

若改变这段代码的执行顺序,代码如下:

```
a=b+c;
x=a+b;
y=d+2;
z=c+3;
```

这时,只需要 4 个寄存器就可以了。

4. 窥孔优化

逐条语句进行的代码生成策略经常产生含有大量冗余指令和次最优结构的目标代码。对代码生成过程中的冗余指令和影响性能的结构代码进行简单的转换可以显著改善代码的效率,所以了解转换方式在实际中是非常有用的。

窥孔优化是一种简单有效的局部优化方法，它通过检查目标指令的短序列（称为窥孔），尽可能用更小、更短的指令序列代替这些指令，以提高目标程序的性能。尽管窥孔优化作为改善目标代码质量的技术，但它也可以直接用在中间代码生成之后，以提高中间代码的质量。窥孔优化的特征是每次改进可能又为进一步的改进带来机会，且由于占用内存较小而执行速度很快。总而言之，为获得最大收益，有必要对目标代码重复进行多遍优化。窥孔优化常用的技巧包括冗余加载和保存、删除死代码、控制流优化、强度削弱以及机器语言的使用。

1）冗余加载和保存

观察如下指令序列：

```
ADR  r4, a
LDR  r0,[r4]
STR  r0,[r4]
```

很明显可以删去第三条指令，因为当执行第三条指令时，第二条指令已经保证 r0 的值就是 a 的值。注意，若第三条指令有标号，则不能删除，它用来保证 r0 的值确实存入 a 中。

2）删除死代码

死代码就是永远不会被执行的代码。死代码是由程序员无意或有意生成的，也可能由编译器生成。死代码可以通过可达性分析（寻找可达到的其他语句或指令）来确定。如果给定的一段代码不可达，那么就可以剔除这段代码。可以重复执行这种操作以删去一系列指令。例如，在下面的一段代码中，为了调试，一个大程序中的某些程序段只有在 DEBUG 为 1 的情况下才会被执行。在实际执行时，DEBUG 被设置为 0，那么在生成的汇编代码中的跳转指令是可以删除的（其中包括一系列执行调试的代码）。

```
#define DEBUG 0
if (DEBUG)
    dbg(p1);
```

3）控制流优化

中间代码生成算法经常会产生无条件转移到无条件转移指令、无条件转移到条件转移指令或条件转移到无条件转移指令的转移语句。通过下面这种窥孔优化可以在中间代码或者目标代码中将这些不必要的转移语句删除。

```
if (a < b)
    goto     L1;
L1:
    goto   L2;
L2:
    x = a + b;
```

可以替换为：

```
if (a < b)
    goto      L1;
L1:
    x = a + b;
L2:
```

4）强度削弱

强度削弱是指在目标机器上用时间开销小的等价操作代替时间开销大的操作。某些机器指令比其他指令快，那么就使用执行速度快的指令。例如，可以用 x 的移位操作指令来代替 x*2 的乘法运算，这样可以更快一些，x = x*4 就可以优化为 x = a ≪ 2。

5）机器语言的使用

C 语言程序中常见到有内嵌的汇编代码，这就是很典型的机器语言的使用，有效地使用一些硬件指令实现某些特定操作，从而提高代码的效率。x86 可以用 1 条指令直接增加内存中某个地址的值，而 ARM 需要先把内存的值读到寄存器，接着执行加法，然后保存结果到内存共 3 条指令才能完成。但这不是内嵌汇编提高效率的原因。用汇编代码内嵌到 C 语言程序中，原因主要有两点：

（1）有些场合纯 C 语言无法实现，比如协处理器指令、软中断指令、特殊定制指令等，这些没有相应的 C 语言语法来实现。

（2）提高效率。比如针对 ARM 的 Cortex-M 系列处理器、freeRTOS 和 μC/OS Ⅱ、μC/OS Ⅲ 等操作系统的任务调度部分可以使用 CLZ 前导零计数指令，快速找出最高优先级的任务，而不是通过 C 语言判断语句配合不同分支进行查找。

6.4　程序性能分析与优化

由 6.3 节的介绍可知，高级语言编写的源程序经过一系列的变换被转换为机器能够执行的机器语言或者汇编代码，这是由指令和数据组成的可装入内存执行的代码。编写程序的最终目的就是性能达标或者优化程序以满足需求。在嵌入式系统中，为了设计方便，常常会从更加抽象的层次描述其性能。从程序的角度看，性能主要关注程序的执行时间、功耗和尺寸对系统的影响。

6.4.1　程序执行时间性能分析方法

程序的执行时间是最重要的嵌入式系统性能评价指标，尤其是对时间关键的实时嵌入式系统。程序的执行时间必须满足一定的截止期限，否则会造成系统的损坏，甚至对于如航天航空等实时系统来说，会产生威胁生命的风险。

1. 软件/硬件分析方法

软件分析的方法通常采用插桩技术，在程序关键代码处插入一段能采集当前程序执行性能的代码。当程序执行时，可以实际测量出程序的性能信息，这比基于采样的方式有更高的准确性。同时，由于不依赖于硬件的特性，所以这种方法的可移植性、灵活性和成本等都有一定的优势。但是，在源程序中插入一段代码尽管不影响源程序的执行结果，但这使得测试环境不够真实，同时在数据导入和导出时会产生额外的开销。

基于硬件的分析方式通过在总线上的计时器监控程序运行时的总线信息、采样的方式或者实时检测的方式，以捕获总线的运行数据，从而真实测量程序的执行时间。采用硬件测量的方式在速度上是有优势的，但是其高度依赖于具体的硬件，通用性差，程序在不同的硬件环境中的执行时间可能差别较大。使用采样的方式，所测得的数据完备性和准确性也无法得到保证；实时检测的方式会造成系统长时间的负载，导致资源的浪费。

2. 静态/动态分析方法

静态分析方法指在不通过程序执行的情况下，静态分析程序的结构和语句，从而获得程序执行时间的方法。典型的有静态时间分析（STA）方法，它通常会关注 3 个指标：平均执行时间、最好执行时间和最坏执行时间。

（1）平均执行时间（Average Case Execution Time，ACET）。它是对典型数据输入的一般执行时间，需要了解问题的典型输入数据是如何定义的。

（2）最坏执行时间（Worst Case Execution Time，WCET）。它是程序在任意输入序列上花费的最长时间。对于必须满足截止时间的系统来说，最坏执行时间是非常重要的。在有些情况下，导致最差情况下执行时间的输入集合是很容易确定的，但在很多情况下找到这样的输入数据也是一项困难的工作。

（3）最好执行时间（Best Case Execution Time，BCET）。这种评估在多速率实时系统中是很重要的。

BCET 是执行时间的一个上界值，也是应用程序可调度性分析的一个重要属性。通常与程序的另外两个重要属性——WCET 与 ACET 结合衡量程序的执行时间性能。

动态分析方法与软件分析方法类似，均是收集程序运行时的性能信息，从而找到具有性能优化潜力的热点代码。动态分析需要大量运行时的信息以确保数据的准确性。在一定的阈值内，同时需要额外的测量开销，目前通常的动态分析方法是软件测试。

3. 代码级分析方法

代码级分析方法就是针对源程序结构本身的性能分析方法，是编译器最常用的优化技术。通过对程序本身的控制结构、数据流等关系进行分析，分析程序本身的执行路径，通过程序路径的指令周期来共同计算程序的执行时间。程序执行路径就是程序的指令序列，只要分析出程序的路径并知道每一条指令的耗时，就可以通过两者的算术运算确定程序的执行时间。同时，这两者的分析也面临很大的问题，因为程序的路径也依赖于程序的输入，不同的输入会选择不同的执行路径。高速缓存也是一个很重要的影响因素，指令和数据是否在高速缓存，指令的执行时间也是不同的。指令耗时也很难确定，不同的指令有不同的执行时间，且指令的执行时间依赖于流水线上的其他指令。尽管存在这些难点，我们依然有方法可以分析和测量程序的执行路径和指令耗时。

代码级分析方法是目前最成熟的分析方法，编译器大都使用此优化方式，理解编译器的这种优化方式是很重要的。下面通过简单的例子来介绍程序路径分析方法。

程序路径分析的许多方法是使用整数线性规划（ILP）的方法来隐式地解决路径问题，使用一个约束条件集合描述程序的结构及其行为的某些方面。枚举法是常用于简单、具有有限确定执行路径的一种方法。下面通过实例介绍枚举法。

【例 6-8】　考虑如下 C 语言代码，枚举出程序的所有路径。

```
if (a<b)  /* 测试条件1  */
{
    if (c)   /* 测试条件2  */
        x=1;
     else
        x=2;
}
else
{
    if (d)  /* 测试条件3  */
        x=3;
    else
        x=4;
}
```

解析：枚举所有路径的方式是创建一个类真值表结构，路径的改变由变量 a，b，c，d 的值进行控制。对于这些变量值进行任意组合形成条件，追踪程序观察每条 if 语句执行了哪一个分支，以及执行了哪条赋值语句来判断程序的执行路径。程序执行路径类真值表如表 6.2 所示。

表 6.2　程序执行路径类真值表

a < b	c	d	路　　径
0	—	0	测试条件 1 为假且内分支的测试条件 3 为假，x = 4
0	—	1	测试条件 1 为假且内分支的测试条件 3 为真，x = 3
1	0	—	测试条件 1 为真且内分支的测试条件 2 为真，x = 2
1	1	—	测试条件 1 为真且内分支的测试条件 2 为假，x = 1

其中，"—"表示省略了另外的情况，得到的结果是一致的。如表 6.2 所示，变量取什么值时，会走哪一条路径。这种枚举的方式对于简单分支语句的执行路径具有很清晰的表示。但是对于循环结构来说，若采用枚举方式，那么当迭代次数固定时，还能在牺牲效率的基础上确定执行路径；但若是非固定迭代次数的循环，枚举方式就不能满足要求。

另一种追踪程序路径的方式是控制/数据流图（CDFG），最典型的是循环结构程序路径的确定，如下面的示例：

```
for(i = 0; i < N; i++)
{
    a[i]=b[i]*c[i];
}
```

这是一个简单对数组循环赋值的示例，由于赋值操作依赖于输入 N 的大小，所以采用枚举方式查看程序路径是不可行的，可以通过检查代码的 CDFG 图，确定不同的语句执行了多少次。该程序的 CDFG 图如图 6.18 所示。

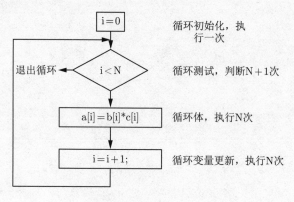

图 6.18　程序的 CDFG

只要知道指令的执行时间，根据程序执行时间的组成部分，就能够确定程序的总体执行时间。最简单的方式是假设每条指令的执行需要相同的时钟周期。然而，即使忽略高速缓存的影响，这种方法也过于简单。指令的执行时间是有差别的，基本的加法指令要快一些，有些多寄存器读取指令执行花费的时钟周期比基本加法指令要多得多。

指令的执行时间还依赖于流水线上其他指令，某些指令的执行需要等待流水线上其他指令的计算结果出来后才能继续进行。操作数对指令的执行时间也有影响，典型的浮点数操作与整数操作在某些算术操作上有很大的差别。

CPU 厂商通常提供了某些操作指令的 CPU 周期数表，可以在表中查询指令的执行时间。也可以向表中添加新的列来考虑邻近指令的影响。这些影响通常受到 CPU 流水线大小的限制，需要考虑一个相对较小的指令窗口来处理这些影响。对于因操作数的变化而导致执行时间变化，影响数值相关性指令耗时的不同因素应该使用不同的数据来执行程序，否则处理起来非常困难。

执行时间的分析有很多方法，关键是把握程序的哪个部分比较耗时，这并不需要测量精准的程序执行时间，仅需要知道程序的哪个部分需要优化。

6.4.2　与机器无关的性能优化

与机器无关的性能优化主要关注与具体硬件特征无关的优化，可以在任何机器上使用，这部分优化主要从代码本身的控制逻辑和结构出发，对代码进行修改，从而达到提高程序性能的目的。与机器无关的优化有很多，如数据流分析、常量传播、循环优化、算法和数据结构优化等，对于具体程序会采用不同的优化方式。下面介绍几种通用的优化技巧。

1. 循环优化

循环是一个非常重要的优化对象，尤其是内循环要消耗大量的执行时间，如何减少内循环的指令数，是循环优化关注的目标。有几项重要的技术可以优化循环：代码移出、归纳变量共享和强度削减、循环展开以及循环合并等。

1）代码移出

示例如下：

```
for (i; i < length(m); i++)
    for (j;j < length(n); j++)
        a[i][j] = b[i][j];
```

观察到该嵌套的 for 循环中每次迭代都会执行 length() 函数，实际上该函数调用的值是一个常数值，不需要在每次循环判断时都计算一次，可以将该函数移到循环外，优化后的代码如下：

```
ml = length(m);
nl = length(n);
for (i; i < ml; i++)
    for (j; j < nl; j++)
        a[i][j] = b[i][j];
```

这类优化称为**代码移出**。代码移出通常用于代码块要执行多次（例如，在循环里），但是计算结果不会改变的情况，因而可以将这部分代码块移到循环的外面，而不必由于执行多次而导致执行效率的降低。

2）归纳变量共享和强度削减

在上面嵌套循环的例子中，执行语句每次循环都会计算数组下标偏移，通过偏移计算出内存地址。二维数组在内存中是一个连续的内存块，二维数组只是逻辑上分为行和列的矩阵。此时编译器用归纳变量帮助对数组进行寻址。数组下标可以通过归纳变量的方式优化，上述嵌套循环优化后的代码如下：

```
ml = length(m);
nl = length(n);
for (i; i < ml;i++)
    for (j; j < nl; j++)
    {
        c = i*ml + j;
        *(a + c) = *(b + c);
    }
```

通过共享归纳变量，每次计算数组下标时，不用对两个数组都计算一次，而是直接通过归纳变量 c 来表示相同的偏移。

该循环的赋值部分实际上是在遍历二维数组，其每次迭代步长为 1，还可以采用变量强度削弱的方法优化，对共享变量 c 进行自加运算代替上述运算，会起到更好的效果，因为自加操作在机器中是直接执行的。优化后的代码如下：

```
ml = length(m);
nl = length(n);
for (i; i < ml; i++)
for (j; j < nl; j++)
    {
        *(a + c) = *(b + c);
        c++;
    }
```

从归纳变量的计算中去除了乘法操作，这是强度削弱的一种形式，这种操作可以减少循环迭代的开销。

3）循环展开

循环展开是另外一种循环优化的方式，利用指令间的并行特征，加快程序的执行速度，如下面的循环代码：

```
for (i; i < limit; i++)
    x = x + a[i];
```

该循环计算数组 a 的元素累加操作，可以使用循环展开增加此循环中计算步长，如下所示：

```
for (i; i < limit − 1; i += 2)
{
    x = x + a[i] + a[i+1];
}
```

这样 x 值的计算以步长为 2 的速度增加，从而减少循环的迭代次数。此例中只是增加了两次加法操作，却将循环的迭代次数减少了一半。但循环展开是有条件的，一方面，有些情况下由于循环变量之间的依赖性，并不能对循环进行展开。若上一次迭代结果对当前迭代的值有影响，则这种情况下是不能进行循环展开的。另一方面，循环展开会增加代码的尺寸，而这部分循环的指令代码在高速缓存中可能会造成高速缓存溢出，这样会使得程序频繁地去访问内存，从而有可能降低程序的性能。

4）循环合并

循环合并是循环展开的逆向过程，通过将两个或多个循环合并成一个循环，减少循环判断的次数以优化程序性能。示例如下：

```
for (i; i < limit; i++)
    a[i] = b[i];
for (i; i < limit; i++)
    c[i] = d[i];
```

可以看出，两个循环都是同样的迭代，只是不同的循环体，此时可以将循环进行合并：

```
for (i; i < limit; i++)
{
    a[i] = b[i];
    c[i] = d[i];
}
```

优化后的循环减少了一半的循环条件判断，提高了程序性能。但要注意循环合并是有一定条件的，首先循环的次数必须相同，另外，循环体之间若不能满足并行性，则不能进行循环合并。例如，在上述程序中，如果第二个循环的第 i 次迭代计算循环体的值依赖于第一个循环的第 i+1 次迭代循环体的值，那么显然是不能合并的。

2. 算法和数据结构的优化

算法和数据结构是程序的核心，一个程序功能实现的核心就是算法。从软件上讲，一个程序使用的算法好坏，直接决定了程序性能。数据结构是算法所使用数据的载体，直接影响数据在物理机器上的表示，也是影响程序性能的最重要因素之一。在程序中应该选择更加高效的算法，或者对当前算法进行优化以使程序性能得到提升。例如，二分查找的速度比顺序查找要快。数据结构的正确使用对程序性能也有巨大影响，再如，在一些无序的数据中多次进行插入、删除等操作，采用链表会得到更好的效率。如果主要是查找操作，那么采用数组的方式也许会更好。

对于算法和数据结构的优化，下面通过一个求斐波那契数列的递归函数理解。

```
int fun(int n)
{
    if (n==1 || n==2)
        return 1;
    else
        return fun(n - 1) + fun(n - 2);
}
```

可以看到，在递归过程中，每次递归都会开辟新的堆栈以满足过程调用的要求，这需要开辟大量的栈空间，效果也很差。若计算小型的斐波那契数列，则可以采用查表的方式来替代递归操作，如下所示：

```
static int fun_table[] = {1,1,2,3,5,8,13,21,34/*……*/};
int fun(int i)
{
    return fun_table[i];
}
```

3. 过程调用的优化

某些过程调用会严重影响程序性能，对于这部分过程调用，可以采用内联函数。内联函数的本质类似于宏，即将函数在程序中直接展开，而省去调用的开销。尽管这会使得代码尺寸增加，但可以带来执行速度的显著提升，如在 C 语言中嵌入汇编语言。下面是一个使用内联过程的例子：

```
inline int fun(int i)
{
    return fun_table[i];
}
```

所有使用 fun() 函数的地方全都展开替换为对数组 fun_table 的引用了。内联过程是典型的以空间效率换取时间效率的例子。

4. 表达式简化

在程序中，大部分代码都由算术表达式和逻辑表达式组成，对表达式的简化有时能带来很大的性能提升，例如，简单的代数变换优化算术表达式的例子：

```
a * b + a * c;
```

可以根据乘法的分配率对其进行优化：

```
a * (b + c);
```

这样只需要两次计算，从而提高了代码的执行速度。

5. 删除死代码

死代码指永远不会执行的代码（如调试信息、注释等），这部分是由于程序员有意或无意生成的，也可能由编译器生成。下面给出一个简单的例子：

```
const int flag=1;
if(flag)
    /*分支1*/
else
    /*分支2*/
```

很明显，这里的分支 2 是永远不会执行的，编译器通过删除此类死代码减少代码的尺寸，同时优化了程序性能。

6.4.3 与机器相关的性能优化

与机器相关的性能优化指依赖于机器具体细节的优化方式，通过优化以便充分利用硬件资源。优化包括指令系统的优化，如流水线优化、寄存器优化和高速缓存等存储系统的优化。对于不同处理器体系结构优化方式会有所不同，这里介绍更加通用的与机器相关的性能优化方法。

1. 寄存器调度

寄存器调度作为代码生成的重要阶段，合理地为变量和中间值分配寄存器，减少寄存器的冲突，不仅能减少由于寄存器冲突引起的存储访问增加的功耗，同时能有效利用系统硬件资源，提升程序的性能。常用生命周期图研究寄存器的分配问题，通过每个变量的生命周期来判断寄存器占用时间的长短，从而合理地分配寄存器。如下面的代码序列：

```
w = a * b;      /* 阶段1 */
x = c + d;      /* 阶段2 */
y = w + e;      /* 阶段3 */
z = a / b;      /* 阶段4 */
```

假设只有 4 个寄存器可用，而此处包括中间值在内总共需要 9 个寄存器，分别存储这 9 个变量。但在这段代码中，并不是所有的变量都要在整个过程中存储到寄存器中。例如，变量 x 赋值后就没有再使用，因此不必再保留在寄存器中。为了观察变量或中间值在寄存器中的保留时间，可以通过生命周期图表示。在生命周期图中，横轴表示语句的阶段，纵轴表示变量或中间值。上述代码的生命周期图如图 6.19 所示。

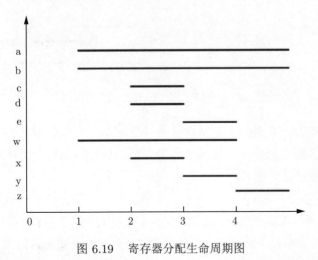

图 6.19 寄存器分配生命周期图

可以看到，变量 a 与 b 的周期跨越了 4 个阶段，因为在第一阶段将 a 与 b 的值分配寄存器后，在第 4 阶段还需用到这两个变量，导致它们占据的寄存器不能释放，如图 6.19 所示，每个变量的生命周期为：

a 持续第 1~4 阶段；　　　　d 持续第 2 阶段；　　　　x 持续第 2 阶段；

b 持续第 1~4 阶段； e 持续第 3 阶段； y 持续第 3 阶段；

c 持续第 2 阶段； w 持续第 1~3 阶段； z 持续第 4 阶段。

  生命周期图很直观地表现出在第 1 阶段与第 4 阶段需要 3 个寄存器，第 2 阶段和第 3 阶段分别需要 6 个和 5 个寄存器。寄存器的使用数目取决于峰值寄存器数目，那么根据假设，仅有 4 个寄存器是无法满足需要的。通过观察这段语句序列看到对于变量 a 和 b 的使用是第 1 阶段和第 4 阶段的语句，若将第 4 阶段的语句放在第 2 阶段执行，不会影响整个程序的结果。这样修改语句执行的顺序，将第 4 阶段的语句位置移动到第 2 阶段，后面的依次往后，其语句序列如下：

```
w = a * b;    /* 阶段1 */
x = a / b;    /* 阶段2 */
y = w + e;    /* 阶段3 */
z = c + d;    /* 阶段4 */
```

修改后程序的生命周期图如图 6.20 所示。

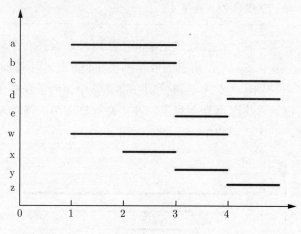

图 6.20 修改后程序的生命周期分配图

  可以看到，所有阶段需要的寄存器数目至多是 4 个，且代码顺序的改变并没有影响整个程序的输出结果。若在操作执行的顺序方面有自由选择的余地，则可通过改变操作执行的顺序，而改变变量的生命周期，从而改进寄存器分配。

2. 高速缓存优化

  高速缓存是一个小容量存储器，由高速 SRAM 组成，用于弥补 CPU 与内存之间速度差异。将数据和指令存储在高速缓存中，当需要访问时，不需要去访问速度较慢的内存，而直接访问高速缓存，获得相关的数据和指令，从而提升了性能。高速缓存是典型的利用时间局部性和空间局部性的一种技术。高速缓存中最重要的属性是命中率，由于高速缓存只存储内存中的一少部分指令与数据，如果高速缓存的命中率很低，则意味着 CPU 会频繁地访问内存中的指令和数据，从而拖慢程序运行速度，还会增加额外的能耗。因此优化高速缓存，使得其命中率提升是程序优化的重要措施。

对于如下 C 代码：

```
for (i;  i < m;  i++)
    for (j;  j < n;  j++)
        a[i][j] = b[i][j];
```

假定内存与高速缓存之间是组相联映射，数组 a 与 b 的大小为 m = 8、n = 4 的二维数组，且数组 a 和 b 存储的都是字符，每个数组元素占一个字节。高速缓存有 8 行，每行 4 字节（即每块 4 字节）。尽管这个代码没有重用任何数据元素，高速缓存冲突也可能引起严重的性能问题，因为它们会在高速缓存上对空间重用造成干扰。

高速缓存映射如图 6.21 所示，假定数组 a[ ] 的起始位置是 1024，数组 b[ ] 的起始位置是 4099。尽管 a[0][0] 和 b[0][0] 没有映射到高速缓存中的相同字节，它们还是映射到相同的块上。

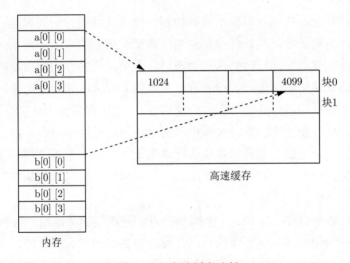

图 6.21　高速缓存映射

当访问 a[0][0] 时，高速缓存会将连续 4 字节的数据一起放入高速缓存的第一行中，这是为了使存储单元的访问具有良好的空间局部性。由于数组 b 的首地址刚好映射到 a 的首地址所在的行中，只是该行的偏移量为 3，即该行的最后一个字节。所以对 b[0][0] 的访问将会替换掉高速缓存的第一行。当再次访问 a 数组的 a[0][1] 元素时，由于高速缓存的第一行被 b 的第一个元素所在行替换了，所以又需要将数组 a[ ] 的连续字节重新放入第一行高速缓存块，这造成了大量的高速缓存未命中。当访问 b[0][1] 时，被映射到高速缓存第二行，这样下一次对数组 a 的高速缓存访问将会命中 a[0][2] 和 a[0][3]。由于在继续访问 a[1][0] 的连续字节时又会出现重复未命中的问题，而高速缓存的未命中会大大增加内存访问的时间，从而造成代码执行性能低下。

最简单的解决方法是通过改变冲突映射来提高高速缓存的命中率，将数组 b 的首地址映射到高速缓存的下一行，就是说移动数组，移动数组的一个元素就需要移动整个数组，这样会造成一定的额外开销，同时移动数组可能会造成与其他数组冲突，所以可以采用另外一种方式填充。如果在数组 b 之前填充一个字符，这样 b 的起始地址变为 4100，映射到高速缓存中的第二行，解决了高速缓存冲突的问题。在这个例子中，通过填充使 b[0][0] 起始地址为 4100，尽管填充浪费了一个单元的内存空间，但它在相当程度上改进了内存的性能。

在有多重数组和复杂访问模式的情况下，可以采用多种技术，如重新定位数组、填充等以尽可能地降低高速缓存冲突。

6.4.4 程序功耗分析与优化

功耗是衡量嵌入式系统性能的另一个重要指标，尤其是对于移动电源供电的嵌入式设备，这类设备没有能够持续的供电补偿，甚至有些工作在恶劣环境下，如在沙漠中使用摄像机，这时如何降低功耗变得异常关键。随着 CMOS、VLSI 电路的发展，越来越多的电子部件集成在一起，整个系统尺寸也不断缩小，功耗已经成为基于电池供电的嵌入式系统最重要的性能指标之一。

嵌入式系统功耗的优化通常可以从时钟控制、使用功耗敏感的处理器、低电压以及电路子系统的关闭等方面进行。从软件控制的角度来说，采用的做法是对系统设置不同的模式，如空闲时的休眠状态、运行时的运行状态等。其他常用的做法如改变处理器的时钟频率来控制功耗，或者采用动态功耗管理的策略来降低非关键任务的功耗等。

嵌入式系统中运行的程序是硬件资源的使用者，如果不能良好调度和使用系统资源，将会产生大量功耗。如一个程序的执行过程中有大量的高速缓存不命中，那么这会严重增加二级缓存的功耗。存储系统在系统功耗中占比非常大，如果大量高速缓存未命中，则会造成对存储系统的访问增加而导致系统功耗增加、性能降低，所以如何从程序本身控制系统的功耗是一个重要问题。

如何评估系统或者程序的功耗？一个简单的方法是通过测量得到。如图 6.22 所示，以循环体的功耗测量为例，因为循环体的功耗在程序中占有相当大的比例。对循环体功耗的测量，可以先测得整个循环包括循环体和其他代码的功耗，再通过单独测量没有循环体的空循环的功耗，由完整循环和空循环功耗之差计算循环体代码的功耗。

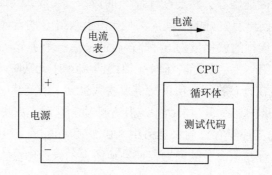

图 6.22　循环体功耗测量

另一方法是从指令级的角度对程序的功耗进行评估，即基于统计的平均值方法。通过计算基本指令功耗的能量与指令间相互影响的功耗之和来计算整个程序的功耗。由于流水线的存在，所以指令之间具有一定依赖关系，某些指令的执行依赖于流水线上其他指令的计算结果，这会影响流水线的效率。降低指令的并行性导致了相当一部分的能耗。如图 6.23 所示，测量程序将包含由几个给定的指令或指令序列的多个实例组成一个无限循环，通过使用标准的双斜率积分数字万用表来测量 CPU 在执行此循环期间所消耗的平均电流，从而计算程序的功耗。

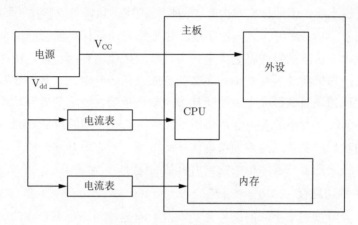

图 6.23   程序功耗测量架构图

更加精确的测量方法是采用瞬时电流的测量，而不是平均电流的测量。通过输入由 CPU 模拟器产生的程序汇编指令的路径文件，并考虑指令之间的相互影响，如流水线上的指令，来评估指令的功耗和指令之间相互影响的功耗。这种方式会得到相比上述测量方式更精确的程序功耗，但是测量的复杂性较高，花在测试上的成本也较大，这些也是在嵌入式系统开发中需要考虑的。

另外还有降低指令级功耗模型的空间复杂度的方法。可插入无操作（NOP）指令，执行该指令并观察额外的能量消耗。测量指令间效应以及在指令总线中的计时器测量等均是测量程序指令级功耗的重要方式。指令级功耗的主要思想就是测量指令与指令序列间相互影响的功耗，并采用多次测量从而达到测量功耗的目的。

从测量角度看，嵌入式系统的功耗优化原则是尽可能减少处理器和外设的工作时间，因为处理器和外设的功耗在系统中占据了绝大部分，使其长时间处于掉电模式和空闲状态是降低功耗的重要措施。一般来说，短时间的峰值频率工作、长时间处于深度空闲状态比长时间低频率工作、短时间空闲状态节能效率要高得多。所以同样的任务如果能在短时间内快速完成会消耗更少的能量。从软件上讲，采用更快速的算法有助于实现更加高效的能量利用。

从编译器的角度看，考虑程序的优化通常包括指令变换、重排、循环优化、存储器和高速缓存优化这几个方面。因为不同的指令会有不同的功耗，指令的顺序也会产生不同的功耗，操作数与操作码也会有影响，所以就像 6.4.2 节中描述的优化程序的性能一样，可以通过指令变换、重排、循环优化等相似的优化方式来优化功耗。

内存传输的功能在 CPU 操作中占了相当大的部分，其消耗的能量是算术操作的数十或数百倍。寄存器访问的功耗是最低的，高速缓存访问的功耗次之，内存访问的功耗最大。从硬件制作上讲，内存采用动态存储器 SDRAM 或 DDR，而高速缓存使用的是静态存储器 SRAM，SRAM 采用与锁存器类似的结构来存储逻辑比特。如果不改变状态则 VCC 与 GND 之间电阻非常大，因此几乎无功耗。动态存储器使用电容来存储逻辑比特，每隔一段时间需要重新充电以保证数据稳定。DRAM 所消耗的能量要比 SRAM 更多，且高速缓存相对内存来说是很小的，因此需要对内存访问进行控制，以降低功耗。

高速缓存属于 CPU 与内存之间的桥梁，如果很好地优化高速缓存的性能，命中率尽可能高，那么对内存访问的操作将会大量减少，从而优化内存的功耗。同样必须考虑高速缓存本身的功耗，如果高速缓存太小，那么会造成内存访问增加，从而导致程序运行缓慢且功耗增加；相反如果高速缓存太大，功耗增加却没带来性能上的提升，那么也会没有用处。所以找到高速缓存大小的折中点，从而在性能和功耗之间取得良好的平衡。

对于程序的功耗，主要从两方面考虑优化的可能：一方面与硬件相关，大多数编译器优化会做到的；另一方面与软件相关的轮询机制的优化。

1. 硬件相关的功耗优化

完成同样任务可以采用不同的硬件来实现，不同硬件功耗是不一样的。一般来说，寄存器的功耗是最低的，其次是高速缓存，而内存的功耗是最多的，所以对于这 3 部分硬件的使用，应尽可能：

（1）有效使用寄存器；

（2）分析高速缓存的行为来避免或减少缓存冲突；

（3）存储模式中采用页模式访问。

2. 轮询机制优化

程序在等待访问外设时可能会采用轮询的方法，轮询会让处理器重复地执行几条指令，而结果仅仅是等待状态的改变，这种牺牲是不值得的，会带来大量的能量浪费。通常的做法是使用一些替代的方法，如对外设的访问使用中断的方式替代；在客户服务器协作模型中，将客户端不停地查询服务改为服务器主动推服务给客户端，这是一种很有用的机制，能大大降低功耗。

6.4.5　程序尺寸分析与优化

程序尺寸是指将程序的源代码由编译器编译后生成的二进制代码的大小。嵌入式系统是资源受限的系统，内存是嵌入式系统中最重要的资源之一，往往受应用需求与成本的限制，要求应用程序的目标代码在达到一定性能的条件下，尽可能降低程序尺寸，以减少对有限内存资源的占用量。

优化程序尺寸通常从两方面来考虑：指令和数据。指令正确高效的调度，是缩小代码尺寸的基本措施。

一种优化代码尺寸的方法是模板匹配，模板匹配是指令集映射的核心。指令集映射旨在将编译器生成的原始指令用更复杂、更有效的指令替代，以达到压缩代码的目的，从而提高程序的性能。

指令集映射包括指令选择、时钟选择和模板匹配 3 个部分。时钟选择旨在为指令选择合适的执行周期，指令选择旨在为源程序选择合适简便的指令，而模板匹配则是为了优化指令序列。在某些情况下，合理地选择指令可以减少程序尺寸，尤其在具有可变长度指令的 CPU 中。

一个简单的模板匹配如图 6.24 所示，单个的加法指令的执行时间为 30ns，乘法指令的执行时间为 60ns，上一个数据流的输入消耗 5ns，而通过 2 次加法和乘法的指令序列后，总的时钟周期延迟为 200ns。使用模板指令为乘-加指令，开销为 70ns。很明显，采用乘-加指令覆盖原来的单个加法和乘法的指令消耗的时间只有 150ns。所以模板匹配技术将两条指令缩减为一条指令，同时优化了指令序列的执行速度。模板匹配常采用最优树的方式，对于一个给定的指令序列，通过模板匹配将该序列进行最优的覆盖。

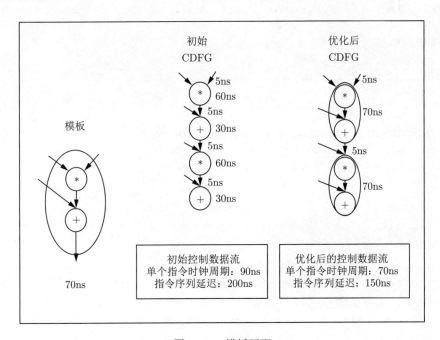

图 6.24 模板匹配

当减少程序中指令的数目时，一项很重要的技术就是合理使用子程序。如果程序重复地执行同一个操作，那么这些操作很适合作为子程序处理。即使操作有某些变化，也可构建一种合适的参数化子程序以节省空间。当然，考虑到节省代码空间，也要考虑子程序的代价。不仅在子程序体中有额外的代码，在处理带参数子程序的每一次调用时，也有额外的代码。

程序需要对数据操作，数据对程序员是可见的，且高度依赖于编程风格。由于数据经常被代码段进行重复使用，所以会保存数据的几个副本，这些副本驻足于内存空间，拖慢程序的运行速度。程序员应该能够识别并去除一些副本，在不影响结果的前提下改善内存的性能，减少数据的尺寸。数组是最常见的数据结构，数组通常占据固定大小的内存，如果定义一个很大的数组，却只用很少的数据，这无疑是浪费内存的。数据有时候可以打包，比如将几个标记位存放在一个字节中，通过位操作使用。数值重用是一种简单低级的缩小数据文本的方法，可以将几个相同的常量映射到同一个存储区域。应用更广泛的技术是在运行时创建数据，这种方式可以有效缩小数据文本，但却需要额外的空间来保存创建数据的代码。

6.5　本章小结

程序是嵌入式系统设计的重要组成部分，本章围绕嵌入式程序的设计方法、程序模型展开分析，介绍了 C 语言编程技术、编译及优化技术，并对嵌入式软件的性能进行了分析。

6.6　习题

1. 请查阅资料，给出 ARM Cortex-M4 的块图。
2. 请给出下面一段程序代码的流程图。

```
int MAX;
int A, B, C;
scanf("input 3 data,%d,%d,%d\n", &A, &B, &C);
if A > B
    MAX=A;
else
    MAX=B;
if C > MAX
    MAX=C;
printf("The max number is %d\n", MAX);
```

3. 请给出汽车安全带控制器的状态机，其工作原理是：如果人坐在座椅上，在固定时间内没有系安全带，那么控制器将开启蜂鸣器。该系统有 3 个输入：座椅传感器感知人是否坐下；安全带传感器感知安全带是否系好；当定时器到达给定时间时，将给出一个信号，计时器时间到。一个输出：若在固定时间内没有系好安全带，则蜂鸣器鸣叫。

4. 请给出下列一段程序的数据流图（DFG）。

```
x = a + b;
y = x + c;
z = b + d;
y = y * z;
```

5. 使用 C 语言编写循环缓冲区，假设缓冲区的大小为 5，编写程序完成从数据流（可以存储在一个大的数组中）中读取数据依次放入到循环缓冲区，然后计算缓冲区的平均值，再输出。例如，数据流为：1，2，3，4，5，6，7，8，9，10，首先读入 5 个数据 1，2，3，

4，5 到缓冲区，计算其输出为 3。然后再读入一个数据，这时，缓冲区中的数据为 2，3，4，5，6，计算其输出为 4。

6. 使用 C 语言中的链表作为缓冲区，当生产者制造出一个数据，就存入该缓冲区。当消费者发现有数据时，就从缓冲区中取出数据，进行消费。并且生产者、消费者都只有一个，请用 C 语言实现。

7. 为什么在嵌入式系统的系统软件中使用无限循环？

8. 如何定义与平台无关的整型数？在平台 1 整型是 integer，在平台 2 整型是 int。

9. 请利用位操作，实现下列功能：

（1）请将寄存器 GPIOA_OSPEEDR 的 bit16 和 bit17 位先清零，再置为 10；

（2）判断寄存器 GPIOA_ODR 的 bit4 位是否为 1；

（3）将寄存器 GPIOB_OTYPER 的 bit4 和 bit7 位置为 1 和 0。

10. 分析在嵌入式软件编写过程中，如何提高其兼容性。

11. 请叙述编译的基本过程。

12. 请给出下列表达式的语法树，并把其翻译成汇编程序。

（1）(a && b) || (c * 4)

（2）(x+5)*4

13. 在对嵌入式系统的程序性能分析中，主要关心哪些方面的性能？

14. 请给出行李托运费的算法的伪代码，并通过类真值表枚举所有路径。假设某航空公司规定，乘客可以免费托运重量不超过 30 千克的行李。当行李重量超过 30 千克时，对头等舱的国内乘客超重部分每公斤收费 4 元，对其他舱的国内乘客超重部分每公斤收费 6 元，对外国乘客超重部分每公斤收费比国内乘客多一倍。

15. 请画出下面一段代码的 CDFG 图，并确定这段程序不同的语句执行了多少次。

```
for (i=1; i< M; i++)
    for(j=0; j< N; j++)
        x[i][j] = a[i][j] * b[i];
```

16. 请画出下面一段基本语句块的生命周期图，若当前可以使用的寄存器只有 4 个，请问是否够用？若不够，是否能够对基本语句块进行合理的改变使得寄存器够用？

```
z=a+b;
y=c+d;
x=y*z;
w=b+c;
```

17. 假定内存与高速缓存之间是组相联映射，数组 A 与 B 的大小为 m = 16、n = 8，且数组 A 和 B 都存储的是字符，每个数组元素占 1 字节。高速缓存有 16 行，每行 8 字节（每块 8 字节）。假定数组 A[ ] 的起始位置是 2048，数组 b[ ] 的起始位置是 4103。请问会产生冲突吗？若产生冲突，解释数组在高速缓存中产生冲突的原因，可用什么办法解决冲突？如何解决？

18. 展开下列循环，展开成两次运算的循环：

```
for(i=0; i<32; i++)
    a[i] = a[i] * b[i]
```

19. 优化下列代码：

（1）

```
#define DEBUG 1
if DEBUG debug_sche();
for (i=0; i< M; i++)
    for(j=0; j< N; j++)
        a[i][j] = a[i][j] + b[i][j];
```

（2）

```
for(i=0; i< M; i++)
    a[i] = 2 * a[i];
for(j=0; j< M; j++)
    b[j] = b[j] + c[j];
```

20. 在嵌入式程序功耗分析中，最主要关注哪些因素？

第 7 章

CHAPTER 7

嵌入式最小系统构建

学习目标与要求

1. 掌握嵌入式最小系统的定义。
2. 熟悉嵌入式最小系统的组成。
3. 熟悉嵌入式最小系统的设计方法。

7.1 嵌入式最小系统

嵌入式系统是以应用为中心，以计算机技术为基础，软硬件可裁剪，适用于应用系统对功能、可靠性、成本、体积、功耗等严格要求的专用计算机系统。而嵌入式最小系统即是在尽可能减少上层应用的情况下，能够使系统运行的最小化模块配置。它以嵌入式处理器为中心，具有完全相适配的存储电路、电源电路、时钟电路、复位电路、程序下载电路等。通用嵌入式最小系统框图如图 7.1 所示。

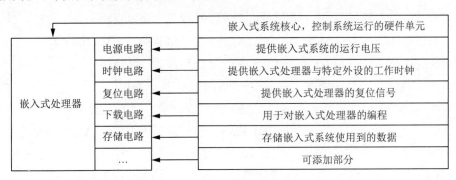

图 7.1 通用嵌入式最小系统框图

7.2 STM32 嵌入式微控制器

作为嵌入式系统的核心，嵌入式微控制器在控制、辅助系统运行中起到了关键的作用。嵌入式微控制器的运算位数从最初的 4 位，到目前仍在大规模应用的 8 位、16 位，再到最新的受到广泛青睐的 32 位、64 位，其中最具代表性的便是 ARM。

ARM（Advanced RISC Machine，高级精简指令集机器）嵌入式微控制器是英国 Acorn 公司设计的低功耗低成本的 RISC（Reduced Instruction Set Computing，精简指令集计算机）微控制器，其本身是 32 位设计，但也配备 16 位指令集，具有 16 位/32 位的双指令集。ARM 嵌入式微控制器核的系列产品有 ARM7、ARM9、ARM9E、ARM10E、ARM11 系列，在推出 ARM11 系列产品之后，ARM 改用 Cortex 来命名接下来发布的产品。ARM Cortex 系列处理器属于 ARMv7 架构，分为 A、R、M 3 类。

（1）Cortex-A 系列：应用处理器，主要用于移动计算、智能手机、车载娱乐、自动驾驶、服务器、高端处理器等领域。时钟频率超过 1GHz，支持 Linux、Android、Windows 等完整操作系统需要的内存管理单元 MMU。

（2）Cortex-R 系列：实时处理器，可用于无线通信的基带控制、汽车传动系统、硬盘控制器等。时钟频率 200Hz 到大于 1GHz，多数不支持 MMU，具有 MPU、Cache 和其他针对工业设计的存储器功能。响应延迟非常低，不支持完整版本的 Linux 和 Windows，支持 RTOS。

（3）Cortex-M 系列：微控制器处理器，时钟频率较低容易使用，应用于单片机和深度嵌入式市场。

意法半导体公司的 STM32 系列微控制器基于 ARM 的 Cortex-M 内核，集低功耗、低电压、实时性于一身，同时拥有集成度高、开发简易的特点。STM32 系列微控制器成为各种嵌入式解决方案的理想选择。

相比于 51 单片机、AVR 单片机等，STM32 系列微控制器具有高性能的处理能力，其拥有丰富的资源和较高的主频（F4 系列芯片主频最高可达 180MHz），一般多应用在要求高性能、低成本、低功耗的嵌入式设备中。目前 STM32 微控制器分为以下几个系列：

（1）主流产品（STM32F0、STM32F1、STM32F3、STM32F4）；

（2）超低功耗产品（STM32L0、STM32L1、STM32L4、STM32L4+）；

（3）高性能产品（STM32F2、STM32F4、STM32F7、STM32H7）。

2011 年，意法半导体公司在 Cortex-M4 内核基础上，推出了 STM32F4 系列产品。本章所使用的 STM32F407VGT6 为 STM32F4 的系列产品，具有 1024KB 容量的 Flash 存储器，LQFP（Low-profile Quad Flat Package，薄型扁平式封装）封装的 100 个引脚。其命名规则如图 7.2 所示，"STM32" 代表 32 位的微控制器；"407" 表示高性能和集成 DSP（Digital Signal Processing，数字信号处理器）、FPU（Floating Point Unit，浮点运算单元）；"V" 表示芯片拥有 100 个引脚；"G" 表示芯片片载 1024KB 容量的 Flash 存储器；"T" 表示芯片的封装形式为 TQFP 封装；"6" 表示芯片可工作的温度范围：−40℃ ~85℃。

丰富的接口和优秀的性能为一般类型的应用提供了一种高性价比和高性能的微控制器解决方案，以 STM32F4 系列芯片进行设计开发简单，可以只用一个外部电源就能够实现最小系统的功能。在最小系统设计中，本章选用 STM32F407VGT6 作为最小系统的主控芯片。下面分别介绍 STM32F407VGT6 的电源系统、时钟系统、复位系统和外部接口等部分的内容。

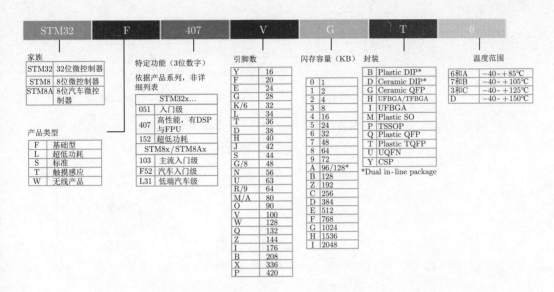

图 7.2　STM32 微控制器命名规则

7.2.1　电源系统

电源系统为整个嵌入式系统提供所需的稳定电压，是保证嵌入式系统正常工作的关键。电源是否稳定工作，将直接影响到整个系统的稳定性与可靠性。STM32 微控制器有着完善的电源系统，其主数字电源（VDD）输入电压要求为 1.8～3.6 V。

电源系统基本结构如图 7.3 所示，可分为 3 部分。

如图 7.3 所示的标注 1 处为电源备份域，包括备份电路与环形逻辑电路等，主要作用是在电源电压关闭后保留 RTC（Real Time Clock，实时时钟）备份寄存器和备份 SRAM（Static Random Access Memory，静态随机存取存储器）的内容并为 RTC 供电。

要使 RTC 即使在 VDD 关闭后仍然工作，需为以下各模块供电：RTC、LSE 振荡器、备份 SRAM（使能低功耗备份调压器时）、引脚 PC13～PC15，以及引脚 PI8（如果封装有该引脚）。VBAT 引脚可以连接至如电池或其他可选的备用供电电源。当 VDD 断电时，可通过 VBAT 引脚连接的电源为 RTC、RTC 备份寄存器和备份 SRAM 供电。

嵌入式线性调压器为备份域和待机电路以外的所有数字电路提供 1.2V 数字电源。为保证嵌入式线性调压器的正常使用，需要将两个外部电容连接到专用引脚 VCAP1 和 VCAP2，STM32 微控制器的所有封装都配有这两个引脚。嵌入式线性调压器可通过两种方式激活：一是将特定引脚连接到 VSS 或 VDD，具体引脚与封装有关，可通过相关数据手册查阅得到；二是通过软件激活，使线性调压器在复位后始终处于使能状态。图 7.3 中标注 2 处为内核逻辑电路部分以及 I/O 逻辑电平转换器。

根据应用模式的不同，嵌入式线性调压器可采用 3 种不同的模式工作。

（1）运行模式：调压器为 1.2V 域（内核、存储器和数字外设）提供全功率。在此模式下，调压器的输出电压（约 1.2V）可通过软件调整为不同的电压值。

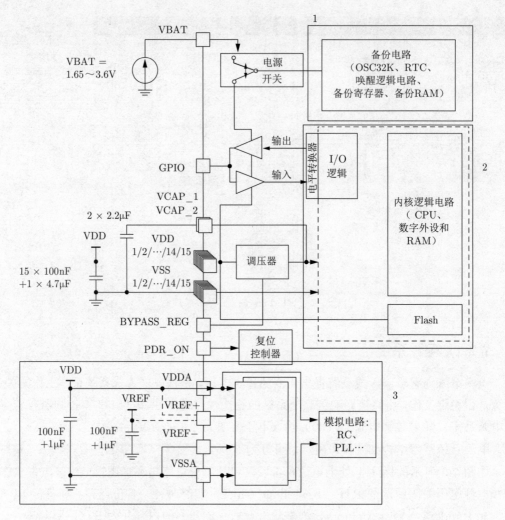

图 7.3　电源系统基本结构

（2）停止模式：调压器为 1.2V 域提供低功率，保留寄存器和内部 SRAM 中的内容。

（3）待机模式：调压器掉电。除待机电路和备份域外，寄存器和 SRAM 的内容都将丢失。

如图 7.3 所示的标注 3 处为模数转换器的独立电源。为了提高转换精度，模数转换器配有独立电源，独立的电源系统可以单独滤波并屏蔽来自 PCB（Printed Circuit Board，印制电路板）的噪声。

默认情况下，STM32 微控制器会在系统复位或上电复位后进入运行模式。在运行模式下，微控制器通过时钟系统提供的时钟频率为参考，执行程序代码。而在微控制器不需要运行时（例如，等待外部事件），可由用户根据应用选择具体的低功耗模式，以便在低功耗、短启动时间和可用唤醒源之间寻求最佳平衡，从而达到高效低耗的芯片性能。STM32 微控制器的电源系统提供了多个低功耗模式。

（1）睡眠模式：芯片内核停止，外设保持运行；

（2）停止模式：所有时钟都停止；

（3）待机模式：1.2V 域断电。

7.2.2　时钟系统

嵌入式微控制器本质上是时序数字电路，因此需要一个时钟信号才能正常工作。

STM32 微控制器有着灵活的时钟系统，在运行内核和外设时可选择使用外部晶振或者使用内部振荡器，也可为以太网等需要特定时钟的外设提供合适的频率。STM32 微控制器的时钟系统有 2 个外部时钟源和 2 个内部时钟源，不同的外部时钟源需要与不同的时钟引脚相连接。对于每个时钟源来说，在未使用时都可单独打开或者关闭，以降低功耗。如图 7.4 所示为芯片时钟树。

HSI（High Speed Internal Clock，高速内部时钟）主要为驱动系统时钟，其优点是无须使用外部晶振，且启动速度快，但是精度不如外部晶振。

LSI（Low Speed Internal Clock，低速内部时钟）可作为低功耗时钟源，时钟频率大约为 32kHz。

HSE（High Speed External Clock，高速外部时钟）主要为驱动系统时钟，引脚如图 7.4 所示的标注 2 处，它可以使用一个 4~26MHz 的晶体/陶瓷谐振器构成的振荡器产生，通过综合 PLL（Phase Locked Loop，锁相环）电路的工作方式以及芯片的工作频率。例如，选择频率为 25MHz 的晶振，经过芯片片内的 PLL 电路倍频之后，最高的频率可达到 160MHz。

LSE（Low Speed External Clock，低速外部时钟）用于驱动 RTC 时钟，引脚为如图 7.4 所示的标注 1 处，可以使用一个 32.768kHz 的晶体/陶瓷谐振器构成的振荡器产生，提供时钟/日历或其他定时功能，具有功耗低且精度高的优点。

另外需要注意的是，在使用部分特殊外设（如以太网、USB 等）时，STM32 微控制器需要外部 PHY（Physical，O-SI 模型中的物理层）提供时钟来保证合适的时钟频率，如图 7.4 所示的标注 3 处为外部 PHY 提供的以太网 MAC 时钟与 USB 时钟。

7.2.3　复位系统

复位系统对维系嵌入式系统是至关重要的，它能够将系统从一个非法的或者未预期的状态恢复到起始或者可控稳定的状态。例如，火星探测器、人造卫星等电子设备通常工作在极其恶劣的环境下，程序难免会因为某些原因"跑飞"，此时系统复位便是一种使系统恢复正常的方法。

除上述情况以外，微控制器的电源系统与晶振电路在上电时需要一定的转换时间，这都有可能造成嵌入式系统不能正常工作。为解决这些问题，在如图 7.5 所示的复位系统中，STM32 微控制器提供一个复位逻辑，负责将芯片初始化为某个确定状态。这个复位逻辑需要一个复位信号才能工作。一些微控制器在上电时会自动产生复位信号，但大多数微控制器需要外部输入这个信号。复位信号的稳定性和可靠性对微控制器的正常工作有重大影响。

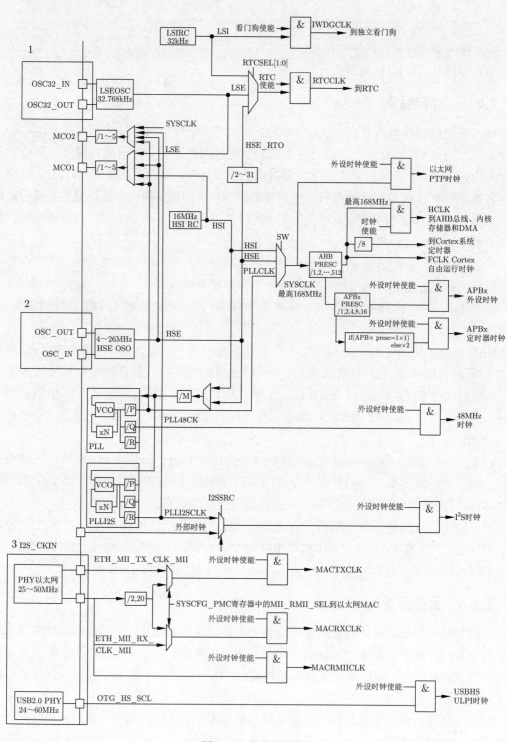

图 7.4　芯片时钟树

STM32 微控制器提供了 3 种类型的复位，分别为系统复位、电源复位和备份域复位。在最小系统中，复位电路主要完成的是系统的上电复位和系统运行过程中的用户按键复位功能。一般的复位电路由简单的 RC 振荡电路构成，但也可以使用其他相对较复杂的更完善的电路来完成。

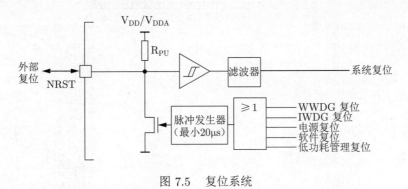

图 7.5　复位系统

如图 7.5 所示，NRST 引脚需要在复位过程中始终保持低电平，且持续时间不少于 20μs。芯片内部的复位信号会在 NRST 引脚上输出。脉冲发生器用于保证最短复位脉冲持续时间，可确保每个内部复位源的复位脉冲都至少持续 20μs。

7.2.4　外部接口

外部接口是嵌入式微控制器与外部设备进行连接和数据交换的必经通道，在嵌入式系统设计与开发中，外部接口扮演着十分重要的角色。

STM32F407VGT6 微控制器共有 100 个引脚。虽然数量较多，但其在器件上的分布是非常有规律的，可以按照功能把它们分成不同的类型，如电源引脚、配置引脚、各种接口引脚等。引脚定义的类型等在数据手册中已经具体给出，在设计时应仔细阅读数据手册。

STM32 微控制器的常用外部接口包括通用输入/输出接口、串行通信接口、定时器接口、模数转换器接口、数模转换器接口和 JTAG 调试接口。其中输入/输出接口、串行通信接口、模数转换器接口、数模转换器接口在第 5 章已有介绍，此处不再赘述。除了引脚的功能，需要注意引脚的类型，分清输入引脚、输出引脚或双向引脚。STM32F407VGT6 增强型 LQFP100 封装的引脚分布如图 7.6 所示。

1. 定时器接口

STM32 微控制器集成了 14 个定时器（TIMER），包括 2 个高级定时器（TIM1 与 TIM8）、2 个基本定时器（TIM6 与 TIM7）和 10 个通用定时器。定时器包含一个 16 位自动重载计数器，由可编程预分频器驱动，均可以进行递增、递减、递增/递减计数。

基本定时器不仅可用作通用定时器以生成时基，还可以专门用于驱动数模转换器（Digital to Analog Converter，DAC），定时器内部连接到 DAC，并能够通过其触发输出驱动 DAC。

通用定时器在基本定时器的基础上扩展而来，增加了输入捕获与输出比较等功能，可用于测量输入信号的脉冲宽度（输入捕获）或生成输出波形 [输出比较和 PWM（Pulse Width Modulation，脉冲宽度调制）]。这些定时器彼此完全独立，不共享任何资源。

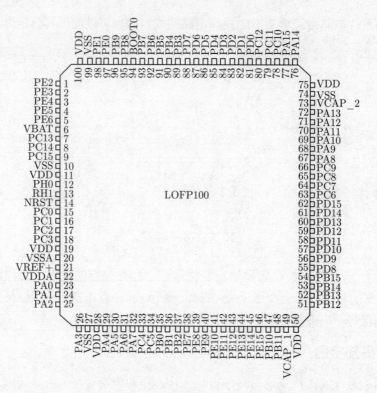

图 7.6　STM32F407VGT6 增强型 LQFP100 封装的引脚分布

高级定时器是在通用定时器的基础上扩展而来，增加了可编程死区互补 ① 输出、重复计数器、带刹车（断路）等功能。可用于各种用途，包括测量输入信号的脉冲宽度（输入捕获），或者生成输出波形（输出比较、PWM 和带死区插入的互补 PWM）。定时器对照表如表 7.1 所示。

表 7.1　定时器对照表

定时器类型	捕获、比较通道数	互补输出	DMA 请求	应用场景
高级定时器	4 个	能	能	PWM 电机控制
通用定时器	4 个	否	能	计数器计数、PWM 输出
基本定时器	4 个	否	能	驱动 DAC

2. JTAG 接口协议

STM32 微控制器支持 SWD（Serial Wire Debug，串行线调试）与 JTAG（Joint Test Action Group，联合测试工作组）接口协议。SWD 接口协议与 JTAG 接口协议皆为国际标准的测试协议，主要用于芯片内部测试及对系统进行仿真、调试，二者相似之处体现在引脚上的复用。

---

① 所谓带死区插入的互补输出，是指在使用大功率电机时，互补通道经过一段死区延时，从而防止电路元器件的烧毁。如图 7.7 所示的带死区插入的互补输出时序图，此时的死区时间为 1μs。

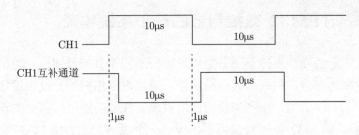

图 7.7 带死区插入的互补输出时序图

常见的 JTAG 接口的连接器有 3 种标准：10 针、14 针和 20 针接口。STM32 微控制器支持的 10 针 JTAG 接口定义如表 7.2 所示。

表 7.2 10 针 JTAG 接口定义

引 脚 号	引 脚	描 述
1	TCK	时钟信号
2	NC	无连接
3	TDO	数据输出
4	VCC	电源
5	TMS	控制状态机的状态转换
6	nSRST	目标系统复位
7	NC	无连接
8	nTRST	TAP 控制器复位
9	TDI	数据输入
10	GND	接地

在 JTAG 协议中必须连接的信号有 TCK、TMS、TDI、TDO、VCC 以及 GND。这对最小系统芯片的引脚数要求较高，这时候对引脚需求少的 SWD 接口协议便具有了优势，SWD 接口协议是兼容 JTAG 协议的一种协议，STM32 微控制器同样支持该协议。如表 7.3 所示的 4 针 SWD 接口定义。

表 7.3 4 针 SWD 接口定义

引 脚 号	说 明	描 述
1	VCC	电源
2	GND	地线
3	SWCLK	时钟
4	SWDIO	数据输入/输出

随着处理器芯片的不断发展，其集成度越来越高，内部集成的功能也越来越丰富，许多设备都可以通过内部总线直接集成到芯片内，使设计者更加容易地满足用户需求。但是不论怎么发展，了解外设的工作原理都能帮助设计者设计更好的电路。

7.3 基于 STM32 微控制器的最小系统构建

嵌入式系统实际的硬件设计会随着应用场景的不同而有所差别。一般情况下，用户可以根据实际需求来选择合适的嵌入式微控制器，随后根据相应的外设来设计相应类型的接口电路，从而构成不同用途、不同规模的应用系统。外部功能扩展部分的设计在本节不做具体介绍，这里以 STM32 微控制器为例，构建一个以 STM32F407VGT6 微控制器为核心的最小系统，通过该最小系统构建的实例，对前面的内容做一个补充说明。构建的基于STM32F407VGT6 的最小系统框图如图 7.8 所示。

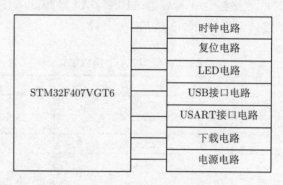

图 7.8 基于 STM32F407VGT6 微控制器的最小系统框图

在系统开发过程中，为了系统调试的方便，可以额外引出 I/O 引脚连接若干个 LED，用来指示系统的工作状态。本次构建的系统中同样增设了这些组件来方便系统的调试。

7.3.1 最小系统的硬件设计

1. 时钟电路的设计

在电路设计中，无源晶振别称为石英晶体谐振器，即是一种无极性元件，晶体内部本身只有经过加工的单一石英晶片，需要借助设计者提供的驱动电路（一般在微型电子芯片中）才能产生振荡信号，晶体本身是无法发生振荡的。无源晶振的电路连接非常简单，直接将 2 个引脚分别接到微控制器的特定端口即可，不需要复杂的配置电路。有源晶振通常有 4 个引脚，是一个完整的振荡器，内部除了石英晶体外，还包括晶体管和阻容元件，有源晶振的工作需要外部额外的供电电压。

对于最小系统板晶振的选择，无源晶振与有源晶振都适用，由于有源晶振成本较高，且需要外部的供电电压，故选择 25MHz 无源晶振来输出时钟信号。

在设计中，电路中谐振器两端的负载电容要尽可能地靠近振荡器的引脚，以减少输出失真和启动时的稳定时间。负载电容值必须与振荡器的要求相匹配，负载电容的不匹配不仅会使晶振的频率发生偏差，更严重的则会导致无法起振，晶振负载电容与晶体两端的电容值的关系如下：

$$C_L = \frac{C_1 \times C_2}{(C_1 + C_2)} + C_S$$

其中，C_L 表示晶振的负载电容，C_S 为电路板的寄生电容，一般取 3~5pF。若取$C_1 = C_2$，那么可以转换成如下公式：

$$C_L = \frac{C_1}{2} + C_S$$

由于不同振荡器的负载电容不同，这里以 25MHz 无源晶振的 12pF 负载电容要求为例，电路板的寄生电容C_S 为 5pF，通过公式可以得到$C_1 = C_2 = 14pF$。在设计中，晶振所输出的时钟信号与芯片的 OSC_IN 和 OSC_OUT 引脚相连接，从而驱动芯片。主时钟电路设计如图 7.9 所示。

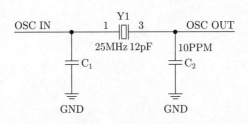

图 7.9　主时钟电路设计

2. 复位电路的设计

在最小系统中，有时需要采用手动复位来对 STM32 微控制器进行复位。手动复位包括按键复位与上电复位，需要人为对复位引脚（NRST）输入低电平，且要求复位时低电平至少持续 20μs。

按键复位电路的设计为复位引脚和电源负极（GND）之间连接一个按键。当使用者按下按键时，复位引脚与电源负极导通，由于按压按键的时间一般大于 20μs，故可以完成复位。

复位电路的设计如图 7.10 所示。

上电复位电路设计时需要复位引脚连接一个电阻至电源正极（VCC），同时连接一个电容到电源负极即可。上电瞬间，电容通交阻直，理想情况下为短路状态，电流经过电阻（R_{11}）和电容（C_{11}）电容到地，复位引脚瞬间变为低电平输入，STM32 微控制器进入复位状态。当电容充满电后，其两端电压与电源正极一致，此时复位引脚为高电平输入，上电复位成功。

根据 RC 串联充电公式，一般取输出电压V_t 为 0.9VCC，此时由V_0 等于 0，$V_1 = VCC$，可以算出 t = 2.3RC，代入 R = 10kΩ，C = 10μF，可以得出 t = 230ms；即 C_{11} 的充电时间 t 大于 CPU 复位时间，满足芯片需要。

$$V_t = V_0 + (V_1 - V_0)\left[1 - \exp\left(-\frac{t}{RC}\right)\right]$$

$$t = \ln\left(\frac{V_1 - V_0}{V_1 - V_t}\right)RC \tag{7.1}$$

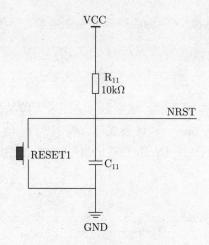

图 7.10　系统复位电路设计

3. LED 电路的设计

　　LED 电路作为最基础的电路，在嵌入式软件设计中是最直观的观察手段。其中，LED 灯为单向二极管，电流从正向流通时 LED 灯亮；反之，则 LED 灯不亮，并在电路中呈现断路状态。

　　在设计中，LED 灯的正极（A 端）与电源正极连接 (VCC)，为了保护 LED 灯与 STM32 微控制器，需将 LED 灯的负极（K 端）与限流电阻一端连接，限流电阻的另一端连接至微控制器。通过控制微控制器引脚电平高低，进而控制 LED 灯的发光，当引脚输出为低电平时，LED 灯导通，开始发光；反之不发光。限流电阻的阻值大小需要一定的计算，令R_1 表示限流电阻的阻值，V_L 表示二极管产生的压降，I_L 表示二极管工作电流，由欧姆定律可得：

$$R_1 = \frac{VCC - V_L}{I_L} \tag{7.2}$$

　　例如，红色二极管产生的压降为 1.6V，工作电压 VCC = 3.3V，工作电流为 3~10mA，得出限流电阻的阻值范围为 170~567Ω，阻值在此区间内的电阻均可以作为 LED 灯的限流电阻。最小系统使用了 3 个 LED 灯，LED 电路设计如图 7.11 所示。

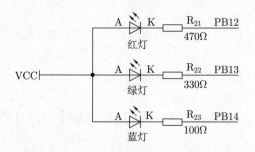

图 7.11　LED 电路设计

4. USB 接口电路的设计

USB 接口规范是当前计算机系统与外设之间一种通用的输入/输出接口技术规范。其中，USB2.0 协议的最大传输速率可达 480Mb/s，即 60MB/s，具有 TypeA、TypeB、MINI 与 Micro 等类型接口。

Micro USB 接口与前者相比，更适用于移动便携式等小型电子设备，能够有效减小系统板的体积，所以在设计中，最小系统板使用 Micro USB 接口作为最小系统的 USB 接口。

如表 7.4 所示为 Micro USB 接口引脚定义。

表 7.4　Micro USB 接口引脚定义

引　脚　名	引　脚　编　号	描　　述
VBUS	1	电源输入，提供 5V 电压
D−	2	USB 差分数据线正
D+	3	USB 差分数据线负
ID	4	OTG 情况下判定主从设备，不用可置空
GND	5	地

USB 电路设计如图 7.12 所示。引脚 VBUS 主要功能是为最小系统板提供电压为 5V 的供电；D− 和 D+ 作为 USB 差分数据线的引脚，可在最小系统板里与 USB 转串口芯片连接。ID 引脚仅在 OTG（On The Go，没有主机情况下设备间的数据传送）中使用，不使用时可以置空。

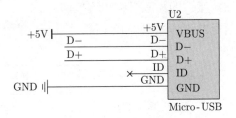

图 7.12　USB 电路设计

5. USART 串行接口电路的设计

在最小系统的设计中，STM32 微控制器需要与 PC 端进行通信，而 PC 端的 USB 接口与微控制器的 USART 接口不匹配，所以采用 USB 接口转 USART 接口这种虚拟串口的方式进行替代，除了必需的 USB 电路之外，还需要相应的转换芯片。常用的串口转 USB 芯片为 CP2102，其供电电压为 3.3V 或者 5V，该芯片实现的是通信方式上的转变。

CP2102 芯片部分引脚定义如表 7.5 所示。

对于 CP2102 的电源输入，在设计中直接连接至 Micro USB 接口的 VBUS 引脚；REGIN 引脚为 CP2102 的片上电压调节器的反馈接口，需要连接一退耦电容到电源负极；VDD 引脚作为 3.3V 的电平输出引脚，与电源负极也需要连接一去耦电容，两者去耦电容的容值大小选择数字电路中对 10MHz 以下的频率有着良好去耦效果的 0.1μF，此时电容分布电感的典型值为 5μH。

表 7.5　CP2102 部分引脚定义

引脚名	引脚编号	描　　述
VDD	6	可做电源的输入/输出引脚，电平标准为 VCC
GND	3	地
RST	9	复位信号低电平复位，复位时间不少于 15μs
REGIN	7	5V 输入作为片上电压调节器
VBUS	8	电源输入，需要连接 USB 的 VBUS 信号
D+	4	USB D+
D−	5	USB D−
TXD	26	UART 发送
RXD	25	UART 接收

微控制器上的 PA9 与 PA10 引脚均可以复用为 USART 接口中的接收与发送引脚，分别与 CP2102 的 TXD 与 RXD 引脚相连接。RST 引脚作为 CP2102 的复位引脚，其电路设计与 7.2.3 节最小系统的复位电路设计大同小异，此处不再赘述。需要注意的是，CP2102 芯片的复位引脚需要至少 15μs 的复位电平。

由 RC 串联充电公式(7.1) 可以算出，上拉电阻阻值为 10kΩ。与地连接电容的大小为 100nF。

D+ 和 D− 引脚与 USB 接口的相应引脚相连接即可。

USART 串行接口通信电路设计如图 7.13 所示。

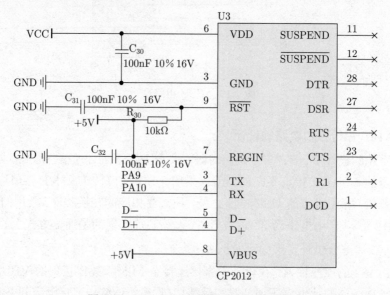

图 7.13　USART 串行接口通信电路设计

6. 下载电路的设计

STM32 微控制器支持仿真器和串口下载程序。STM32 提供了 JTAG 与 SWD 两种仿真器下载接口，由于 JTAG 需要的接口繁多，目前有 10 针、14 针、20 针接口，所以最小系统使用简洁的 SWD 下载接口，JRAG-SWD 接口对照表如表 7.6 所示。

表 7.6　JTAG-SWD 引脚对照表

JTAG 模式	SWD 模式	描　　述
TCK	SWCLK	核内时钟，需 10~100kΩ 下拉电阻接地
TMS	SWDIO	JTAG 测试模式选择/SWD 数据输入/输出，需 10~100kΩ 上拉电阻接 VCC
GND	GND	地

SWD 同步串行协议使用两个引脚 SWCLK 和 SWDIO。对于 SWDIO，必须在电路板上对线路进行上拉（ARM 建议采用 100kΩ）。另外，在最小系统板运行的过程中，不能使用 SWD 接口为系统供电，否则会出现程序无法下载等问题。

下载电路的设计非常简单，只需要将微控制器上的 TCK、TDO 与电源引脚引出至连接器上的 SWCLK、SWDIO 与电源接口，连接器型号为 Molex-1.25mm-4p。

如图 7.14 所示的 SWD 下载电路，调试器可以使用 JTAG 调试器，但是需要制作特定的线序接线连接至最小系统板的连接器。读者可以按照表 7.6 进行连接。

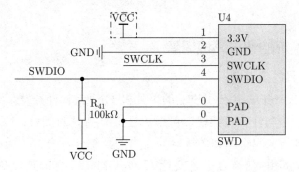

图 7.14　SWD 下载电路

7. 电源电路设计

由于最小系统涉及的功能器件较少，本系统板中只涉及 5V 和 3.3V 的电压，其中 5V 作为输入电压直接提供给最小系统板，设计时只需要考虑电流、负载和干扰等因素来选择合适的降压芯片进行转换，经转换后的 3.3V 电压可提供给后续需要的电路。

最小系统采用的降压芯片是 AMS1117，这是一种正向低压降稳压器，提供 800mA 输出电流，且工作压差可低至 1V，在 800mA 电流下压降为 1.2V，其性能经过优化，能提供超低噪声和低静态电流，非常适合于需要 DC（Direct current，直流）转换功能的电路。芯片 AMS1117 引脚定义见表 7.7。

表 7.7　AMS1117 引脚定义

引　脚　名	引　脚　编　号	描　　述
GND	1	地
OUT	2、4	电源输出
IN	3	电源输入

在设计中，为了便于信息的交互，将一红色 LED 灯作为电源指示灯连接至 OUT 引脚，LED 连接的限流电阻阻值根据式 (7.2) 的计算方法可以计算得出，在此不再赘述。另外，去耦电容的选择与之前 CP2102 芯片去耦电容的设计过程大同小异，皆为 0.1μF，电源模块电路设计如图 7.15 所示。

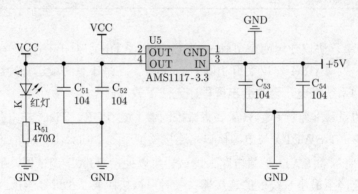

图 7.15　电源模块电路设计

7.3.2　最小系统的编程环境搭建

1. Keil 开发工具的安装使用

Keil 是美国 Keil Software 公司出品的单片机 C 语言软件开发系统。C 语言与汇编语言相比，在功能上、结构性、可读性、可维护性上有明显的优势。Keil 提供了包括 C 编译器、宏汇编、链接器、库管理和调试器等在内的完整开发方案，通过一个集成开发环境（μVision）将这些部分组合在一起。它支持 Cortex-M、Cortex-R4、ARM7、ARM9 系列微控制器。最小系统的软件设计将在 Keil 下设计。

Keil 的安装读者可以参考官方的安装手册，在这里主要介绍器件支持包的安装与配置。安装之后的 Keil 会出现如图 7.16 所示的 Pack Installer 界面，三角形标注为刷新按钮。

刷新后可以看到 Keil 所支持器件的名称，当然并不是所有的器件都需要安装，最小系统所使用的芯片型号为 STM32F407VGT6，所以只需要安装 STMicroelectronics - STM32F4 Series 中的 STM32F407VGT6，如图 7.17 所示的 Pack Installer 界面中单击 Install 即可。

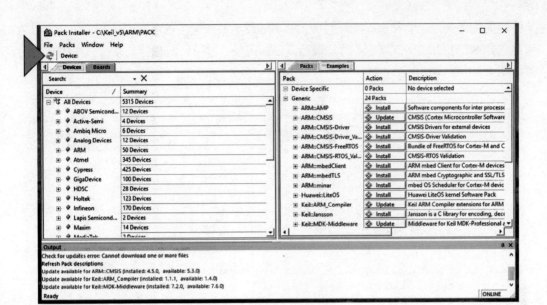

图 7.16　Pack Installer 界面

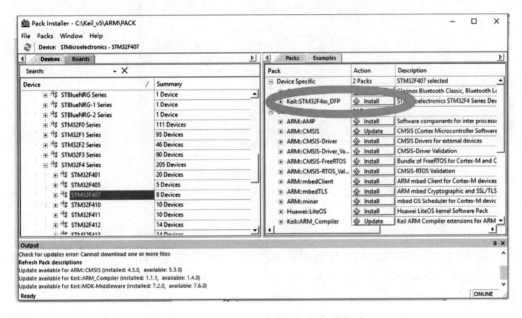

图 7.17　Pack Installer 芯片选型界面

2. 建立项目工程

项目工程的搭建主要分为 3 步：新建工程、文件与文件夹的添加和工程属性设置。

1）创建工程

新建工程的过程较为简单，首先创建一个新文件夹 Template 作新建工程的根目录文件夹，然后打开 Keil，选择 Project 菜单下的 New Vision Project 选项，选择保存工程至刚才创建的文件夹下。接着选择工程对应的芯片,最小系统选用的芯片是 STM32F407VGT6,因此选择 STM32F407VGT6 芯片。最后,根据需要,选择一些相应的软件,相关选项的设置如图 7.18(a)~(c) 所示。

(a) 选择创建新工程按钮

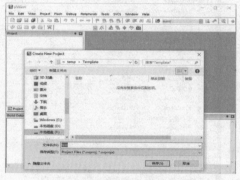

(b) 输入新工程名

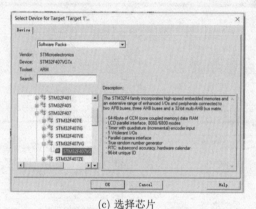

(c) 选择芯片

图 7.18 创建新工程

2) 文件与文件夹的添加

在工程文件夹 Template 下添加文件夹,用于存放不同功能代码,包括 CORE、FWLIB、OBJ、SYSTEM、USER,用户可以根据本项目的需要创建文件夹,并且文件夹名可以自行确定。接下来,需要向工程中添加新文件,新文件可以是已经存在的文件,也可以是新创建的文件。

3) 工程属性设置

在工程创建之后,还需要对工程的属性进行配置,Keil 开发环境提供了相应的工程属性界面来方便使用者对工程的配置,工程属性界面在 Project 菜单下的目标选项卡 Options for Targets 中,相关的配置信息将作为工程编译的参考。

在 Device 选项卡下可以选择目标设备的型号。最小系统的芯片型号为 STM32F407-VGT6,因此选择 STM32F4 - STM32F407 - STM32F407VGT6(Devices 选项卡如图 7.19(a) 所示)。

Target 选项卡主要是设置微控制器的时钟频率（Target 选项卡如图 7.19(b) 所示），最小系统的晶振频率为 25MHz，因此填写 25MHz，其余选项保留默认设置即可。

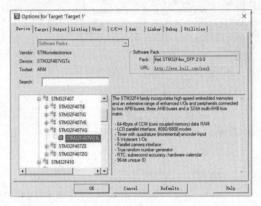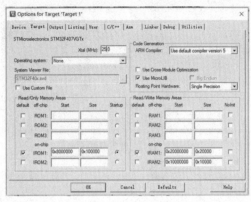

(a) Device 选项卡   (b) Target 选项卡

图 7.19 Device 和 Target 选项卡的配置

C/C++选项卡主要是设置预编译的 Symbol 和 IncludePaths，Symbol 为标准外设库的名称，IncludePaths 即工程头文件的目录，如图 7.20 所示为 C/C++选项卡配置。

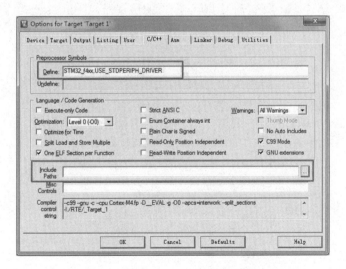

图 7.20 C/C++ 选项卡配置

对于 Output、Listing、User、Asm 与 Linker 选项卡，直接使用默认设置即可。

工程下载属性在 Debug 选项卡中配置，如图 7.21(a) 所示，在 Debug 选项卡的标注位置中选择相应的下载器，最小系统板所使用的下载器标准为 CMSIS-DAP，所以选择 CMSIS-DAP Debugger。然后将下载器与已经供电的最小系统板相连接，单击 Settings 按钮（如图 7.21(a) 所示），Keil 会自动检测到下载器与最小系统板的芯片。

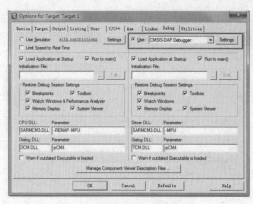 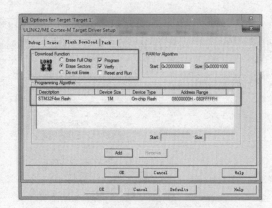

(a) 配置下载器   (b) 配置Flash

图 7.21   Debug 选项卡配置

为了保证最小系统板在掉电之后程序不丢失，需要将程序下载到片上的 Flash。如图 7.21(b) 所示配置 Flash，Erase Sectors 模式是为了得到更快的擦写速度，而 Reset and Run 是为了程序下载之后能够自动运行，Programming Algorithm 是对 Flash 编程的相关算法，不同芯片依据片上 Flash 的大小有不同的 Flash 下载算法。STM32F407VGT6 包含 1MB 的 Flash，地址区间为 0x08000000 ~ 0x080FFFFF。

Utilities 选项卡主要用于选择使用默认配置的仿真器，Utilities 选项卡的配置如图 7.22 所示。

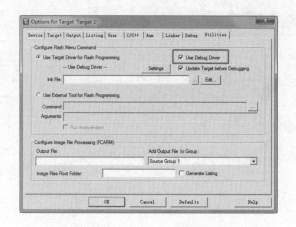

图 7.22   Utilities 选项卡配置

7.3.3 最小系统程序设计

本节介绍在最小系统程序设计中，从最基本的 GPIO 引脚的配置，到复杂一些的 US-ART 串口配置，最后实现一个基于串口的最小缓冲区软件项目。GPIO 与 USART 的原理在前文已经介绍过，此处不再赘述。

1. GPIO 输出设计

STM32 微控制器有 11 组 GPIO 引脚，每组 I/O 有 16 个 I/O 引脚，具体引出的 I/O 引脚与封装有关。对于每组 I/O，都有相应的 10 个寄存器，所有寄存器均为 32 位，GPIO 寄存器描述如表 7.8 所示。对于具体的寄存器描述可以参考 STM32F4xx 的参考手册。

表 7.8 GPIO 寄存器描述

类　型	名　称	功　能
配置寄存器	GPIOx_MODER	配置 GPIO 的输入/输出/复用/模拟模式
配置寄存器	GPIOx_OTYPER	配置推挽/开漏模式
配置寄存器	GPIOx_OSPEEDR	配置可选低/中/高/极高输出速度
配置寄存器	GPIOx_PUPDR	配置上拉/下拉/浮空模式
数据寄存器	GPIOx_IDR	暂存输入数据，[0..15] 为有效
数据寄存器	GPIOx_ODR	暂存输出数据，[0..15] 为有效
置位/复位寄存器	GPIOx_BSRR	31~16 位为复位段，15~0 位为置位段
锁定寄存器	GPIOx_LCKR	锁定具体的端口位
复用功能选择寄存器	GPIOx_AFRH/GPIOx_AFRL	复用功能的选择

在了解了 GPIO 相关寄存器的信息之后，需要知道每一组 GPIO 对应寄存器的存储地址，这些存储地址都是连续的，而且每一个寄存器的地址相对起始地址都有一个偏移量，即该寄存器的地址为起始地址加偏移量。部分 GPIOx 基地址如表 7.9 所示，GPIOx 对应寄存器的偏移量如表 7.10 所示。

表 7.9 部分 GPIOx 基地址

GPIOx	GPIOx 基地址
GPIOA	0x4002 0000
GPIOB	0x4002 0400
GPIOC	0x4002 0800

表 7.10 寄存器的偏移量

寄存器名称	相对 GPIOx 基址的偏移
GPIOx_MODER	0x00
GPIOx_OTYPER	0x04
GPIOx_OSPEEDR	0x08
GPIOx_PUPDR	0x0C
GPIOx_IDR	0x10
GPIOx_ODR	0x14
GPIOx_BSRR	0x18
GPIOx_LCKR	0x1C
GPIOx_AFRL	0x20

在获得 GPIOx 每个寄存器的地址之后，就可以开始进行相应的程序设计了。在工程中，需要编写的代码文件有两个：stm32f4xx.h 和 main.c。

stm32f4xx.h 文件一般是存放函数的声明与一些宏定义，该文件将 GPIO 引脚的各个寄存器的地址进行宏定义，把这些地址定义都统一写在 stm32f4xx.h 文件中，具体代码见附录 A.1。

main.c 文件作为程序逻辑层的核心，将要实现的逻辑与对应 GPIOx 的寄存器配置联系起来，这里以 PB12 引脚配置为输出模式为例，设计具体的程序代码，详细代码参见附录 A.2。

1）配置 GPIOB_MODER 寄存器

首先需要把 PB12 引脚配置成输出模式，GPIOB_MODER 寄存器可以配置相应的 16 个 I/O 引脚，每个 I/O 引脚占用 2 个寄存器位，对于 PB12 占该寄存器的 24、25 位，设置成 01 时 GPIOx 为输出模式。

```
GPIOB_MODER &= ~(0x03<< (2*12));      /*  清除24、25位    */
GPIOB_MODER |= (1<<2*12);             /*  置24、25位为01   */
```

2）配置 GPIOB_OTYPER 寄存器

在配置 PB12 为输出模式之后，需要设置输出的类型，这里使用推挽输出类型，即设置 OTYPER12 寄存器位，该位为 0 时引脚即为推挽模式。

```
GPIOB_OTYPER &= ~(1<<1*12);
GPIOB_OTYPER |= (0<<1*12);
```

3）配置 GPIOB_OSPEEDR 寄存器

在设置 PB12 为输出模式之后，接着需要设置引脚的输出速度，因为 LED 的点亮对于电平速度没有特殊要求，所以可以任意设置。配置 OSPEEDR 寄存器的 OSPEEDR 24 位和 25 位，这里设置为 00，即 PB12 的输出速度为 2MHz。

```
GPIOB_OSPEEDR &= ~(0x03<<2*12);
GPIOB_OSPEEDR |= (0<<2*12);
```

4）配置 GPIOB_PUPDR 寄存器

在输出模式和速度设置完成之后，需要打开引脚，STM32 大部分引脚在未配置时均为低电平状态，这点也体现了 STM32 微控制器低功耗的特点。配置 PB12 为上拉模式，即把 PUPDR 寄存器的 PUPDR24 和 25 位，设置为二进制值 01。

```
GPIOB_PUPDR &= ~(0x03<<2*12);
GPIOB_PUPDR |= (1<<2*12);
```

5）配置 GPIOB_BSRR 寄存器

该寄存器的高 16 位记为 BR，复位相应的端口；低 16 位记为 BS，置位相应的端口。前面已经设置 PB12 为输出模式，需要将 PB12 设置为高电平，相应的 BR12 设置为 1，PB12 低电平，从而点亮 LED 灯。

```
GPIOB_BSRR  |=  (1<<16<<12);
GPIOB_BSRR  |=  (1<<12);
```

6）配置时钟

GPIO 的相应配置已经完成，需要打开 GPIOB 的时钟。GPIOA，GPIOB，……，分别设置寄存器 RCC_AHB1ENR 的 0 位，1 位，……，开启 GPIOB 端口的时钟。

```
RCC_AHB1ENR  |=  (1<<1);
```

2. USART 通信程序设计

芯片 STM32F407VGT6 有内置的 USART，可以完成器件之间通信。在该通信工程里，需要创建 3 个文件，分别是 usart.h、usart.c 以及 main.c，并且在文件 stm32f4xx_it.c 中添加中断服务子例程。

使用 STM32F407VGT6 的 GPIO PA9 和 PA10 作为 USART 通信的发送和接收口，串口名称为 USART1，时钟为 APB2。

1）usart.h 文件

代码参见附录 A.3。

2）usart.c 文件

usart.c 是完成对 usart.h 中声明函数的定义，除此之外，为了方便人机交互，需要对 C 语言函数库中的输入/出函数 fputc() 和 fgetc() 进行重定向，这样就可以直接使用 printf() 等 C 语言标准函数在串口调试助手上显示字符串，具体代码参见附录 A.4。

（1）usartx_Config()：主要功能是对 USART 进行配置，包括对引脚复用功能的配置、中断初始化、配置 NVIC、配置 USART1 的参数（波特率、字长、停止位、奇偶校验）等。并使能中断函数 USART_ITConfig（USARTx，USART_IT_RXNE，ENABLE）中的参数，最后启动串口，完成对 USART 的配置。

（2）send_bit()：函数主要功能是完成一个字符的发送，可以使用固件库 stm32f4xxx_usart.c 中的 USART_SendData() 和 USART_GetFlagStatus() 函数。

USART_SendData() 函数的功能是从串口发送一个字符，其第一个参数为 USARTx，即串口号，第二个参数为要发送的字符；而函数 USART_GetFlagStatus() 的功能为判断发送是否结束，其第一个参数也是串口号，第二个参数为要检查的标志，这里使用 USART_FLAG_TC，即监测是否发送完成。

（3）send_bit_constant() 与 send_string() 两个函数是通过调用 send_bit() 函数来发送一个字符串。

（4）fputc() 与 fgetc() 这两个函数是对 C 语言库中的函数进行重定向。

3）stm32f4xx_it.c 文件

在 stm32f4xx_it.c 文件中添加中断服务子例程，在中断函数中将 USARTx 接收寄存器接收的字节存入 buffer 数组，并用 count 标记接收到的字符数代码，参见附录 A.5。

4）main.c 文件

在编写完以上子函数后，就可以进行用户层的逻辑代码编写了。

整个 USART 的逻辑是这样的，当芯片 USART 的接收寄存器有数据时，便产生一个接收中断，转去执行中断服务子例程，该子例程将接收数据寄存器中的数据，并将其存放到数据缓冲区 buffer 中。数据是否接收完毕，以接收到的字符是否为"\n"为标志，若接收到"\n"，则表示当前发送的字符已经完成。这样就把从计算机接收的字符存到 buffer 中。然后，开发板再将 buffer 中的字符发送给计算机，以便在串口调试助手中显示。

具体代码参见附录 A.6。

3. 循环缓冲区程序设计

缓冲区作为内存中的一块用来存放信息的区域，不仅可以匹配 USART 与 STM32 微控制器主程序处理速度的不同，还可以显著减少内存的读写次数，提高程序的效率。循环缓冲区是在缓冲区的基础上进行首尾相连，类似于数据结构中的循环队列，通过指针指示内部的元素读写位置。元素在取出之后，不需要移动其他元素的位置，只需要移动读指针即可，元素的写入也一样。

当然，缓冲区也有着占用较大内存，使微控制器原本较少的内存容量更加难以分配等缺点，但总体来说，缓冲区在 USART 程序的设计中具有不可或缺的地位。

循环缓冲区中元素的写入读取以及缓冲区何时满，何时空，都需要一定的规则，下面以一个含有 8 个元素空间的循环缓冲区为例进行说明。

循环缓冲区头尾相接，write 写指针与 read 读指针指向缓冲区头部，此时循环缓冲区为空，如图 7.23 所示的缓冲区初始状态。

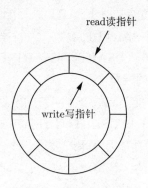

图 7.23　缓冲区初始状态

假设写入一个元素 A，如图 7.24(a) 所示为 A 写入缓冲区的状态，此时的写指针前进一位，读指针位置不变。

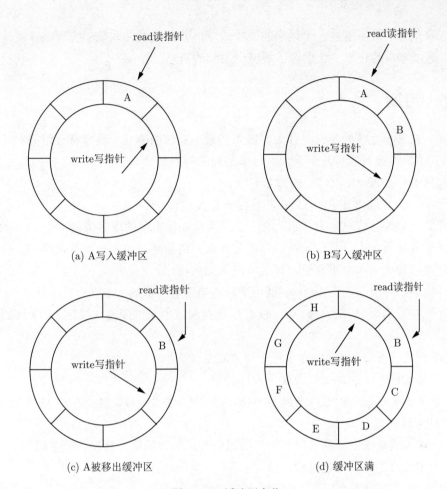

(a) A写入缓冲区　　　　　　　　　　　　　(b) B写入缓冲区

(c) A被移出缓冲区　　　　　　　　　　　　(d) 缓冲区满

图 7.24　缓冲区变化

接着再写入一个元素 B，追加在 A 之后，如图 7.24(b) 所示为 B 写入缓冲区的状态。

接着从循环缓冲区读取一个元素，按照之前添加的顺序，首先读取的是元素 A，此时 read 读指针前进一位，如图 7.24(c) 所示的 A 被移出缓冲区的状态。

接着继续往缓冲区添加元素 C、D、E、F、G、H，此时缓冲区满，如图 7.24(d) 所示。

缓冲区满之后，会返回缓冲区满的标志，此时是不能再往缓冲区写入，但可以读取元素，其读取元素与上述读取方法一样。

对于缓冲区满的判断，总是保持一个存储单元为空。如果读写指针处于同一位置时，则缓冲区为空；如果写指针的下一个位置就是读指针所在的位置，则缓冲区为满。

在理解了循环缓冲区的原理之后，在开发 USART 通信时，就可采用此循环缓冲区开发代码，关于缓冲区的具体代码参见附录 A.7。

7.4　本章小结

嵌入式最小系统是以嵌入式微控制器为中心，具有完全相适配的存储电路、电源电路、时钟电路、复位电路、JTAG 电路以及系统总线扩展等，保证嵌入式微控制器正常运行的系统。本章介绍了如何搭建一个最小的硬件系统，并在此硬件系统上实现循环缓冲区的软件开发。通过本章的介绍，让读者了解整个系统的搭建过程。

7.5 习题

1. 嵌入式最小系统的定义是什么？嵌入式最小系统由哪几个基本部分组成？
2. STM32 微控制器有几个系列？每个系列的特点是什么？
3. 解释 STM32F407VGT6 的命名方法。
4. 列举一些 STM32F407VGT6 芯片的外部接口。
5. 计算当晶振负载电容为 10pF 时，晶振两端连接电容的电容值的大小。
6. 在嵌入式系统中，复位电路的作用是什么？请简述最小系统复位电路的工作过程。
7. 如果芯片要求高电平复位，那么电路该怎么设计？
8. 计算当芯片要求为至少 10μs 低电平时复电路电容值的大小。
9. 计算电压为 3.3V 时，绿色 LED 灯所连接限流电阻的阻值（绿色 LED 灯的压降为 1.5V）。
10. 串行通信接口 UART 的 3 种工作方式是什么？
11. 简述 CP2102 的作用以及硬件设计过程。
12. 请简述嵌入式系统中的 RAM 和 ROM 存储器全称并结合资料叙述 STM32F407VGT6 微控制器的存储容量。
13. 在嵌入式系统中，通过何种接口可以将外部的模拟信号转换为数字信号？
14. 简述项目工程的创建过程。
15. GPIO 寄存器都有哪些？分别有什么功能？
16. 在配置 GPIO 为输出状态时，需要配置哪些寄存器？
17. USART 寄存器有哪些？分别有什么功能？
18. 简述 USART 和 UART 的关系。
19. 在配置 USART 时，需要配置哪些参数？
20. 请简述缓冲区的工作原理。

第 8 章

实时操作系统

学习目标与要求

1. 掌握嵌入式实时操作系统的基本概念。
2. 掌握进程与任务的概念。
3. 掌握调度机制及常用的调度算法。

作为管理计算机硬件与软件资源的程序，操作系统（Operating System，OS）在现代计算机体系结构中占有重要的地位。目前，广泛使用的操作系统有 3 类，即批处理操作系统、分时操作系统及实时操作系统。

批处理操作系统不具有用户交互性，用户将作业提交给操作系统执行后就不再干预，多用于早期的大中型计算机系统，例如 IBM 公司的 DOS/VSE 系统。

分时操作系统可以让多个计算机用户共享系统资源，及时响应和服务于联机用户，多应用于网络操作系统，例如 UNIX 系统。但是对于分时操作系统来说，软件的执行在时间上的要求并不严格。

实时操作系统是对事件进行实时的处理，虽然事件可能在无法预知的时刻到达，但是软件在事件发生时必须能够在严格的时限内作出响应（系统响应时间），即使是在尖峰负荷下，也应如此。若不满足时限，则可能造成灾难性的后果，尤其在航天、军事、工业控制等系统响应时间要求较为严格的领域中。同时，实时操作系统的重要特点是具有系统的可确定性，即系统能对运行情况的最好和最坏运行时间做出精确估计。因此，实时操作系统在现代工业、军事、能源、自动化、通信等方面有着重要的应用。

本章将详细介绍实时操作系统，包括任务、调度等概念，讲解实时系统的通信机制。

8.1 概述

8.1.1 实时系统的概念

在实时系统中，程序执行的正确性，既包括逻辑结果的正确性，也包括运行时间的约束性。如果一个系统能够及时地响应外部或者内部的事件请求，在指定或者确定时间内完成对该事件的处理，那么称该系统具有"实时性"。而一个操作系统若能够在有限确定的时间内对异步输入进行处理并输出结果，同时具有事件驱动性，则这个操作系统具备了"实时性"，可以称为"实时操作系统"（Real Time Operating System，RTOS）。

实时操作系统是一种既能提供有效机制和服务来保证系统的实时性调度和资源管理，也能保证时间和资源的可预测性以及可计算性的操作系统。

在大部分实时操作系统中都提供了基于任务的 API（Application Programming Interface，应用程序接口）函数，这些 API 使用较小且独立的应用代码片，通过抽象的时序关系相互作用以减少 API 之间的相互依赖。同时，实时操作系统还提供了任务的优先级机制，可以将非关键性任务和关键性任务分开处理。实时操作系统采用事件驱动机制，不会浪费时间片去处理未发生的事件，这也保证了实时性。

与通用操作系统相比，实时操作系统占用更少的内存，资源利用率更高，系统响应时间高度可预测。因此，实时操作系统不仅要满足应用功能性要求，还要满足实时性要求，在应用环境不可预测的条件下，始终保证系统行为的可预测性。

通用操作系统注重系统的平均表现（例如，系统响应时间、吞吐量以及资源利用率等），强调"整体表现"。而实时操作系统注重的是每个实时任务在最坏情况下的实时性要求，强调"最坏情况下的个体表现"。

通用操作系统与实时操作系统的区别主要体现在 4 方面：任务调度策略、内存管理方式、中断处理方式和系统管理方式。

在任务调度方面，通用操作系统中的任务调度策略一般采用基于优先级的抢先式调度策略，对于优先级相同的进程则采用时间片轮询调度方式；实时操作系统中的任务调度策略通常采用静态表驱动方式和固定优先级抢先式调度方式。

在内存管理方面，通用操作系统资源充足且实时性要求不高，考虑到内存的性能以及安全问题常引入虚拟存储器管理机制。但是这种机制增加了系统开销，因此在实时操作系统中一般不采用。

在中断处理方面，由于通用操作系统实时性要求没有那么严格，中断处理程序始终高于其他用户进程被响应；而实时操作系统则尽可能地屏蔽中断以保证系统的响应时间。

在系统管理方面，实时操作系统对于系统调用、内存管理等开销通常会设定时间上界，而通用操作系统则无此要求；同时，通用操作系统核心态系统调用为不可重入，而实时操作系统则设计为可重入以保证系统的可预测性。

8.1.2　实时操作系统的基本特征

实时操作系统具有实时性、可靠性、可确定性和容错性。

1. 实时性

实时操作系统保证系统能够在预定或规定的时间内完成对外部事件的响应和处理。每个实时任务具有时间约束，所有实时任务必须要保证在任何情况下，都能按照实时任务调度算法满足其时间约束。实时性是实时操作系统最基本的特征。为了保证系统的实时性，系统通常既需要依赖于硬件提供精确的时钟精度，也需要系统本身具有高精度计时系统，以确定实时应用中某个任务或者函数执行的时间。

2. 可靠性

实时系统执行中产生的故障可能会导致人身、财产等重大损失。实时操作系统需要保证系统能够正确、实时地执行，并且将产生故障的概率降到可以控制范围之内。同时，通过特定的机制使得系统在故障产生时仍然能够有效地执行部分关键性任务，最大限度地降低由于不可抗拒故障因素给系统带来的不良影响。

3. 可确定性

实时操作系统的任务可确定性是指实时操作系统的任务必须按照预定时间或者时间间隔进行任务的调度和执行。当多个任务竞争使用处理器和资源时，实时操作系统可以采取中断机制或者调度算法来保证任务的正确执行。系统实时性的保证依赖于系统能够准确地对任务的执行时间进行判断，包括硬件延迟的确定性和应用程序响应时间的确定性，保证应用程序执行时间是有界的，从而保证实时任务的执行能够满足时间约束。

4. 容错性

对于系统在执行过程中产生的错误或者故障，实时操作系统能够通过有效的算法等机制来预估其带来的影响，并且最小化其带来的影响，保证系统在最坏的情况下对于部分关键性任务仍然能正确执行。容错性是相对于可靠性而言的，可靠性着重于在系统错误发生之前，通过优化调度算法等机制来尽力消除所有潜在的故障。而容错性则强调即使发生了故障，也要保障系统能够正常工作。尽管系统在设计时通过了严格的测试和验证，但是在运行中产生的软件和硬件错误还是不可避免的，所以实时操作系统的容错性更加至关重要。

8.1.3　实时操作系统性能的衡量指标

对于一个实时操作系统性能评估的测量基准有 Wetstone、Dhrystone、Hartstone 以及 Rhealstone 等。Rhealstone 基准是目前作为工业界评判实时系统性能指标的主要基准之一。通过对实时操作系统的 6 个时间量进行计算，将其加权获得 Rhealstone 数，数值越小，证明该系统实时性越好。这 6 个时间量为：

（1）任务切换时间（上下文切换时间）——系统在两个独立的任务之间切换所需要的时间。

（2）抢占时间——系统从正在执行的低优先级任务转移到开始执行高优先级任务所需要的时间。

（3）中断延迟时间——从接收到中断信号到操作系统做出响应，并完成进入中断服务例程所需要的时间。

（4）信号量混洗（shuffing）时间——由于系统多任务执行的互斥原理，在一个任务执行完成后释放信号量到另一个等待该信号量的任务被激活所需要的时间间隔。

（5）死锁移除时间——系统进入死锁状态到解除死锁顺利执行所需要的时间。

（6）数据包吞吐时间——一个任务进行数据传输到另一个任务，每秒可以传输的字节数。

8.1.4 实时操作系统的分类

任务若没有在截止时间完成，实时操作系统根据所造成后果的严重程度分为硬实时和软实时操作系统。

1. 硬实时操作系统

硬实时操作系统具有刚性的时限，要求所有的任务必须在任何条件下（即使在最坏的处理负载下）都能在规定的时间内完成，任何任务超过其截止时间都会造成系统整体的失败。任务超过截止时间会导致灾难性的后果，系统的收益为负无穷。例如，导弹控制系统、自动驾驶系统等的操作系统都属于硬实时操作系统。

2. 软实时操作系统

相对于硬实时操作系统，软实时操作系统具有一定的"容忍度"。软实时具有灵活的时限，任务超过其截止时间所造成的后果没有那么严重，可能仅仅降低了系统的吞吐量而已。任务超过截止时间不会导致严重的后果，系统的收益也可能为正。例如，IPTV 数字电视机顶盒，需要实时解码视频流，如果丢失了一个或几个视频帧，显然会造成视频的品质变差，但是只要做简单的抖动处理，丢失几个视频帧不会对整个系统造成不可挽回的影响。

8.1.5　POSIX 标准

可移植性操作系统接口（Portable Operating System Interface of UNIX，POSIX）是由电气和电子工程师协会（Institute of Electrical and Electronics Engineers，IEEE）开发的操作系统接口标准。作为一个标准的软件接口，POSIX 的主要目的是在跨越 UNIX 各种变型操作系统之间，完善应用程序的互操作性和可移植性。理论上，只要两个操作系统都支持 POSIX，如果写的程序和编译的程序能够在一个操作系统上执行，那么该程序也可以在不改变源代码的情况下通过编译在另一个操作系统上执行。

POSIX 标准定义了操作系统为应用程序提供的标准接口，以及与操作系统各个方面相关的内容和协议。目前该标准已经成为实时操作系统的主要标准之一。虽然 POSIX 早期为在 UNIX 环境下应用程序的可移植性而开发，但后来发展起来后，也适用于包括 UNIX 在内的其他操作系统。

POSIX 标准设计的目的是为了保证一个支持 POSIX 兼容操作系统的程序可以应用在任何一个（即使来自于其他厂商开发）POSIX 操作系统上，无须修改便可以编译执行。因此，POSIX 具有跨平台开发的特性。而与那些依靠虚拟机等这类中间层支持、损失部分性能而获取跨平台开发能力不同，POSIX 不需要中间层的支持，而是在自身原有 API 接口之上，再封装一层 POSIX 兼容层，来提供对 POSIX 的支持，因此保留了其原来操作系统的性能。

举个简单的例子来描述 POSIX 工作的基本原理。在不同平台下，内核在完成同一功能往往使用的函数有所不用。例如在 Linux 系统下进程创建函数是 Fork()，而在 Windows 系统下进程创建函数是 CreatProcess()，现需要将一个具有进程创建函数的 Linux 程序应用移植到 Windows 平台，根据 POSIX 标准需要先将 Linux 平台下 Fork 函数封装成

POSIX_Fork()，将 Windows 平台下 CreatProcess 封装成 POSIX_Fork()，然后同时在头文件中进行声明，这样程序就在源代码级别可移植了。

POSIX 标准定义了一套语言规范，包括访问核心服务的编程语言标准接口和特殊语言服务的标准接口。POSIX 标准基于 C 语言，面向应用，支持实时扩展，无超级用户和系统管理，对原有程序代码和原有实现进行最小代价的封装和修改，并对各种接口设备以及各种数据格式进行了定义和说明。

8.1.6 实时操作系统的典型应用

实时操作系统主要应用在需要实时处理大数据量或者大运算量的并行系统中。

航空航天领域采用硬实时系统来确保时间。例如，美国"好奇号"火星探测车就是采用 VxWroks 硬实时操作系统。

对于工业制造领域，涉及人身安全或者执行重要任务时通常采用硬实时系统，例如，飞机控制系统以及汽车安全气囊系统等。

军事领域中也通常采用性能稳定的实时系统，例如，美国的 FA-18、F-16 战斗机以及爱国者导弹等。

通信或者电子产品领域，例如，IPTV 电视机顶盒通常采用软实时操作系统对视频进行实时解码。

8.1.7 几种经典的实时操作系统

1. LynxOS 系统

LynxOS 系统由 Lynx 公司开发，是一个分布式、嵌入式、可扩展的实时操作系统。LynxOS 是硬实时系统，提供 TCP/IP 协议、网络通信、磁盘文件系统和图形接口等功能，广泛应用于航空航天、工业流程控制、军事以及电信实时系统领域中。LynxOS 最早开发于 1986 年，在 LynxOS 3.0 版本中进行了一次较大的更新，引入 128KB 微内核，并可以支持内存管理、资源调度、中断处理、容错机制以及同步和互斥等操作。

2. pSOS 系统

pSOS 系统由 ISI 公司开发，是一个嵌入式、可扩展的实时操作系统。该系统具有良好的兼容性和可扩展性，广泛应用于通信、工业流程控制以及信息家电等实时操作系统领域中，是工业界应用最广泛的实时操作系统之一。pSOS 系统采用模块化结构和面向对象框架的设计，提供 TCP/IP 协议、系统感知调试、嵌入式设备驱动调试以及磁盘文件系统等功能。

3. QNX/Neutrino 系统

QNX 系统最早由昆腾公司开发，是一个分布式、嵌入式、可规模扩展的硬实时操作系统。早期的 QNX 系统非常精简，仅提供进程调度、进程通信、网络通信以及中断请求服务。与传统的内核系统有所不同，QNX 在程序调度时允许用户级开发人员关闭暂时不运行的服务，因而使得其运行速度相对较快。QNX 首次发行于 1982 年，QNX/Neutrino 发行于 2001 年，是支持多平台和现代 CPU 的操作系统版本。该系统应用到汽车电子、电气自动化等领域，产品大多采用基于 QNX 技术的实时操作系统。

4. VRTX 系统

VRTX 系统由明导公司设计开发，是一种多核嵌入式实时操作系统。早期 VRTX 系统发布于 1980 年，并在 1987 年的改版中最先实现确定性内核机制。这里的确定性是指系统性能与系统目标（任务、队列）个数无关，无论系统有多少个任务，其调度延迟接近于常数。目前，应用较为广泛的 VRTX 系统版本有 VRTXsa 和 VRTXmc 等。VRTXsa 是一种基于超微内核、可扩展的操作系统，采用 POSIX 接口，主要面向于大中型实时系统。VRTXmc 占用较少的缓存空间，主要面向于小型实时系统。VRTX 应用于通信、医疗等领域中。

5. VxWorks 系统

VxWorks 系统是由风河公司设计开发的具有确定性能的实时操作系统。VxWorks 由运行组件和开发工具组成，用于应用程序的软硬件支持。VxWorks 支持英特尔、POWER 以及 ARM 等多种架构，同时也支持第三方软硬件嵌入。该系统性能良好，功能强大，适用于航空航天、军事国防、工业、医疗、能源、电气自动化、通信、物联网等多个领域，还可以用于仿真和安全认证。其可扩展性、安全性、连接性、图形性使之成为功能最完备的实时操作系统之一。

6. μC/OS 系统

μC/OS 系统由 Micrium 公司设计开发，是一种可移植、可固化的、可裁剪的、抢占式多任务的实时操作系统，适用于多种微处理器、微控制器和数字处理芯片等。μC/OS 系统首次发行于 1992 年，使用 C 语言设计，并规定了详细的任务调度、内存管理和任务通信，具有执行效率高、占用空间小、实时性能优良和可扩展性强等特点。适用于路由器、集线器、不间断电源、飞行器、医疗设备及工业控制等领域。目前最新的版本是 μC/OS Ⅲ 版本。

7. 国产实时操作系统

中国自主研发了多款实时操作系统，例如电子科技大学和北京科银京成技术有限公司联合研发的 Delta OS 系统、中国电科 32 所（上海华元创信软件有限公司）的 ReWorks 操作系统、翼辉信息技术有限公司 Sylix 操作系统、凯思公司研发的 Hopen OS 系统、浙江大学研发 HBOS 系统等在通信、网络、电力、交通、医疗、消费电子、智能家电以及智能仪表中得到了广泛的应用。

8.2 进程与任务

8.2.1 实时任务模型

进程是程序的一次执行过程，是系统进行资源分配和调度的基本单位，每个进程具有独立的地址空间，操作系统通过调度将 CPU 的控制权交给某个进程，使其得以执行。

进程是对 CPU 的抽象，将一个 CPU 变换成多个虚拟的 CPU，也是正在运行程序的抽象。

对于进程概念的理解，可以从以下几个方面理解：

（1）进程定义了一个执行的程序，并由 OS 控制其状态；

（2）进程的状态包括就绪、运行、阻塞或者完成；进程结构包括数据、对象、资源与进程控制块（Process Control Block，PCB）；

（3）进程被操作系统（内核）调度而运行，操作系统根据进程的请求（系统调用）来提供 CPU 的控制权。

进程在运行状态，占据 CPU 和 CPU 的寄存器，包括程序计数器 PC 和堆栈指针 SP，CPU 寄存器被称为上下文。若将一个正在运行的进程上下文保存到其 PCB 中的指定位置，并使该进程停止执行，此时再将其他进程的上下文从其 PCB 加载到 CPU 寄存器中，则该进程开始运行，这个过程就是上下文切换。上下文切换可以导致另一个进程的运行，即另一个进程占有 CPU，并进入运行状态。

进程是程序的一次执行，如果一个程序两次运行，那么就要创建两个不同的进程，每个进程都拥有自己的状态、存储空间和 PCB。由于它们运行相同的程序，所以在一些操作系统中，这样的进程运行在同一地址空间，这种共享同一个地址空间的进程称为线程。

可以从以下几个方面理解线程的概念：

（1）线程是由可执行的程序组成，它也有状态；

（2）线程的状态信息是通过线程状态（就绪、运行、阻塞或者完成）、线程结构（包括数据、对象和进程资源的一部分）和线程堆栈来表示的；

（3）线程是一个轻量级的实体，是进程中执行运算的最小单位，亦即执行调度的基本单位。

一个线程只能属于一个进程，而一个进程可以有多个线程，但至少有一个线程。资源分配给进程后，同一个进程中的所有线程共享该进程的所有资源。CPU 被分配给线程，也就是 CPU 上运行的是线程。同一进程内线程的上下文切换要比不同进程内线程之间的上下文切换开销更小。

任务是实时操作系统中一个非常重要的概念，任务类似于进程或线程。任务是在操作系统的调度控制下，在 CPU 上运行的运算单元，它由操作系内核对其进行状态控制，它在某一个时刻的状态信息由状态（就绪、运行、阻塞或完成）和任务结构组成，任务结构是通过任务控制块（Task Control block，TCB）定义的。

应用程序定义为由任务和不同状态下的任务行为所组成的程序。任务的状态受某些操作系统内核控制，操作系统调度机制使之能在 CPU 上运行，操作系统内核资源管理机制使任务能够使用系统存储空间和其他系统资源，如网络、文件、显示器或打印机等。

为了方便说明，本章后面对任务与进程不加区分。

在实时操作系统中，将具有严格时间约束（必须在规定的时间之内完成）的任务称为实时任务。

8.2.2　实时任务分类

实时操作系统的任务有两种分类方法：第一种是根据派发和到达的时间规律来分类；第二种是根据任务没有在时限内处理完所造成后果的严重程度来分类。

1. 按派发和到达时间规律分类

按照实时任务的派发和到达的时间规律对实时任务进行分类，可分为 3 类：周期性任务、非周期性任务和偶发性任务。

1）周期性（Periodic）任务

周期性任务按照特定的周期派发和请求时间运行，每次请求称为一个任务实例，任何两个相邻任务实例的到达时间间隔是固定的。

2）非周期性（Aperiodic）任务

非周期性任务的派发和到达时间是随机的。

3）偶发性（Sporadic）任务

偶发性任务的派发和请求时间不是严格依照周期，但是任何两个相邻任务实例的到达时间间隔不小于某个最小值（即偶发任务的各任务实例按照不高于某个值的速率到达）。所以，在实际调度中，偶发性任务通常被当作周期性任务处理，其周期设定为相邻任务实例到达时刻的最小时间时隔。

2. 按任务时间约束分类

按照实时任务时间约束的严格程度进行分类，可分为两类：关键性任务和非关键性任务。

1）关键性（Critical）任务

关键性任务要求任务必须在时限内完成，否则后果会很严重，甚至导致整个系统的崩溃。例如，飞机稳定控制系统、汽车制动系统等。

2）非关键性（Non-Critical）任务

非关键性任务的执行超过时限对系统危害程度相对较低。例如，飞机内部广播系统、汽车的空调系统等。在某些实时操作系统中，为了保证关键性任务在系统负载急剧增高的时候能正确执行，通常会减少一些非关键性任务所需要的资源，甚至直接抛弃一些非关键性任务的执行。

8.2.3　任务模型

研究实时任务首先要建立实时任务模型，一般来说对于一个实时任务 τ，其任务模型可以表示为 $\tau(T, C, a, d, B)$。

其中，T 代表任务周期，即两个相邻的实时任务实例派发的时间间隔。C 代表任务实例在每个周期的执行时间，任务实例的执行时间影响着任务周期，因此，C 通常是指任务的任意实例在最坏情况下的执行时间（即最长的可能执行时间）。a 代表一个任务实例派发的绝对时间。d 代表一个任务实例的绝对截止时间。B 表示任务的优先级别，一般来说，优先级越高的任务越容易抢占优先级较低的任务执行。

由于受系统环境因素影响，一个任务实例的实际执行时间是一个波动的数值，为保证系统在极端情况下运行的正确性，通常考虑执行时间的可能最大值来进行系统分析计算。任务利用率是衡量一个任务实例在其任务周期内的有效执行时间的比例，用 u 来表示该任务利用率，它等于任务每周期执行时间与任务周期的比值。

$$u = \frac{C}{T}$$

用 U 来表示系统的总利用率，它等于系统所有实时任务的利用率之和，其数值等于系统处理器用于执行任务的工作时间所占的比值。

$$U = \sum_{i=1}^{n} \frac{C_i}{T_i}$$

任务利用率和系统总利用率均不得超过 1。

【例 8-1】　假设一个实时系统中有 4 个周期任务，其周期分别为 4、8、10 和 20，对应的执行时间分别为 1、2、2 和 4，计算各个任务的利用率和系统总利用率。

解析：各个任务利用率分别为

$$u_1 = \frac{C_1}{T_1} = \frac{1}{4} = 0.25 \qquad u_2 = \frac{C_2}{T_2} = \frac{2}{8} = 0.25$$

$$u_3 = \frac{C_3}{T_3} = \frac{2}{10} = 0.20 \qquad u_4 = \frac{C_4}{T_4} = \frac{4}{20} = 0.20$$

系统各任务的利用率为 0.25、0.25、0.2 和 0.2。

系统总利用率为：

$$\begin{aligned} U &= \sum_{i=1}^{4} \frac{C_i}{T_i} \\ &= \frac{C_1}{T_1} + \frac{C_2}{T_2} + \frac{C_3}{T_3} + \frac{C_4}{T_4} \\ &= 0.25 + 0.25 + 0.20 + 0.20 \\ &= 0.9 \end{aligned}$$

表示这个系统处理器在 90% 的时间内处理完各个任务。

所有实时任务实例执行完成不得超过截止时间，根据前面的定义可得到：

$$a + C < d$$

通过如图 8.1 所示的任务模型图，以一个周期任务为例，对实时任务模型进行简单介绍。对于任务实例 τ_i，图中阴影部分 C_i 所代表的时间间隔表示该任务实例在任务周期内的执行时间，a_i 和 d_i 分别表示该任务实例的派发时间和截止时间，图中 T_i 所代表的时间间隔表示该任务的周期。

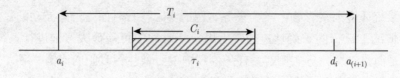

图 8.1　任务模型图

8.2.4　实时任务管理

每个任务都包括任务控制块（TCB），任务控制块是一种存储任务信息的数据结构，用于系统对任务进行控制和管理。在实时操作系统中，系统内核通过读取任务控制块的信息来管理和调度任务。

如图 8.2 所示的任务控制块结构图，每个 TCB 包含任务的 ID 以及程序代码的起始地址。而任务上下文部分则包含寄存器的参数（例如，程序计数器、状态寄存器等参数）和一些表示任务状态以及环境变量的参数。当任务开始执行，任务控制块的上下文部分被写入到 CPU 相应的寄存器中；而当任务停止运行时，内核将当前任务的上下文信息会写到该任务的 TCB 中，并将该任务插入到相应队列中，其实就是将此任务的 TCB 插入到存储其他任务 TCB 的队列链表中；而当撤销一个任务时，内核删除该任务的 TCB 并释放为其分配的内存空间。

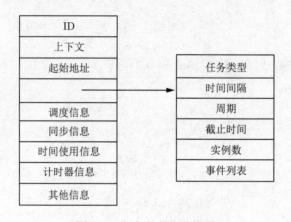

图 8.2　任务控制块结构图

在实时操作系统中，内核对任务控制是通过任务状态对其进行调度和管理。一般来说，任务有以下几种状态。

（1）休眠。当任务未被初始化或未被创建时，或者该任务被删除或者中止执行时，则该任务处于休眠状态。系统并不为处于休眠状态的任务分配 TCB。

（2）就绪。任务除了没有获得 CPU，符合其他一切运行条件，内核可以对其进行调度，该任务处于就绪状态。

（3）运行。任务获得 CPU 控制权并且正在执行，则该任务处于运行状态。

（4）挂起（或阻塞）。任务在执行过程中由于某些原因无法继续执行被内核挂起，如需要某个输入，或者等待某个事件，则调度程序会将该任务置于挂起或者阻塞状态。

初始时任务处于休眠状态。任务初始化后，系统为其分配 TCB，该任务可以随时被内核调度执行，则该任务由休眠状态转为就绪状态。若该任务被调度选取，分配到 CPU 上执行，则该任务由就绪状态转为执行状态。若该任务在执行过程中出错或者完成执行，则该任务由执行状态转为休眠状态，系统删除其任务及 TCB。若该任务在运行过程中，被高优先级的任务抢占，则该任务由运行状态转为就绪状态。若该任务因为等待事件或资源而被迫停止执行，则由运行状态转为挂起状态。若处于挂起状态的任务等待的事件或资源到来时，则由挂起状态转为就绪状态。其状态转换图如图 8.3 所示。

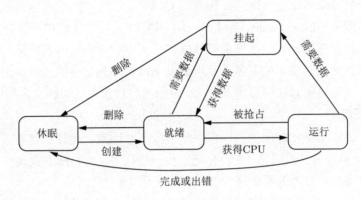

图 8.3　状态转换图

8.3　实时调度

8.3.1　内核与调度

内核是实时操作系统的核心，负责提供系统调用、任务调度、服务计时器以及中断服务等实时操作系统最基本的功能，相当于系统的"大脑"。

在实时系统中，一个应用程序可以被分割成若干个任务，而这些任务的运行彼此独立。为保证每个任务都可以正常访问 CPU，从而在规定时间内顺利完成执行，就需要内核负责对系统中的任务进行调度。内核不仅要保证 CPU 资源得到有效利用，还需要制定在什么时间执行哪个任务的执行策略。每个任务可根据重要程度给定优先级，系统根据优先级对任务进行激活、运行、挂起等操作。

在实时操作系统中，任务调度十分重要。所谓实时调度，就是内核决定在什么时间执行哪个任务，并保证所有任务或者所有关键性任务能够在规定时间内完成执行。

由于任务调度并不是在任何时刻都能调度，它有调度点，调度点有以下 5 种情况：

（1）当一个任务从休眠状态切换到就绪态时；

（2）当一个进程从运行态切换到挂起态时；

（3）当一个进程从运行态切换到就绪态时；

（4）当一个进程从挂起态切换到就绪态时；

（5）当一个进程终止时。

8.3.2 实时调度策略

实时操作系统的调度策略分为两种方式：非抢占式和抢占式调度。

1. 非抢占式调度

操作系统采用非抢占式调度策略时，若系统将某一任务交给 CPU 执行后，则该 CPU 会一直执行该任务，直到该任务执行完成或者发生意外事件而被阻塞，进入休眠或挂起状态，这时才能被调度，也就是只能在调度点（1）、（2）和（5）的情况下调度。而在其他任何情况下不允许任务抢占已经分配执行任务的 CPU。

比如先来先服务（First Come First Served，FCFS）就属于这种调度方式。顾名思义，先来先服务就是根据任务到达的次序进行调度，任务就绪后将进入就绪队列，越早就绪的任务越会排在队列前面，先来先服务总是调度处于就绪队列之首的任务。由于非抢占式调度难以满足紧急任务对实时性的要求，所以现今的实时操作系统中很少采用这种调度方式。

2. 抢占式调度

与非抢占式调度策略相对应的，操作系统根据某种原则，允许在特定条件下终止正在 CPU 上执行的当前任务，然后将 CPU 分配给另一个任务执行，抢占式调度在 5 种调度点的情况下都可以调度。抢占的原则通常有时间片和优先级原则。

时间片原则的原理是每个进程所需执行的总时间被分割成若干个时间片，系统按照时间片来执行任务。当一个时间片用完后，便中止该任务的执行，然后重新进行调度。

优先级原则的原理是每个任务可根据重要程度被赋予一定的优先级，系统根据优先级选择任务的执行顺序。在执行过程中，如果新来的任务优先级比正在执行任务的优先级高，那么系统可中止正在执行的任务，转而执行优先级较高的任务。

比如固定优先级（Fixed Priority，FP）调度策略就属于这种调度方式。在固定优先级调度中，每个任务赋予一定优先级，当新任务到达就绪队列时，若该任务比正在执行的任务优先级高，则 CPU 转而执行该任务；否则 CPU 继续执行原来的任务，新任务在就绪队列中等待。

8.3.3 可调度性判定

判断一个实时系统是否满足实时性要求，也就是系统中的任务可以在任何条件下调度执行，需要对其进行可调度性判定。

对于给定的任务集 τ 和调度算法 A，有无穷多个基于 τ 的任务实例可以被 A 调度，即该任务的任何实例可以在其截止时间之前完成执行，则称任务集 τ 可以被该调度算法 A 调度，这一组任务是可调度的。

可调度性判定原则有两种：响应时间原则和资源利用率界限原则。

1. 响应时间原则

任务实例的响应时间是指该实例从派发到完成执行的时间。一个任务实例的响应时间 R 为实例派发时间加实例开始执行时间间隔加任务的执行时间。一个任务 τ_i 的最坏响应时

间 R_i（Worst Case Response Time，WCRT）是其释放所有任务实例的响应时间的最大值。如果对于任务集 τ 的所有任务 τ_i 都满足其截止时间为其最坏响应时间的上限，即 $R_i \leqslant d_i$，则该系统是可调度的。

【例 8-2】 一个任务实例于 0 时刻派发，该任务实例需 6 个单位的执行时间，其绝对截止时间为 30 时刻。

（1）该任务于 15 时刻开始执行。那么其响应时间为 $0 + 15 + 6 = 21 < 30$，由于响应时间是 21，小于截止时间 30，所以该任务实例是可调度的。

（2）该任务实例在 26 时刻开始执行，其响应时间为 $0 + 26 + 6 = 32 > 30$，该任务实例于 30 时刻还未完成执行，则该任务实例错失截止时间，那么该任务实例不可被调度。

（3）该任务实例在 27 时刻完成执行，则其响应时间为 27 时刻。

（4）假设该任务所有实例都能在截止时间之前完成执行，且其中最大值为 28 时刻，则该任务最坏响应时间为 28 时刻，且不高于其绝对截止时间，那么任务是可以调度的。

若任务集中的任意一个任务均满足此性质，则该任务集可以被调度。

2. 资源利用率界限原则

若一个系统的资源利用率为非负实数 UB，u_i 表示任务集 τ 中任务 i 的利用率。若对于任务集 τ 中所有任务利用率之和满足下面的不等式：

$$\sum_{i=1}^{m}(u_i) \leqslant UB$$

则该系统是可调度的。

【例 8-3】 一个实时系统任务集有 4 个周期任务，系统的资源利用率上界为 1，即 $UB = 1$，各个任务的周期分别为 4、5、10 和 12，其对应的执行时间分别为 1、1、2 和 3，该任务集是否可调度？

解析：各个任务利用率分别为：

$$u_1 = \frac{C_1}{T_1} = \frac{1}{4} = 0.25 \qquad u_2 = \frac{C_2}{T_2} = \frac{1}{5} = 0.20$$

$$u_3 = \frac{C_3}{T_3} = \frac{2}{10} = 0.20 \qquad u_4 = \frac{C_4}{T_4} = \frac{3}{12} = 0.25$$

系统各任务的利用率为 0.25、0.2、0.2 和 0.25。

系统总利用率为：

$$\begin{aligned}
U &= \sum_{i=1}^{4} \frac{C_i}{T_i} \\
&= \frac{C_1}{T_1} + \frac{C_2}{T_2} + \frac{C_3}{T_3} + \frac{C_4}{T_4} \\
&= 0.25 + 0.20 + 0.20 + 0.25 \\
&= 0.9 \leqslant 1
\end{aligned}$$

系统各任务的利用率为 0.25、0.2、0.2 和 0.25，系统总利用率为 0.9，小于系统利用率的上界 1，则该任务集可以被调度。

【例 8-4】 上例中，各个任务对应的执行时间修改为 1、2、2 和 3，该任务集是否可调度？

解析：各个任务利用率分别为

$$u_1 = \frac{C_1}{T_1} = \frac{1}{4} = 0.25 \quad u_2 = \frac{C_2}{T_2} = \frac{2}{5} = 0.40$$

$$u_3 = \frac{C_3}{T_3} = \frac{2}{10} = 0.20 \quad u_4 = \frac{C_4}{T_4} = \frac{3}{12} = 0.25$$

系统各任务的利用率为 0.25、0.4、0.2 和 0.25。

系统总利用率为：

$$\begin{aligned} U &= \sum_{i=1}^{4} \frac{C_i}{T_i} \\ &= \frac{C_1}{T_1} + \frac{C_2}{T_2} + \frac{C_3}{T_3} + \frac{C_4}{T_4} \\ &= 0.25 + 0.40 + 0.20 + 0.25 \\ &= 1.1 > 1 \end{aligned}$$

则对应的利用率修改为 0.25、0.4、0.2 和 0.25，系统总利用率为 1.1，大于其资源利用率上界 1，则修改后的任务集不可被调度。

在满足可调度性判定原则的基础上，如何评价一个调度算法性能的好坏？一种方法是通过资源利用率进行性能评估，资源利用率越高的调度算法其性能越好。

另外一种方法是通过接受率评估性能。系统随机产生任务集，通过实验、仿真，其中能够被调度的任务集数目与产生任务集总数的比值称为接受率。接受率越高的调度算法性能越好。

【例 8-5】 系统随机产生 10 个任务集，其中 8 个可以被调度算法 1 调度，则其接受率为 80%；而另外的调度算法 2 可以调度 7 个任务集，则它的接受率为 70%。那么算法 1 比算法 2 的性能好。

8.4　常用的调度算法

实时系统的调度算法分类方式多种多样。比如，按照系统分类，可分为单核实时调度、多核实时调度以及分布式实时调度；按照调度表和可调度性分析分类，可分为静态（离线）实时调度和动态（在线）实时调度；按照系统任务运行策略分类，可分为抢占式调度和非抢占式调度；按照实时性要求分类，可分为硬实时调度和软实时调度。

本节仅按照系统分类对经典的调度算法进行讨论，有兴趣的读者可自行查阅相关文献学习研究。

8.4.1 单调速率调度算法

由 Liu 和 Layland 提出的单调速率调度（Rate Monotonic Scheduling，RMS）是一种静态调度算法，是为实时系统开发的最早的调度策略之一，而且现在仍然被广泛使用。其原理是系统根据任务的周期长短来确定其优先级，周期越短的任务，其优先级越高；周期越长的任务，其优先级越低。系统中所有任务的周期是确定的。在执行调度之前，生成调度表并进行可执行性分析，系统总是优先执行周期最短的任务。

基本的 RMS 调度模型有如下约束：

（1）所有任务都是在单个 CPU 上周期性运行；

（2）任务的截止时间就是任务的周期；

（3）任务的执行时间是常数；

（4）忽略上下文切换的时间；

（5）任务之间不存在任何软硬件资源共享；

（6）最高优先级的任务总能抢占其他低优先级任务的执行。

根据上述约束，一个任务的模型就可以简化为 $\tau_i(T_i, C_i, d_i)$。

给定任务集 $\tau = \{\tau_1, \tau_2, \cdots, \tau_n\}$，对于任意一个任务 τ_i，其最坏情况的执行时间和任务周期分别为 C_i 和 T_i，对于任务集 τ 在该系统下满足 RMS 算法调度的充分条件如下公式：

$$\sum_{i=1}^{n} \frac{C_i}{T_i} \leqslant n(2^{\frac{1}{n}} - 1) = \delta(n)$$

若整体任务集的利用率小于或等于 $\delta(n)$，则该任务集满足 RMS 调度。由上式可知，RMS 算法的性能受到任务数的影响较大。

【例 8-6】 一个任务集 τ 有两个实时任务 $\tau_1(50, 20, 50)$、$\tau_2(100, 38, 100)$，其中 τ_1 执行时间为 20、周期为 50、截止时间为 50；τ_2 执行时间为 38、周期为 100、截止时间为 100。该任务集是否能被 RMS 调度算法调度？

解析：系统总的利用率为

$$
\begin{aligned}
U &= \sum_{i=1}^{2} \frac{C_i}{T_i} \\
&= \frac{C_1}{T_1} + \frac{C_2}{T_2} \\
&= \frac{20}{50} + \frac{38}{100} \\
&= 0.4 + 0.38 \\
&= 0.78 \\
\delta(2) &= 2 \times (2^{\frac{1}{2}} - 1) \\
&= 0.828
\end{aligned}
$$

由于

$$U < \delta(2)$$

因此，该任务集可以被 RMS 算法调度。

RMS 调度过程如图 8.4 所示。我们需要构建一个长度为各个任务周期最小公倍数的时间轴。在 0 时刻，τ_1 和 τ_2 同时进入就绪队列。根据 RMS 算法，各个任务优先级次序由高到低为：τ_1、τ_2。所以 τ_1 的第一个实例被优先执行。在 20 时刻，τ_1 第一个实例完成，τ_2 第一个实例开始执行。在 50 时刻，τ_1 第二个实例到达，由于其优先级高于 τ_2，τ_1 抢占 CPU 并开始执行。在 70 时刻，τ_1 第二个实例完成，τ_2 继续执行未完成的第一个实例。在 78 时刻，τ_2 执行完成，从 78～100 时刻，由于 τ_1 和 τ_2 的当前周期都未完成，这时 CPU 不执行 τ_1 和 τ_2，CPU 处于空闲状态。当到达 100 时刻时，τ_1 和 τ_2 又同时开始新的周期。

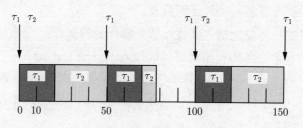

图 8.4　RMS 调度过程

RMS 调度算法是一种较为经典的实时调度算法。其原理简单，并且随着系统工作负载的增加，算法性能下降平缓。但是该调度受任务数量影响较大，随着任务数量的增加，该算法可调度性下降，同时该算法 CPU 利用率较低，无法用于特定的实时环境要求。

8.4.2　最早截止时间优先调度算法

最早截止时间优先调度算法（Earliest Deadline First，EDF）首先由 Liu 和 Layland 提出，是一种动态调度算法，既可用于抢占式调度，也可以用于非抢占式调度。其中，抢占式调度用于周期性实时任务，而非抢占式调度用于非周期实时任务。其原理是根据任务的最早截止时间动态地分配优先级，当前未执行或者待执行任务的截止时间越早，则该任务的优先级越高，也就会被优先调度。与静态调度算法不同，动态调度任务的优先级是随着时间的改变而改变。

给定任务集 $\tau = \{\tau_1, \tau_2, \cdots, \tau_n\}$，对于任意一个任务 τ_i，其最坏情况下的执行时间和任务周期分别为 C_i 和 T_i。对于任务集 τ 在该系统下满足 EDF 算法调度的充分条件如下：

$$\sum_{i=1}^{n} \frac{C_i}{T_i} \leqslant 1$$

即整体任务集的利用率小于或等于 1 时，该任务集满足 EDF 调度。

【例 8-7】 一个任务集 τ 有两个实时任务 $\tau_1(50, 25, 50)$、$\tau_2(80, 35, 80)$，其中 τ_1 周期为 50，截止时间为 50，执行时间为 25，τ_2 周期为 80，截止时间为 80，执行时间为 35。该任务集是否可以被 EDF 算法调度？

解析：系统总的利用率为

$$
\begin{aligned}
U &= \sum_{i=1}^{2} \frac{C_i}{T_i} \\
&= \frac{C_1}{T_1} + \frac{C_2}{T_2} \\
&= \frac{25}{50} + \frac{35}{80} \\
&= 0.5 + 0.4375 \\
&= 0.9375 \leqslant 1
\end{aligned}
$$

该任务集可以被 EDF 算法调度。

EDF 调度过程如图 8.5 所示。任务集各个任务周期的最小公倍数是 400，在 0 时刻，τ_1 和 τ_2 同时进入就绪队列，由于 τ_1 第一个实例的截止时间 50 小于 τ_2 第一个实例的截止时间 80，τ_1 的第一个实例被优先执行。在 25 时刻，τ_1 第一个实例完成，τ_2 第一个实例开始执行。在 50 时刻，τ_1 第二个实例到达，但是其截止时间 100 大于 τ_2 第一个实例截止时间 80，τ_2 继续执行直到 60 时刻完成，τ_1 第二个实例开始执行。τ_2 第二个实例在 80 时刻到达，并在 85 时刻开始执行。在 100 时刻，τ_1 第三个实例到达，由于其截止时间 150 小于 τ_2 第二个实例的截止时间 160，τ_1 抢占 CPU，在 125 时刻完成，τ_2 继续执行完成的第二个实例，在 145 时刻执行完成。在 145~150 时刻，τ_1 和 τ_2 都没有完成当前周期，因此 CPU 空闲。在 150 时刻 τ_1 到达，按照最早执行时间优先的发放依次执行，150~400 时刻的执行情况如图 8.5 所示。

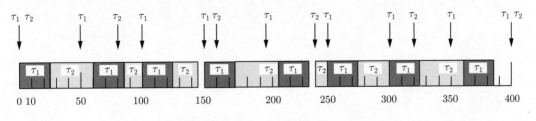

图 8.5 EDF 调度过程

EDF 是一种经典的实时调度算法。其算法较为灵活，受任务数量影响较小，同时该算法 CPU 利用率高。但是该算法受系统工作负载影响较大，当系统工作负载上升时，该算法性能急剧下降，甚至导致一些关键任务无法按时完成调度。

8.4.3 最低松弛度优先调度算法

最低松弛度优先调度算法（Least Laxity First，LLF）是一种动态调度算法，采用抢占式调度的方式，可用于调度周期性实时任务。其原理是根据任务紧急程度（松弛度）来动态地分配优先级。当前未执行或者待执行任务的紧急程度越高，即松弛度越低，则该任务的优先级越高，越会被优先执行。松弛度是描述任务紧急程度的专有名词，其计算公式为

$$L = d - CL - ct$$

其中，L 表示松弛度，d 表示任务截止时间，CL 表示任务剩余执行时间，ct 为当前时间。

也就是说，任务的松弛度越低，代表该任务越紧急，越应该优先调度。

给定任务集 $\tau = \{\tau_1, \tau_2, \cdots, \tau_n\}$，对于任意一个任务 τ_i，其最坏情况下的执行时间和任务周期分别为 C_i 和 T_i，对于任务集 τ 在该系统下满足 LLF 算法调度的充分条件如下：

$$\sum_{i=1}^{n} \frac{C_i}{T_i} \leqslant 1$$

即整体任务集的利用率小于或等于 1 时，该任务集满足 LLF 算法调度。

【例 8-8】 假设一个任务集 τ 有两个实时任务 $\tau_1(20, 10, 20)$、$\tau_2(50, 25, 50)$，其中 τ_1 周期为 20，截止时间为 20，执行时间为 10，τ_2 周期为 50，截止时间为 50，执行时间为 25。该任务集是否能够被 LLF 算法调度？

解析：系统总的利用率为

$$
\begin{aligned}
U &= \sum_{i=1}^{2} \frac{C_i}{T_i} \\
&= \frac{C_1}{T_1} + \frac{C_2}{T_2} \\
&= \frac{10}{20} + \frac{25}{50} \\
&= 0.5 + 0.5 \\
&= 1.0 \leqslant 1
\end{aligned}
$$

该任务集可以被 LLF 算法调度。

LLF 调度过程如图 8.6 所示。其各个任务周期的最小公倍数是 100，在 0 时刻，τ_1 和 τ_2 同时到达，τ_1 松弛度为 10，τ_2 松弛度为 25，τ_1 先执行。在 10 时刻，τ_1 当前周期的任务实例执行完毕，τ_2 开始执行。在 20 时刻，τ_1 松弛度为 10，τ_2 松弛度为 15，τ_1 抢占 τ_2。在 40 时刻，τ_1 松弛度为 10，τ_2 松弛度为 5，τ_2 抢占 τ_1。在 45 时刻，τ_1 松弛度为 5，τ_2 的第一周期已经执行完成，τ_1 抢占 τ_2。在 55 时刻，τ_1 尚未进入第四周期，τ_2 的松弛度为 25，τ_2 执行。在 60 时刻，τ_1 松弛度为 10，τ_2 松弛度为 20，τ_1 抢占 τ_2。在 τ_0 时刻，τ_1 尚未进入第五周期，τ_2 执行。在 80 时刻，τ_1 松弛度 10，τ_2 松弛度为 10，由于 τ_2 先到达，τ_2 开始执行。

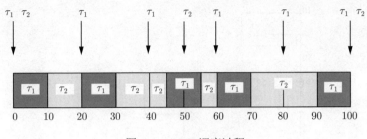

图 8.6 LLF 调度过程

LLF 是一种经典的实时调度算法。与 EDF 调度相似，该调度算法也存在着在线开销大等缺点。

8.4.4 响应时间分析方法

响应时间分析（Response Time Analysis）是实时系统中一项重要的设计理念，通过对系统中各个任务响应时间的分析计算，从而判断系统的可调度性以及性能指标。通过对系统进行响应时间分析，计算出 CPU 处于空闲的时间片（slack time），将这些零散时间片收集起来重新利用，会大幅提高系统资源利用率。

可通过研究分析系统调度实例，计算其需求约束函数（Demand Bound Function，DBF）和供给约束函数（Supply Bound Function，SBF），从而得到该系统的最坏响应时间，然后将系统的空闲时间片收集起来用于分配给新任务，进而提高系统资源利用率。

需求约束函数表示任务在一定时间内可能产生的最大执行时间需求。例如，对于一个任务 τ，其需求约束函数 $\mathrm{DBF}(t_1, t_2)$ 表示的是在 $[t_1, t_2)$ 时间段内，处理器至少要提供 $\mathrm{DBF}(t_1, t_2)$ 个时间单位的计算资源来执行任务 τ，否则 τ 有错失截止日期的风险。所以，若当任务系统在任意时间段产生的时间需求量都不能超过该时间段的长度，则该系统可调度。

供给约束函数表示处理器在一定时间内能够提供最大的计算资源。例如，对于一个供给约束函数 $\mathrm{SBF}(t_1, t_2)$ 表示在 $[t_1, t_2)$ 时间段内，处理器至多能够提供 $\mathrm{SBF}(t_1, t_2)$ 个时间单位的计算资源。如果在该时间段内执行的任务所需要的计算资源总和超过 $\mathrm{SBF}(t_1, t_2)$，则该系统不可调度。因此，我们得到如下的关系：

$$\mathrm{SBF}(t_1, t_2) \geqslant \mathrm{DBF}(t_1, t_2)$$

DBF 函数和 SBF 函数关系如图 8.7 所示。

在固定优先级调度模式中，给定任务集 $\tau = \{\tau_1, \tau_2, \cdots, \tau_n\}$，对于任务 τ_i，令 $\mathrm{hp}(i)$ 为优先级大于任务 τ_i 的任务集合，R_i 为任务 τ_i 的响应时间，T_i 为任务 τ_i 的周期，C_i 为任务 τ_i 的最坏情况下的执行时间，则其响应时间满足下式：

$$R_i = C_i + \sum_{\tau_j \in \mathrm{hp}(i)} \left\lceil \frac{R_i}{T_j} \right\rceil C_j$$

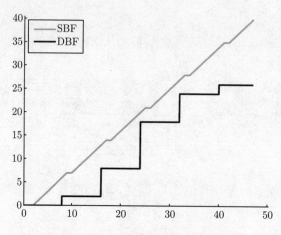

图 8.7　DBF 函数和 SBF 函数的关系

【例 8-9】　一个任务集有 3 个实时任务 $\tau_1(1, 10, 10, 1)$、$\tau_2(2, 12, 12, 2)$、$\tau_3(8, 30, 30, 3)$，其中每个四元组分别表示执行时间、周期、截止时间和优先级。例如，τ_1 周期为 10，截止时间为 10，执行时间为 1，优先级为 1；τ_2 周期为 12，截止时间为 12，执行时间为 2，优先级为 2；τ_3 周期为 30，截止时间为 30，执行时间为 8，优先级为 3。优先级数字越小，其优先级越高。对于 τ_3，其响应时间计算公式为

$$R_3 = 8 + (\lceil R_3/10 \rceil \times 1 + \lceil R_3/12 \rceil \times 2)$$

解方程可得 $R_3 = 14$，即 τ_3 的最坏响应时间为 14 个时间单位，而 τ_3 的周期是 30，最坏响应时间小于周期，因此，τ_3 是可以调度的。

8.5　进程间通信机制

在操作系统中，进程间通信是为了传递数据或者控制信息。进程同步是为了保证进程之间的相互合作，并按照特定的时间和条件而定义的直接制约关系。进程互斥是为了保证共享资源的访问，不会因同时占据共享资源而发生运行结果的逻辑错误。

8.5.1　进程的通信方式

在实时操作系统中，进程（任务）之间的通信主要通过两种机制：共享内存和消息传递。

1. 共享内存

进程之间存在着可直接访问的共享空间，不同进程通过对该空间的读写操作实现信息交换。共享内存最简单的方法就是使用共享数据结构，尤其是多个进程在同一个地址空间时。共享数据结构的类型可以是全局变量、指针、缓冲区等。若多进程要进行写操作，则应注意互斥保护。

如图 8.8 所示的基于共享内存的通信，CPU 与 I/O 设备之间通过总线，使用共享内存实现通信。若 CPU 想要向 I/O 设备发送数据，它就向共享内存中写入数，然后 I/O 设备从该内存中读取数据。

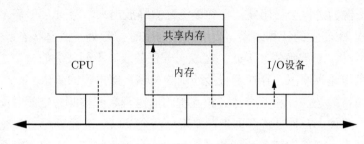

图 8.8　基于共享内存的通信

在共享内存中，通常需要设置一个标志位，标志数据是否准备好。在一方需要写数据、另一方需要读数据，这样是没问题的。但若是双方都是写数据，则可能出现数据竞争的情况。

【例 8-10】　进程 P1 和 P2 都要向共享内存中写数据，就可能引发共享资源竞争：

（1）进程 P1 读标志位，为 0，可写；

（2）进程 P2 读标志位，为 0，可写；

（3）进程 P1 把标志位置为 1，向共享单元写数据；

（4）进程 P2 错误地再次把标志位置为 1，写入数据，覆盖了进程 P1 写入的数据。

为了避免这种情况的出现，CPU 总线通过支持测试置位（test-and-set）原子操作来实现。测试置位操作首先对数值进行检测，如果该值通过了检测则执行设置。在 Cortex-M4 中使用 SWP 指令实现测试置位原子操作。

2. 消息传递

消息传递方式是共享内存通信方式的补充。在消息通信方式中，每个通信实体都有自己的发送/接收单元，消息存储在发送和接收方的端点处。消息传递方式分为消息邮箱和消息队列。

1）消息邮箱

消息邮箱是系统预留一块公共内存区域，作为"邮箱"，由统一的调度器来控制各个任务的数据和信息的传递。任务可以通过 receive() 和 send() 操作来对邮箱进行读写。多个任务可以访问邮箱，但是只有一个任务能从邮箱中读取出数据或控制信息。数据或控制信息一旦从邮箱读取出来，邮箱就置为空闲状态。同时邮箱还会设置超时控制来防止死锁。

2）消息队列

消息队列可以看作多个消息邮箱排列而成，其原理与消息邮箱大同小异，其相应的读写操作为 q_receive() 和 q_send()。

8.5.2 进程同步与互斥

1. 进程同步

在实时操作系统中,某些资源在同一时间只能被一个进程访问,当该资源被占用时,其他申请访问该资源的进程会被阻塞,直到该资源被释放出来。例如,进程 A 需要从内存缓冲区中获取进程 B 产生的计算结果,当缓冲区为空时,A 处于阻塞状态;当 B 将产生的结果放入缓冲区时,A 被唤醒。因此,完成同一任务或者不同任务的多个进程之间,由于资源访问、消息传递等原因,存在着直接的制约关系,即进程同步。

进程同步的目的是保证相互合作、相互制约的进程之间按照特定的时间、顺序、条件执行。同步分为两种:一种是资源同步,即避免两个及以上进程对同一个资源的同时操作;另一种是活动同步,即确定任务的活动是否到达一个确定状态。一般实时系统采用信号量或者事件的办法来实现进程同步。

1)信号量同步

在实时操作系统中,可以采用信号量来完成进程与中断服务程序同步或者进程间的数据信息同步。信号量本质是全局变量或者指针。若为指针时,则指针指向等待该信号量的下一个进程。若为变量,则变量值与相应资源的使用情况有关:若其值大于 0,则表示当前可用资源的数量;若其值小于 0,则其绝对值表示等待使用该资源的进程个数。

对于信号量的处理,可通过 PV 原语进行操作。比如用 wait() 和 signal() 分别表示等待资源和释放资源。执行一次 P 操作(调用 wait() 原语)意味着请求分配一个单位资源,信号量数值减 1;执行一次 V 操作(调用 signal() 原语)意味着释放一个单位资源,信号量数值加 1。

2)事件同步

事件是基于同步的进程之间、进程与中断服务程序之间、进程与操作系统资源之间的通信机制,是实时操作系统的重要标志之一。在支持事件机制的操作系统内核中,每个进程都有一个二进制的事件寄存器,寄存器的每一位对应一个事件。每一种事件都是以一个比特位表示。除了系统预留位之外,用户可以根据需要对其他事件进行定义。内核通过发送信号(事件标志)来完成任务间的同步,每次可以发送一个事件,也可以发送一组事件。

2. 进程互斥

同一时间只能被一个进程所占用的资源称为临界资源,访问临界资源的代码被称为临界区。若多个进程同时访问同一临界区,则会发生与时间有关的逻辑错误。也就是在一个进程正在访问临界资源时,其他进程必须等待其访问结束后才能访问该资源。例如,进程 B 需要访问资源 C,但此时进程 A 占有了 C,进程 B 若要访问资源 C 就会被阻塞,直到进程 A 释放了 C,进程 B 才可以继续执行并访问资源 C。因此,为完成同一个或者多个任务的不同进程之间,也存在着间接的制约关系,即进程互斥。

为了避免互斥,通常采用以下几个原则:

(1)任何两个进程不能同时处于临界区;

(2)不应对 CPU 的速度和数目作任何假设;

（3）临界区外的进程不得阻塞其他进程；

（4）不得使进程在临界区外无休止地等待。

解决进程互斥也可通过管程、消息通信等方式。有兴趣的读者可以自行查阅其相关书籍、文献。

8.6 本章小结

嵌入式实时操作系统要求在事件发生时，能够在截止时间内作出响应，程序执行的正确性，不仅包含功能的正确性，还包含运行时间的约束性。本章根据实时操作系统的实时性、可靠性、可确定性和容错性等特点，介绍了实时任务、实时调度、调度的常用算法以及进程间通信机制。

8.7 习题

1. 什么是任务控制块？

2. 实时任务通常有哪些状态？

3. 任务有哪些类型？

4. 在实时系统中调度策略通常包含哪些？

5. 设计实时操作系统有哪些难点？

6. 现今主流的工业控制上的实时操作系统有哪些？试比较其优劣。

7. 分析国产嵌入式实时操作系统的现状。

8. 试描述当前进程运行状态改变时，实时操作系统进行进程切换的步骤。

9. 解释为什么要建立 POSIX 标准，并举例说明其优点所在。

10. UNIX 系统是否可以作为实时操作系统？为什么？

11. 有一条河流，河上仅有一座仅供单人通行的桥，两岸分别有若干的人需要渡河，同时可以有多人朝同一方向渡河，若同一时间有两人在桥上相向而行，则会发生交通阻塞，造成死锁。试给定一种算法，保证若干人可以同一时间过河而不发生死锁。

12. 与其他内核比较，微内核有哪些优点？

13. 进程之间有哪些基本的通信方式？分别适用于什么场合？

14. 试分析中断与进程状态转换之间的关系。

15. 由于偶发性任务的派发时间和执行时间是不确定的，因此难以用在本章中介绍的周期性任务模型来准确分析偶发性任务执行情况：如果将偶发性任务看作周期性任务，取其所有实例的派发时间的最小值作为其派发时间，取其所有实例的执行时间的最大值作为其执行时间，构建的模型过于悲观，可能会造成 CPU 利用率不足。那么有没有合适的模型来描述偶发性任务？给定一组偶发性任务，其相对派送时间满足 9~11 的均匀分布，执行时间满足 1~3 的均匀分布，如果用周期性任务模型对该任务集进行建模，那么其相关参数是多少（派发时间、执行时间、利用率等）？

16. 假设一个实时系统中，其任务的周期分别为 5、10、25、50，执行时间分别为 1、2、2、5，计算各个任务的利用率和系统的总的利用率。

17. 给定一个包括 4 个周期性实时任务的任务集，其执行时间和周期分别为 $\tau_1=(1,8)$、$\tau_2=(3,15)$、$\tau_3=(4,20)$ 和 $\tau_4=(6,22)$，其总利用率为 0.8。系统采用 RMS 算法对该任务集进行实时调度，假设系统初始时刻为 0，请画出该系统在（0,50）之间实时调度示意图。

18. 给定一个包括 3 个周期性实时任务的任务集，其执行时间和周期分别为：$\tau_1=(5,15)$、$\tau_2=(3,10)$、$\tau_3=(3,12)$，假设所有任务的相对截止时间等于其周期。若系统采用 EDF 算法对该任务集进行调度，是否可以调度？若采用 RMS 算法对其进行调度，是否可以调度？若可以，请画出其调度过程。

19. 给定一个包括 3 个周期性实时任务的任务集，其执行时间和周期分别为：$\tau_1=(1,6)$、$\tau_2=(2,8)$、$\tau_3=(6,12)$。系统采用 EDF 算法对该任务集进行实时调度，请利用响应时间分析方法分析其可调度性。

20. 给定一个包括 4 个周期性实时任务的任务集，其执行时间、周期及优先级（数字越小表示优先级越高）分别为 $\tau_1=(1,5,1)$、$\tau_2=(1,3,2)$、$\tau_3=(1.6,8,3)$、$\tau_4=(3.5,18,4)$。计算 τ_4 的最大响应时间。

21. 给定一个包含 4 个周期性实时任务的任务集，其周期、截止时间和执行时间分别为 $\tau_1=(20,20,4)$、$\tau_2=(10,10,1)$、$\tau_3=(20,20,2)$、$\tau_4=(30,30,6)$。系统采用 LLF 算法调度，请问是否可以调度？若可以，请画出其调度过程。

第9章

CHAPTER 9

μC/OS 操作系统

学习目标与要求

1. 掌握 μC/OS Ⅲ 的基本架构。
2. 掌握 μC/OS Ⅲ 文件的组成。
3. 掌握 μC/OS Ⅲ 任务及任务的转换。
4. 了解 μC/OS Ⅲ 的系统服务。

μC/OS（Micro μC/OS）是美国 Micrium 公司于 1989 年开发的可抢占多任务实时操作系统内核,于 1998 年发布了 μC/OS Ⅱ,于 2009 年发布了 μC/OS Ⅲ。μC/OS 开放源代码,其具有可升级、可固化、可裁剪等特性。μC/OS Ⅲ 可移植到目前市场上常见的大多数嵌入式处理器体系架构上。μC/OS 是第三代实时操作系统内核,支持现代实时内核所期待的大部分功能,例如,资源管理、时间管理、中断管理、任务间通信等。

μC/OS Ⅲ 是高效、可靠、可信的嵌入式实时操作系统,广泛应用于航空航天、工业控制、医疗电子、通信、仪器仪表、汽车电子、消费电子等领域。

9.1 μC/OS Ⅲ 概述

μC/OS Ⅲ 是一个可扩展的、可固化的、可抢占的实时操作系统。它的实时性包括硬实时和软实时。在硬实时操作系统中,运算超时是不允许发生的,运算超时会导致严重后果,因此要求在规定的时间内完成任务;但是在软实时操作系统中,超时不会导致严重后果,只是要求越快完成任务越好。

μC/OS Ⅲ 与 μC/OS Ⅱ 相比,它管理的任务个数不再限制,理论上任务个数是不受限制。任务的优先级也有了很大的变化,在 μC/OS Ⅱ 中,优先级只有 $0 \sim 63$ 个优先级,而且优先级不能重复。μC/OS Ⅲ 优先级是没有限制的,同时允许几个任务使用同一个优先级,对同一个优先级的任务,支持时间片调度法。

μC/OS Ⅲ 是第三代内核,提供了实时内核所期望的所有功能,包括资源管理、同步、内部任务交互等。μC/OS Ⅲ 通过给调度器上锁的方式保护临界区代码,不使用关中断的方式。内核关中断的时钟周期几乎为零,这就保证了 μC/OS Ⅲ 能够以最快速度响应中断。μC/OS Ⅲ 提供了很多其他实时内核没有的特性,比如,在运行时测量运行性能,直接发送信号或消息给任务，任务能同时等待多个信号量和消息队列。

μC/OS Ⅲ 是用 C 和汇编语言完成的，其中绝大部分代码是用 C 语言编写的，只有极少数的与处理器密切相关的代码才用汇编语言编写。μC/OS Ⅲ 结构简洁，可读性很强。

μC/OS Ⅲ 的文件按照由低层到高层的排列顺序整理，文件系统的分类如图 9.1 所示。

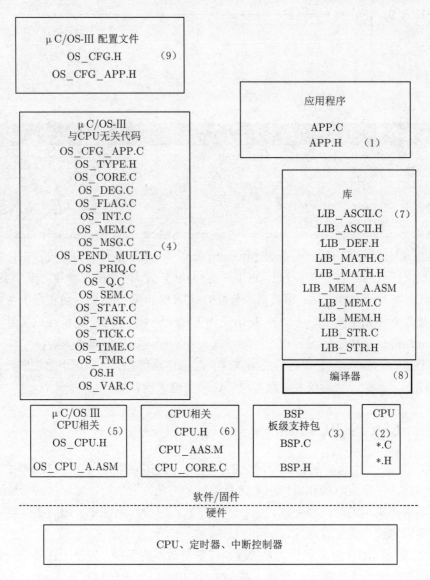

图 9.1　文件系统的分类

整个文件分为 3 部分：与硬件相关的 OS 代码、与硬件无关的 OS 代码和应用的配置文件及应用代码。其中：

（1）应用代码，包括与工程、产品相关应用文件。它们被简称为 APP.C 和 APP.H。函数 main() 应该在 APP.C 代码中。

（2）半导体厂家提供的固件库函数，以控制 CPU 或 MCU 的外设。这些库函数非常高效，对文件没有规定，因此假定为 *.C、*.H。

（3）板级支持包 BSP。用于初始化目标板，例如，打开或关闭 LED、继电器、读取开关值、读取温度传感器等。

（4）μC/OS Ⅲ 与处理器无关的代码。这些代码都遵循 ANSI C 标准。

（5）适应不同架构的 CPU 代码，放在名为 port 的文件夹中。

（6）中断相关的代码。包括中断的使能和禁止。CPU_??? 类型的文件都是独立于 CPU 的，在编译时用到。

（7）库的源文件。提供了常用的基本功能，如内存复制、字符串、ASCII 相关的函数。

（8）有些编译器提供线程局部存储扩展，为线程提供本地存储变量区域，使得多线程环境更加安全。

（9）μC/OS Ⅲ 功能的配置文件（OS_CFG.H）。包含在应用中，OS_CFG_APP.H 定义了 μC/OS Ⅲ 所需的变量类型、大小、数据的结构、空闲任务堆栈的大小、时钟速率、内存池大小等。

从整体上讲，μC/OS Ⅲ 可以分为任务管理、中断管理、时间管理、内存管理、共享资源管理以及同步和消息传递，下面将对这几个部分内容分别做简单介绍。

9.2　任务管理

9.2.1　实时内核的执行

简单的小系统通常采用前后台设计，整个系统由一个主循环和中断组成。主循环是后台，中断是前台。前台也称作中断级，后台是任务级。应用程序是一个主循环，循环中调用相关的中断服务程序完成相应的操作（后台）。中断服务程序用于处理系统的异步事件（前台）。当芯片处理的事情越来越多，越来越复杂时，前后台系统就无法保证其实时性。一些时间要求较高的操作通常会放在中断中处理，若任务级响应延时，则会导致中断的执行时间变长。

在实时系统中，系统功能被划分为多个任务，每个任务仅负责实现某一项功能，以保证其可靠性。每个任务（线程）都是一段简单的程序，CPU 在任意时刻只能执行一个任务。多个任务如何在 CPU 上运行，当前哪个任务占有 CPU，该任务何时停止运行，如何将当前正在运行的任务切换到其他地方，使得别的任务可以运行，这些都是实时内核负责管理，这也称为多任务管理。

μC/OS Ⅲ 是可抢占多任务内核调度，可以抢占其他正在运行的任务。内核调度总是调度就绪任务队列中优先级最高的那个任务。μC/OS Ⅲ 为每个任务都分配一个优先级，并且多个任务可以具有相同的优先级。理论上，μC/OS Ⅲ 任务数量可以是无限制的。但实际上，任务的数量受限于处理器能提供的内存大小。每一个任务需要其堆栈空间，μC/OS Ⅲ 在运行时监控任务堆栈的生长。每个任务的大小也是没有限制的。

任务调度就是确定下一个 CPU 要执行的任务。μC/OS Ⅲ 中任务调度通过任务调度器实现。它每次从就绪任务队列中选取一个优先级最高的任务去运行。μC/OS Ⅲ 允许多个任务拥有相同的优先级，若多个相同优先级的任务就绪，并且其优先级是最高的，则 μC/OS Ⅲ 会分配时间片给每个任务去运行。每个任务可以定义不同的时间片，当任务用不完时间片时可以让出 CPU 给另一个任务。μC/OS Ⅲ 可抢占多任务内核的调度过程如图 9.2 所示。

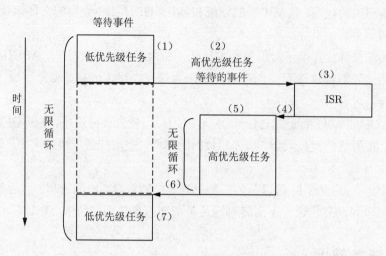

图 9.2　μC/OS Ⅲ 可抢占多任务内核的调度过程

实时系统有多个任务，每个任务都是一段简单的程序，在 μC/OS Ⅲ 系统启动后，运行低优先级的任务，等待事件的到来。若此时有高优先级任务来到，则会抢占低优先级任务，切换到高优先级任务以便使其运行。若低优先级的任务在运行的过程中有中断到来，则会转去执行中断服务子例程。中断服务子例程执行完后，可能会有两种情况：其一，是返回到刚刚中断的低优先级任务中断处继续执行；其二，在执行中断服务子例程运行过程中，产生了新的、优先级高的任务在就绪队列中，这时将不会返回到低优先级任务中断处执行，而是从就绪队列中取出高优先级的任务继续执行，其过程如图 9.2 中的标识（3）、（4）、（5）所示。

9.2.2　任务的状态及转换

对于单 CPU 的体系架构，在任何时刻都只能有一个任务被执行。μC/OS Ⅲ 中的任务有 5 种状态：休眠态（Dormant）、就绪态（Ready）、运行态（Running）、挂起态（Pending）和中断服务态 (Interrupted)。

1. 休眠态

任务代码没有被创建，内核也不需要管理此任务。一旦通过系统服务 OSTaskCreate() 创建此任务后，μC/OS Ⅲ 的内核就开始管理此任务，并可调度该任务在 CPU 上执行，直至调用系统服务 OSTaskDel() 删除此任务，内核就不再管理此任务，它又进入了休眠态。

2. 就绪态

任务已经被创建，它根据优先级被插入到按照优先级排序的就绪队列中。此时该任务除了 CPU，其他资源都具备了，一旦被调度，就可以获得 CPU，并开始运行。理论上，就绪队列中任务的数目是没有限制的，但是它受硬件资源的约束。任务可以通过很多系统服务调用，如 OSTaskCreate()、OSIntExit()、OSTimeTick() 等，从任务的其他状态进入就绪态。

3. 运行态

正在 CPU 上运行的任务。若是单 CPU 架构，有且仅有一个任务在 CPU 上运行，该任务处于运行态。它通过系统服务 OSIntExit()、OSStart()、OS_Task_SW() 3 个函数实现从就绪队列中取出优先级最高的一个就绪任务进入运行态，运行该任务。当然，还可以从中断态转移到运行态，例如，中断服务子例程执行完成，返回原来的任务接着执行，使原任务重新进入运行态。

4. 挂起态

有些任务需要等待某个事件（或者内核对象）而被延时执行，该任务就会从运行态强制挂起，进入挂起状态。在挂起态的任务是不会被调度而在 CPU 上执行的。只有当等待的事件（或者内核对象）到达，该任务从挂起态转换到就绪态，就绪队列中的任务发生了变化，而 μC/OS Ⅲ 是可抢占的，若此任务的优先级最高，它就会立即被调度运行。注意一点，调用系统服务 OSTaskSuspend() 会使任务无条件地挂起，有时，它并不是等待某个事件的发生，而是等待另一个系统调用 OSTaskResume() 函数恢复这个任务。

5. 中断服务态

正在运行的任务被中断，CPU 运行中断服务子例程 ISR，进入中断服务态。在中断服务子例程中可能是某些任务等待的事件，完成中断服务子例程后，那些等待事件的任务就可去处理实际的响应操作。通常 ISR 例程越短越好，响应中断的实际操作通常被设置在任务级上，使得 μC/OS Ⅲ 内核能够管理这些任务。在 μC/OS Ⅲ 中，中断是允许嵌套的，即一个中断被另一个中断抢占。

在 μC/OS Ⅲ 中，状态之间的转换如图 9.3 所示。

由休眠态转换到就绪态可以通过调用创建任务的系统服务 OSTaskCreate() 完成；由就绪态转换成休眠态可调用删除任务的系统服务 OSTaskDel() 完成；由就绪态到运行态的转换是调用系统服务 OSIntExit()、OSStart()、OS_TASK_SW() 完成；在运行态的任务可能会由于新到达就绪状态的任务优先级高于其优先级而被抢占，从运行态转到就绪态。也可能由于中断的到来，转换到中断服务态。也可能需要等待某些事件，而转换到挂起态，转换可能通过系统服务 OSFlagPend()、OSMutexPend()、OSQPend()、OS-SemPend()、OSTaskQPend()、OSTaskSemPend()、OSTaskSusPend()、OSTimeDly()、OS-TimeDlyHMSM() 等完成。在运行态下的任务可能由于调用系统服务 OSTadkDel() 而转换到休眠状态。

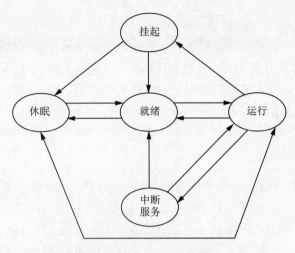

图 9.3　状态之间的转换

在挂起态的任务，由于执行了系统服务 OSTaskDel() 转换到休眠态。在很多情况下，是由于等待事件的到达，使得其由挂起态转换到就绪态，能否引发事件到达的系统服务有 OSFlagDel()、OSFlagPendDel()、OSFlagPost()、OSMutexDel()、OSMutexPendAbort()、OSMutexPost()、OSQDel()、OSQPendAbort()、OSQPost()、OSSemDel()、OSSemPend-Abort()、OSSemPost()、OSTaskQPendAbort()、OSTaskQPost()、OSTadkSemPendAbort()、OSTadkSemPost()、OSTaskResume()、OSTimeDlyResume()、OSTimeTick() 等。

正在运行的任务由于中断到来而转换到中断服务态，然后 CPU 执行中断服务子例程。执行完中断服务子例程后，由于中断服务子例程执行过程中可能会使某些等待事件的任务获得事件，所以这些任务进入就绪态。这样，在执行完中断服务子例程后，若新进任务的优先级比刚刚被中断的任务优先级高，则执行就绪态中优先级最高的任务，而将被打断的任务由中断服务态转换为就绪状态；否则执行完中断服务子例程后就返回接着执行被打断的任务。在中断服务子例程的最后一条语句会调用系统服务 OSIntExit()，完成被中断的任务由中断服务态转换为就绪态。

9.2.3　任务管理的系统服务

任务可以是周期性的任务，通过一个无限循环来实现；也可以是执行一次的任务，即非周期性的，这时需要在该任务执行完成后调用 OSTaskDel() 删除此任务，这样该任务就进入休眠态，不会在 CPU 上执行。与任务管理相关的系统服务主要有 9 个，包括任务的创建、堆栈检验、删除任务、改变任务的优先级、挂起任务、恢复任务和获得任务的信息等服务。

本节将介绍创建任务、删除任务、挂起任务和恢复挂起任务 4 个系统服务，其他的系统服务可参见手册。

1. 创建任务

为了执行某个任务，必须首先创建该任务，使它进入就绪状态，能够被调度执行。创建一个任务就是为其分配一个 TCB、一个堆栈、一个优先级和其他一些参数。创建任务在

μC/OS Ⅲ 中，有两个系统服务：OSTaskCreate() 和 OSTaskCreateExt()。

创建任务系统服务 OSTaskCreate()。该系统服务有 13 个参数，分别是：

（1）p_tcb——一个任务的任务控制块的指针。

（2）p_name——为一个任务提供 ASCII 字符串的名字，该指针指向此字符串。

（3）p_task——指向任务代码的指针。

（4）p_arg——指向任务的参数表指针，该指针是可选的，当任务被首次执行时，该参数指针所指向的参数被引用和传递。

（5）prio——任务的优先级，每一个任务都有唯一的优先级。在 μC/OS Ⅲ 中，数字越小，优先级越高。

（6）p_stk_base——栈的基地址（低地址）指针。

（7）p_stk_limit——指向栈限制的指针。比如此参数设置为 stk_size/10，则表示堆栈的限制为 stk_size 的 90%。

（8）stk_size——栈的大小，是指栈中元素的个数。

① 如果 CPU_STK 被设置为 CPU_INT08U，相应的 stk_size 是指字节的数目。

② 如果 CPU_STK 被设置为 CPU_INT16U，相应的 stk_size 是指半字的数目。

③ 如果 CPU_STK 被设置为 CPU_INT32U，相应的 stk_size 是指字的数目。

（9）q_size——能够发送到任务的最大消息数目。

（10）time_quanta——当采用时间片轮询调度时，该任务执行的时间（滴答数目），默认值为 0。

（11）p_ext——指向用户辅助内存位置，被用在 TCB 的扩展中。

（12）opt——包含任务行为的一些附加信息，可以参考 OS.h 中的 OS_OPT_TASK_XXX。

（13）p_err——指向错误码的指针。

创建任务 OSTaskCreate() 的函数声明代码如下。

```
void    OSTaskCreate (OS_TCB        *p_tcb ,
                      CPU_CHAR      *p_name ,
                      OS_TASK_PTR    p_task ,
                      void          *p_arg ,
                      OS_PRIO        prio ,
                      CPU_STK       *p_stk_base ,
                      CPU_STK_SIZE   stk_limit ,
                      CPU_STK_SIZE   stk_size ,
                      OS_MSG_QTY     q_size ,
                      OS_TICK        time_quanta ,
                      void          *p_ext ,
                      OS_OPT         opt ,
                      OS_ERR        *p_err )
```

2. 删除任务

若任务只允许运行一次，则在任务运行完成后，需要删除任务，使任务进入休眠态，被删除的任务就不再调度。这里的删除任务，并非是删除任务代码，而是删除创建任务时创建的一些数据结构，如 TCB 块。删除任务系统服务 OSTaskDel( ) 的参数有两个：

（1）p_tcb——要删除任务的 TCB 块。

（2）p_err——执行返回的错误码的指针。

删除任务 OSTaskDel( ) 的部分代码如下。

```
void   OSTaskDel(OS_TCB  *p_tcb,
                 OS_ERR  *p_err)
{
  CPU_SR_ALLOC();

     //安全检查, 代码略
     //检查是否在中断服务例程中删除任务, 不许在中断服务例程中删除任务,
     //代码略
     //检查是否删除懒惰任务, 该任务不许删除, 代码略
     //检查是否删除中断服务例程处理任务, 该任务不许删除, 代码略

     //任务的自删除
  if (p_tcb == (OS_TCB *)0) {
       CPU_CRITICAL_ENTER();
       p_tcb  = OSTCBCurPtr;
       CPU_CRITICAL_EXIT();
    }

  switch (p_tcb->TaskState) {
         case OS_TASK_STATE_RDY:   //如果是就绪任务, 将其移出就绪队列
             OS_RdyListRemove(p_tcb);
             break;

     //根据状态的不同, 完成任务的删除
     //后续代码略
         default:
             //错误处理, 代码略
    }
  //其他处理, 代码略
  OSSched();
}
```

3. 挂起任务

任务挂起是一个附加功能,有时候在某个时间段内不需要某个任务继续运行,可以将该任务删除,需要时再重新创建,但这样非常麻烦。这时,可以把此任务挂起,进入挂起态。被挂起的任务不能运行,直到其他任务调用 OSTaskResume( ) 来恢复它,才能将该任务的状态重新设置为就绪态。当该任务是就绪队列中的最高优先级任务时,又可以得到调度而重新占有 CPU,回到运行态。

空闲任务不能挂起,如果试图挂起一个空闲任务,则这个函数返回值为:

`OS_ERR_TASK_SUSPEND_INT_HANDLER`

在 μC/OS Ⅲ 的源代码中,挂起任务用到两个函数,分别是 OSTaskSuspend() 与 OS_TaskSuspend(),其中 OSTaskSuspend() 对用户可见。OSTaskSuspend() 负责做各种检查,检查结束后调用 OS_TaskSuspend() 函数,而真正对任务进行挂起操作是在 OS_TaskSuspend() 中进行的。

任务可以挂起自己或其他任务,任务挂起系统服务 OSTaskSuspend() 的参数有两个:

(1)p_tcb——被挂起任务的 TCB 块。

(2)p_err——执行返回的错误码的指针。

挂起任务 OSTaskSuspend() 的部分代码如下。

```
void    OSTaskSuspend(OS_TCB  *p_tcb,
                      OS_ERR  *p_err)
{
  //安全检查,代码略
  //中断中不允许调用挂起任务的系统调用,代码略
  //不允许挂起懒惰任务,代码略
  //不允许挂起中断延迟提交的任务,代码略

    OS_TaskSuspend(p_tcb, p_err);
}
```

挂起任务子函数 OS_TaskSuspend() 的部分代码如下。

```
void    OS_TaskSuspend(OS_TCB  *p_tcb,
                       OS_ERR  *p_err)
{
    CPU_SR_ALLOC();
    CPU_CRITICAL_ENTER();

    //挂起自身
    if (p_tcb == (OS_TCB *)0) {
        p_tcb = OSTCBCurPtr;
    }
```

```
    switch (p_tcb->TaskState) {
        //如果是前4种状态，就将任务的状态置为挂起态，挂起层数加1
        case OS_TASK_STATE_RDY:
            OS_CRITICAL_ENTER_CPU_EXIT();
            p_tcb->TaskState  =  OS_TASK_STATE_SUSPENDED;
            p_tcb->SuspendCtr = (OS_NESTING_CTR)1;

            //就绪态下要将任务块从就绪队列中移出
            OS_RdyListRemove(p_tcb);
            OS_CRITICAL_EXIT_NO_SCHED();
            break;

            //在其他状态下的处理
            //代码略
        default:
            //错误处理，代码略
    }
    OSSched();
}
```

4. 恢复挂起任务

被挂起的任务要恢复运行，需要通过恢复挂起任务系统服务显式地恢复被挂起的任务。由于任务挂起可以被嵌套，所以只有挂起的层数为 0 时，被挂起的任务才能到就绪状态，等待调度器的调度。

在 μC/OS Ⅲ 的源代码中，恢复挂起任务涉及两个函数，分别是 OSTaskResume() 与 OS_TaskResume()，其中 OSTaskResume() 对用户可见。OSTaskResume() 负责做各种检查，检查结束后调用 OS_TaskResume() 函数，而真正对任务的恢复挂起操作在 OS_TaskResume() 函数中进行。

恢复挂起任务系统服务 OSTaskResume() 的参数有两个：

（1）p_tcb——指向要恢复挂起任务的 TCB 块。

（2）p_err——执行返回的错误码的指针。

恢复挂起任务 OSTaskResume() 的部分代码如下。

```
void  OSTaskResume (OS_TCB   *p_tcb,
                    OS_ERR   *p_err)
{
    CPU_SR_ALLOC();

    //安全检查，代码略
    //中断不允许调用恢复挂起任务的系统调用，代码略
    if ((p_tcb == (OS_TCB *)0) ||
```

```
        (p_tcb == OSTCBCurPtr)) {
        CPU_CRITICAL_EXIT();
       *p_err = OS_ERR_TASK_RESUME_SELF;
        return;
    }

    //如果是中断进行调用，则返回中断，代码略

    OS_TaskResume(p_tcb, p_err);
}
```

恢复挂起任务子函数 OS_TaskResume() 的部分代码如下。

```
void   OS_TaskResume(OS_TCB  *p_tcb,
                     OS_ERR  *p_err)
{
    CPU_SR_ALLOC();

    CPU_CRITICAL_ENTER();
   *p_err = OS_ERR_NONE;
    switch (p_tcb->TaskState) {

        //如果任务本就未被挂起，返回
        case OS_TASK_STATE_RDY:
        case ...:
            CPU_CRITICAL_EXIT();
           *p_err = OS_ERR_TASK_NOT_SUSPENDED;
            break;

        //其他状态下任务嵌套层数减1，
        //如果嵌套层数为零，则转为就绪态，并将其插入到就绪队列中
        case OS_TASK_STATE_SUSPENDED:
            OS_CRITICAL_ENTER_CPU_EXIT();
            p_tcb->SuspendCtr--;
            if (p_tcb->SuspendCtr == (OS_NESTING_CTR)0) {
                p_tcb->TaskState = OS_TASK_STATE_RDY;
                OS_TaskRdy(p_tcb);
            }
            OS_CRITICAL_EXIT_NO_SCHED();
            break;

        //对其他不同情况的处理
        //代码略
```

```
            default:
                    //错误处理，代码略
        }
        OSSched();
    }
```

9.2.4 任务的调度

μC/OS Ⅲ 的任务调度通过任务调度器实现，调度器确定下一个要在 CPU 上执行的任务。在 μC/OS Ⅲ 中，按照任务的特点，为每一个任务分配一个优先级，并允许多个任务拥有相同的优先级。若一个优先级被多个任务拥有，那么在任务的任务控制块中需要规定该任务的时间片，相同优先级任务的时间片不一定是一样的。当调度器调度到就绪队列中最高优先级的任务时，若发现有多个任务都具有该优先级，则采用时间片轮询方式运行这些任务。如果一个任务的运行没有用完分配的时间片，那么它放弃 CPU，使 CPU 为其他任务服务。可抢占意味着当一个优先级比正在运行任务的优先级高的任务到达就绪队列时，调度器就可以终止正在运行的任务，将 CPU 的控制权交给优先级高的任务。

在 μC/OS Ⅲ 中，优先级是通过非负整数表示的，数值越小则优先级越高。由此可知，优先级为 0 的任务是最高优先级任务。用宏 OS_CFG_PRIO_MAX（见 OS_CFG.H 中的定义）表示优先级的数目，那么优先级 OS_CFG_PRIO_MAX−1 为最低优先级。休眠状态的任务被唯一分配为最低优先级，其他任务不允许被设置为这个优先级。当任务准备好运行时，根据任务的优先级，映像表中的相应位就会被设置为 1。

1. 调度点

当调度器进行任务调度时，只有在某些时刻可以调度，这些时刻被称为调度点。μC/OS Ⅲ 的调度点有以下几种情况：

（1）创建任务；

（2）删除任务；

（3）任务等待事件发生而事件还未发生；

（4）任务取消等待；

（5）任务改变自身的优先级或者其他任务的优先级；

（6）任务调用延时函数 OSTimeDly() 或 OSTimeDlyHMSM()；

（7）删除一个内核对象；

（8）任务释放信号量或给另一个任务或向另一个任务发消息；

（9）任务通过调用 OSTaskSuspend() 将自身挂起；

（10）任务调用 OSTaskResume() "解除挂起" 某一被挂起的任务；

（11）退出所有的嵌套中断；

（12）通过 OSSchedUnlock() 给调度器解锁；

（13）任务调用 OSSchedRoundRobinYield() 放弃其执行时间片；

（14）用户调用 OSSched()。

2. 时间片轮询调度

当多个任务有相同的优先级时，μC/OS Ⅲ 采用时间片轮询调度。在 μC/OS Ⅲ 中，任务优先级是依靠一个数组变量来实现的，数组变量的每一位代表一个优先级。当某一位为 1 时，代表当前优先级有任务已经处于就绪状态，等待 CPU 分配。当两个处于同一优先级的任务同时就绪时，则取任务链表中的第一个任务执行（每个优先级都拥有一个任务链表，该链表中任务的优先级均相同）。当该任务时间片用完时，将该任务插入任务链表尾部。由此就能完成时间片轮询调度了。如果任务没有将时间片用完，那么可以调用系统服务 OSSchedRoundRobinYield()，放弃剩余时间从而切换到同优先级的另一个任务。μC/OS Ⅲ 支持用户在系统运行过程中，使能或者禁止时间片调度；同时既支持全局时间片设置，也支持每个任务的单独设置时间片。

图 9.4 为状态之间转换的时序图，给出了时间片轮询调度中状态之间转换的时序。由最上面的 Tick ISR（滴答定时器中断、时基中断）可知，时间片的长度为 4 个时基，滴答定时器中断在每个时基结束时都会发生，时间片轮转调度可以设置时基的整数倍作为时间片的长度。

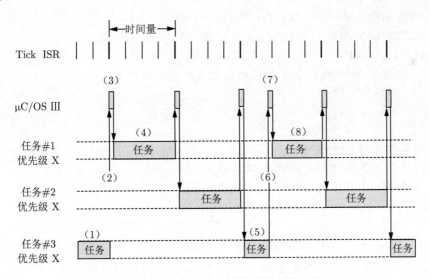

图 9.4　状态之间转换的时序图

任务 1、2、3 为相同优先级的 3 个任务，在时间片轮询调度下有序执行，执行顺序是由调度队列来调控的，一个任务出队（执行）后会被插入到队尾，这样就实现了多个任务的循环执行。

3. 调度实现细节

任务调度通过两个函数实现：OSSched() 和 OSIntExit()。其中 OSSched() 是任务级的调度器，而在中断服务程序中必须调用 OSIntExit()。

（1）OSSched() 函数的源代码位于文件 os_core.c 中，是任务级的调度。在就绪队列中取出优先级最高的任务，如果它的优先级没有当前任务的高，则不需要进行上下文切换，将继续运行当前任务；否则进行上下文切换，执行优先级高的任务。

任务级调度 OSSched() 的部分代码如下。

```
void    OSSched(void)
{
    //宏定义，声明 cpu_sr，用来临时存放 CPU 的状态寄存器的值
    CPU_SR_ALLOC();

    if (OSIntNestingCtr > (OS_NESTING_CTR)0) {
    //确认不是在中断服务程序中被调用的
     return;
    }
    if (OSSchedLockNestingCtr > (OS_NESTING_CTR)0) {
      //调度器没被锁，否则不能调度
        return;
    }
    //寻找优先级最高的任务
    OSPrioHighRdy    = OS_PrioGetHighest();
    OSTCBHighRdyPtr = OSRdyList[OSPrioHighRdy].HeadPtr;
    if (OSTCBHighRdyPtr == OSTCBCurPtr) {
        //当前任务依旧是优先级最高的任务，无须切换上下文
        CPU_INT_EN();
        return;
    }
    //其他处理，代码略
    //执行上下文切换，到优先级最高的任务
    OS_TASK_SW();
}
```

（2）OSIntExit() 函数的源代码位于文件 os_core.c 中，是中断级的调度。该函数是通知 μC/OS Ⅲ 已经完成了一个 ISR 服务，μC/OS Ⅲ 需要调用调度器决定执行一个新的高优先级任务。OSIntEnter() 和 OSIntExit() 是成对出现的。当有一个任务通过 OSIntEnter() 进入 ISR，就一定要在 ISR 最后有一个函数 OSIntExit() 调用。

中断级调度 OSIntExit() 的部分代码如下。

```
void    OSIntExit(void)
{
    CPU_SR_ALLOC();

    //检查系统是否正在运行，代码略
```

```
        CPU_INT_DIS();
        //中断嵌套检查
        //...

        //调度器被锁
        if (OSSchedLockNestingCtr > (OS_NESTING_CTR)0) {
            CPU_INT_EN();
            return;
        }
        //寻找优先级最高的任务
        OSPrioHighRdy   = OS_PrioGetHighest();
        OSTCBHighRdyPtr = OSRdyList[OSPrioHighRdy].HeadPtr;
        if (OSTCBHighRdyPtr == OSTCBCurPtr) {
            //当前任务依旧是最高优先级
            CPU_INT_EN();
            return;
        }
        //其他处理, ...
        //执行上下文切换, 到优先级最高的任务执行
        OSIntCtxSw();
    }
```

在 OSSched() 中真正执行任务切换的是宏 OS_TASK_SW()，宏 OS_TASK_SW() 就是函数 OSCtxSW()，它的工作就是保存现场，将当前任务 CPU 寄存器的值保存在任务堆栈中，将新任务 TCB 中的上下文恢复。

在中断级调度 OSIntExit() 中真正执行任务切换函数 OSIntCtxSW()，与任务级切换函数 OSCtxSW() 不同的是，由于进入中断的时候现场已经保存过了，所以 OSIntCtxSW() 只需要做 OSCtxSW() 的后半部分工作，也就是在新任务堆栈中恢复 CPU 寄存器的值。

9.3　中断管理

中断是硬件机制，用于通知 CPU 有异步事件发生。当中断被响应时，CPU 保存部分（或全部）寄存器值并跳转到中断服务例程 ISR。ISR 响应这个事件，当 ISR 处理完成后，程序会返回中断前的任务或更高优先级的任务。

在实时系统中，关中断的时间越短越好。长时间关中断可能会导致中断来不及响应而重叠，即多次中断被当作一次中断。通常处理器允许中断嵌套，它意味着当处理 ISR 时，可以有另一个中断发生。

在实时系统中，最大关中断时间是一个重要的性能，关中断是为了处理临界区代码。

把保留当前任务的上下文（CPU 寄存器的内容）称为现场保护，把暂停当前任务去执

行系统要求的中断服务称为响应中断。

保护现场把当前正执行任务的状态以及数据完整地保存到该任务的堆栈中。之后,CPU便可以去执行中断服务例程,而不用担心丢失当前任务的信息。在中断执行完毕之后,再将被打断的任务的上下文,即将数据及状态重新写入 CPU 相关的寄存器中,CPU 就可以继续运行该任务,这个过程叫作恢复现场。

中断恢复时间是指执行完 ISR 中最后一句代码后,到恢复任务级代码的这段时间。任务延迟时间是指中断发生到恢复任务级代码执行的这段时间。中断延迟时间是指从产生中断开始,到执行第一条中断服务例程代码的这段时间。在中断延迟中,主要完成的工作就是现场保护。

在 μC/OS Ⅲ 进入中断时,CPU 需要执行一些步骤:

(1) 关中断;

(2) 保存上下文;

(3) 调用 OSIntEnter(),或修改中断嵌套计数器;

(4) 清除中断设备;

(5) 开中断;

(6) 调用用户的中断服务例程;

(7) 调用 OSIntExit() 退出中断;

(8) 恢复现场;

(9) 从中断中返回。

系统服务 OSIntEnter() 有两个作用:第一个作用是告诉 CPU 当前进入中断服务;第二个作用是告诉 CPU 当前中断嵌套函数的层数是多少。比如说,在中断执行的过程中,又有一个优先级比它高的中断把它打断了,CPU 就会去执行优先级较高的那个中断,在优先级较高的中断中,执行了 OSIntEnter(),或者对变量 OSIntNestingCtr 递增操作,记录中断嵌套函数的层数。

在中断恢复的时候,执行系统服务 OSIntExit(),表示当前的 ISR 已经执行完成,并对变量 OSIntNestingCtr 递减操作,中断嵌套层数减 1,若为 0,则需要返回到任务级代码执行。这时就存在调度问题,需要调度一个优先级最高的任务去执行。注意,这里并不是返回到发生中断的那个任务执行。一旦选择了一个任务去执行,就要进行上下文切换,然后 CPU 执行该任务。从前面的分析可以看出,OSIntExit() 并不是实际返回,而是选择不同的路径去执行。

1. OSIntEnter()

OSIntEnter() 通知 μC/OS Ⅲ 有一个 ISR 要处理,它的主要功能就是在进入一个中断后,递增中断嵌套的层数。OSIntEnter() 和 OSIntExit() 是配对使用的。其部分代码如下。

```
void   OSIntEnter(void)
{   /*判断操作系统是否在运行*/
    if (OSRunning != OS_STATE_OS_RUNNING) {
```

```
        return;
    }
/* 中断嵌套测试是否超过250层      */
    if (OSIntNestingCtr >= (OS_NESTING_CTR)250u) {
        return;
    }
    /* 嵌套层数加1  */
    OSIntNestingCtr++;
}
```

首先判断系统是否在运行，若系统没有在运行就进行切换，则可能会导致系统崩溃。嵌套的最大层数是 250 层，若不超过这个层次数，则可以继续中断嵌套，这时对嵌套层数加 1。除了调用 OSIntEnter() 完成对中断嵌套层数的递增，还可以直接对中断嵌套计数器 OSIntNestingCtr 加 1。

2. OSIntExit()

OSIntExit() 通知 µC/OS III ISR 处理完成，需要递减中断嵌套的层数。OSIntEnter() 和 OSIntExit() 是配对使用的，OSIntExit() 在 ISR 的最后调用，它会递减中断嵌套层数。当最后的嵌套完成后，即嵌套层数为 0 时，就会选择一个优先级高的任务运行，而不是选择发生中断的那个任务。若发生中断任务的优先级最高，则可以返回到被打断的任务继续执行。

OSIntEnter() 和 OSIntExit() 只能在 ISR 中调用，不能在任务级代码中调用。不论中断嵌套层数是通过调用 OSIntEnter() 还是直接对中断嵌套计数器 OSIntNestingCtr 加 1，最后都需要调用 OSIntExit() 完成对中断嵌套层数的减 1。OSIntEnterExit() 的部分代码如下。

```
void    OSIntExit(void)
{ /*分配保存中断状态的局部变量*/
    CPU_SR_ALLOC();
    ...
    CPU_CRITICAL_ENTER();      /*进入临界资源*/
    OSIntNestingCtr--;       /*嵌套层数减1*/
    if (OSIntNestingCtr > (OS_NESTING_CTR)0) {
        CPU_CRITICAL_EXIT();
        return;
    }
    /*调度是否被加锁? */
    if (OSSchedLockNestingCtr > (OS_NESTING_CTR)0) {
        CPU_CRITICAL_EXIT();
        return;
    }
    /*搜索最高优先级*/
```

```
    OSPrioHighRdy   = OS_PrioGetHighest();
      /* 从就绪队列中获得最高优先级任务       */
    OSTCBHighRdyPtr = OSRdyList[OSPrioHighRdy].HeadPtr;
   /* 判断当前任务是否是最高优先级任务?       */
    if (OSTCBHighRdyPtr == OSTCBCurPtr) {
        CPU_CRITICAL_EXIT();
        return;
    }
...
    OSIntCtxSw();  /* 完成上下文切换   */
    CPU_CRITICAL_EXIT();
}
```

退出中断调用的 OSIntExit()，完成对中断嵌套的层数减 1，再判断是否完全退出所有中断及中断嵌套。若完全退出，则需要选择一个优先级最高的就绪任务执行。若没有完全退出中断，即中断的嵌套层数非 0，则继续执行上一层的中断。

9.4 时间管理

μC/OS Ⅲ 能提供周期性时间的时间源，叫作时钟滴答（clock tick）或系统滴答（system tick）。一个时钟滴答可以从硬件定时器中设置，还可以从交流电源中产生，能够产生 10~1000Hz 时钟滴答的滴答源。时钟滴答中断也就是每个时钟滴答产生一个中断，它可以看成是系统的心跳。时钟滴答产生的中断使得内核可以将任务延时若干个整数倍时钟滴答，还可以在任务等待事件发生时提供等待超时。时钟滴答频率越高，系统的开销就越大。时钟滴答的实际频率取决于应用程序的精度。

μC/OS Ⅲ 提供了 6 个关于时间管理的系统服务，见表 9.1。

表 9.1   时间系统服务

系统服务名称	功　　能
OSTimeDly()	一个任务延迟 n 个时钟滴答执行
OSTimeHMSM()	延迟一个任务到用户说明的时间 HH:MM:SS.mmm 执行
OSTimeDlyResume()	恢复处于延时状态的任务
OSTimeGet()	获得当前的时钟滴答计数值
OSTimeSet()	设置当前的时钟滴答计数值

1. OSTimeDly()

任务开始延迟系统服务 OSTimeDly() 有 3 个参数：

（1）dly——延迟的滴答数，具体的延迟不仅要看滴答的频率，还要看 opt 参数的设置；

（2）opt——延迟模式选项，包含 2 种选项：

① OS_OPT_TIME_DIY——说明是相对延迟；

② OS_OPT_TIME_MATCH——说明是绝对延迟，当 OSTickCtr 达到 dly 给出的值时，任务将被唤醒。

（3）p_err——指向返回错误类型的指针。

其部分代码如下。

```
void   OSTimeDly(OS_TICK    dly,
                OS_OPT     opt,
                OS_ERR    *p_err)
{ CPU_SR_ALLOC();
  ...
/*各种情况的检查*/
#if OS_CFG_ARG_CHK_EN > 0u
    /*检查选项是否是规定的选项*/
    switch (opt) {
        case OS_OPT_TIME_DLY:
            if (dly == (OS_TICK)0) {/* 滴答为0 则无延迟*/
                *p_err = OS_ERR_TIME_ZERO_DLY;
                return;
            }
            break;
        case OS_OPT_TIME_MATCH:
            break;
        default:
            *p_err = OS_ERR_OPT_INVALID;
            return;
    }
#endif
    OS_CRITICAL_ENTER();
    OSTCBCurPtr->TaskState = OS_TASK_STATE_DLY;
    /*将任务根据参数加入滴答列表*/
    OS_TickListInsert(OSTCBCurPtr,  dly, opt);
    /* 从就绪列表中删除当前任务*/
    OS_RdyListRemove(OSTCBCurPtr);
    OS_CRITICAL_EXIT_NO_SCHED();
    OSSched();              /*调度下一个任务运行 */
    *p_err = OS_ERR_NONE;
}
```

OSTimeDly() 允许一个任务延迟整数倍的滴答数，延迟可以是相对延迟，也可以是绝对延迟。在相对延迟模式下，延迟时间是相对的，比如设置 1s 后；在绝对延迟模式下，延迟时间是绝对的，比如系统运行 1s 时。调用该函数会引发一次任务调度，从而执行优先级最高的就绪任务。在调用 OSTimeDly() 后，一旦规定的时间到或者其他任务通过调用

OSTimeDlyResume() 取消了延迟，该任务就会立即进入就绪态。

2. OSTimeHMSM()

按照时、分、秒、毫秒延迟函数 OSTimeHMSM()，有 6 个参数：

（1）hours——任务延迟的小时数；

（2）minutes——任务延迟的分钟数；

（3）seconds——任务延迟的秒数；

（4）milli——任务延迟的毫秒数；

（5）opt——模式；

① OS_OPT_TIME_HMSM_STRICT：hours 的范围是 0~99，minutes 的范围是 0~59，seconds 的范围是 0~59，milli 的范围是 0~999；

② OS_OPT_TIME_HMSM_NON_STRICT：hours 的取值范围是 0~999，minutes 的取值范围是 0~9999，seconds 的取值范围是 0~65 535，milli 的取值范围是 0~4 294 967 295。

（6）p_err——指向返回错误类型的指针。

其部分代码如下。

```
void    OSTimeDlyHMSM(CPU_INT16U    hours,
                      CPU_INT16U    minutes,
                      CPU_INT16U    seconds,
                      CPU_INT32U    milli,
                      OS_OPT        opt,
                      OS_ERR        *p_err)
{  ...
/*各种参数检查，有效范围检查opt */
    switch (opt) {
        case OS_OPT_TIME_HMSM_STRICT:
            ... break;
        case OS_OPT_TIME_HMSM_NON_STRICT:
            ... break;
        default:
            ... return;
    }

    /*计算时钟滴答总数目 */
    tick_rate = OSCfg_TickRate_Hz;
    ticks     = ((OS_TICK)hours * (OS_TICK)3600
        + (OS_TICK)minutes * (OS_TICK)60 + (OS_TICK)seconds)*tick_rate
        + tick_rate * ((OS_TICK)milli + (OS_TICK)500 / tick_rate) / (
            OS_TICK)1000;
    if (ticks > (OS_TICK)0) {
        OS_CRITICAL_ENTER();
```

```
        OSTCBCurPtr->TaskState = OS_TASK_STATE_DLY;
        OS_TickListInsert(OSTCBCurPtr, ticks, opt); /*插入滴答列表 */
        OS_RdyListRemove(OSTCBCurPtr);       /* 从就绪列表中删除任务 */
        OS_CRITICAL_EXIT_NO_SCHED();
        OSSched();        /* 调度任务    */
        *p_err = OS_ERR_NONE;
    } else { *p_err = OS_ERR_TIME_ZERO_DLY;}
}
```

经过各种参数检查后，需要将延迟时间转化为需要延迟的时钟滴答数，计算的方法可以参考手册。OSTimeDly() 和 OSTimeDlyHMSM() 经常被用于创建周期性的任务。例如，设置任务每 50ms 扫描一次键盘、每 10ms 读取 AD 输入等。

3. OSTimeDlyResume()

任务可以调用 OSTimeDlyResume() 恢复其被 OSTimeDly() 或 OSTimeDlyHMSM() 延时的任务。系统服务 OSTimeDlyResume() 有两个参数：

（1）p_tcb——指向要恢复的任务的 TCB。空指针是无效的，因为此时是想恢复的任务，而调用恢复延迟任务的当前任务不可能是被延迟的任务。

（2）p_err：指向返回错误类型的指针。

其部分代码如下。

```
void   OSTimeDlyResume(OS_TCB   *p_tcb,
                       OS_ERR   *p_err)
{...   /*各种参数检查 */
    CPU_CRITICAL_ENTER();
    /*检查任务状态，只能在OS_TASK_STATE_RDY取消延迟
    OS_TASK_STATE_DLY_SUSPENDED */
    switch (p_tcb->TaskState) {
        case OS_TASK_STATE_RDY: ... break;

        case OS_TASK_STATE_DLY:
            OS_CRITICAL_ENTER_CPU_CRITICAL_EXIT();
            p_tcb->TaskState = OS_TASK_STATE_RDY;
            OS_TickListRemove(p_tcb);  /* 从滴答列表中删除任务    */
            OS_RdyListInsert(p_tcb);       /* 增加到就绪队列    */
            OS_CRITICAL_EXIT_NO_SCHED();
            *p_err = OS_ERR_NONE;
            break;

        case OS_TASK_STATE_PEND:  ... break;
        case OS_TASK_STATE_PEND_TIMEOUT: ... break;
        case OS_TASK_STATE_SUSPENDED: ... break;
```

```
        case  OS_TASK_STATE_DLY_SUSPENDED:
             OS_CRITICAL_ENTER_CPU_CRITICAL_EXIT();
             p_tcb->TaskState = OS_TASK_STATE_SUSPENDED;
             OS_TickListRemove(p_tcb);  /* 从滴答列表中删除任务    */
             OS_CRITICAL_EXIT_NO_SCHED();
             *p_err  = OS_ERR_TASK_SUSPENDED;
             break;

        case  OS_TASK_STATE_PEND_SUSPENDED:    ...break;
        case  OS_TASK_STATE_PEND_TIMEOUT_SUSPENDED: ...break;
        default: ...break;  /*该状态不能取消延迟*/
        }
        OSSched();  /*任务调度*/
    }
```

系统服务 OSTimeDlyResume() 用于取消其他任务的延时。处理的任务只有在被延迟和挂起时，才能够从滴答列表中删除，前者退出滴答列表后进入就绪列表，后者退出滴答列表后继续被挂起。最后进入任务调度，如果任务已经恢复到就绪态，且优先级是就绪列表中最高的任务，则获得 CPU 的使用权。

4. OSTimeGet() 和 OSTimeSet()

获得和设置时钟滴答系统服务 OSTimeGet() 和 OSTimeSet()，能够获得或设置系统时钟的当前值。

OSTimeGet() 的部分代码如下。

```
OS_TICK   OSTimeGet(OS_ERR   *p_err)
{
    ... /*参数检查*/

    CPU_CRITICAL_ENTER();
    ticks = OSTickCtr;
    CPU_CRITICAL_EXIT();
    *p_err = OS_ERR_NONE;
    return(ticks);
}
```

OSTimeSet() 的部分代码如下。

```
void   OSTimeSet(OS_TICK    ticks,
                 OS_ERR    *p_err)
{
    .../*参数检查*/
```

```
    CPU_CRITICAL_ENTER();
    OSTickCtr = ticks;
    CPU_CRITICAL_EXIT();
    *p_err     = OS_ERR_NONE;
}
```

μC/OS Ⅲ 提供了延时函数,以时钟滴答为单位将任务延时。也可以以小时、分、秒、毫秒为单位将任务延时。延时精确地依赖于时钟滴答的频率,延时的最小分辨率为一个时钟滴答。可以调用 OSTimeDlyResume() 使处于延时状态的任务恢复。通过 OSTimeSet() 设置滴答数值,通过 OSTimeGet() 获取滴答计数值。

9.5 内存管理

在一般的 C 语言编程中,函数 malloc() 和 free() 能够动态地分配和释放内存块。然而,在嵌入式实时系统中,使用 malloc() 和 free() 是非常危险的,因为它会导致很多内存碎片。在 μC/OS Ⅲ 中,为了避免产生大量内存碎片,提供了一种内存管理机制以便快速高效地分配内存。

μC/OS Ⅲ 可以获得一个连续地址内存分区,该内存分区内可以包含整数个内存块,且每个内存块的大小是相同的。μC/OS Ⅲ 可以有多个内存分区,它们的大小也可以不同,并且每个分区的内存块数目、内存块大小可以相同,也可以不同。如图 9.5 所示的多个内存分区,根据需求,分配适合大小的内存块,使用完成后,必须返还给它所在的内存分区。

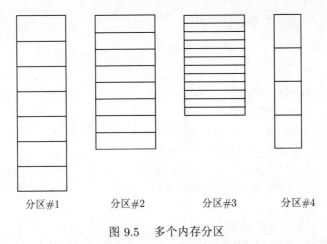

分区#1   分区#2   分区#3   分区#4

图 9.5 多个内存分区

在特定的时间执行内存块的分配和释放。内存分区以内存块数组的形式被静态分配。

1. 创建一个内存分区

在使用内存分区之前必须创建它。μC/OS Ⅲ 需要知道内存分区的相关信息并管理它们。调用 OSMemCreate() 创建一个内存分区。在创建分区时,通过内存分区控制块

（OS_MEM）来获得内存，如图 9.6 所示。

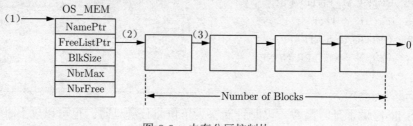

图 9.6　内存分区控制块

其中：

（1）NamePtr 是内存控制块的名称；

（2）FreeListPtr 是保存第一个可用内存块的地址；

（3）BlkSize 是分区中每个块的大小；

（4）NbrMax 是分区中内存块的总数目；

（5）NbrFree 是分区中剩余的内存块数目。

系统服务 OSMemCreate() 将内存块链接起来并将其链表的首地址赋值给 OS_MEM 结构体。OSMemCreate() 一共有 6 个参数：

（1）p_mem 是指向内存分区控制块的指针；

（2）p_name 是指向内存分区名字的指针；

（3）p_addr 是内存区域的首地址；

（4）n_blks 是可获得的内存块数目；

（5）blks_size 是分区中每个内存块的大小；

（6）p_err 是指向返回错误类型的指针。

其部分代码如下。

```
void    OSMemCreate (OS_MEM      *p_mem,
                     CPU_CHAR    *p_name,
                     void        *p_addr,
                     OS_MEM_QTY   n_blks,
                     OS_MEM_SIZE  blk_size,
                     OS_ERR      *p_err)
{
    void     *p_blk;
    void     **p_link;
    .../*各种错误情况的判断*/

    /* 创建空闲内存块链表 */
    p_link = (void **)p_addr;
    p_blk  = (void  *)((CPU_INT32U)p_addr + blk_size);
```

```
    loops    = n_blks - 1u;
    for (i = 0u; i < loops; i++) {
        /* 存储指向下一个内存块的指针    */
        *p_link = (void   *)p_blk;
        /* 指向下一个内存块    */
        p_link = (void **)p_blk;
        p_blk = (void   *)((CPU_INT32U)p_blk + blk_size);
    }
    *p_link              = (void *)0;    /* 最后一个内存块指向 NULL */
    p_mem->NamePtr       = p_name;       /*存储内存分区的名字    */
    p_mem->AddrPtr       = p_addr;       /* 存储内存分区的首地址 */
    p_mem->FreeListPtr   = p_addr;       /* 初始化空闲块池的首块地址*/
    p_mem->NbrFree       = n_blks;       /*   MCB 中空闲块的数 */
    p_mem->NbrMax        = n_blks;
    p_mem->BlkSize       = blk_size;     /* 存储每个内存块的大小    */
...
    OSMemQty++; /*内存分区数目加1*/
    *p_err = OS_ERR_NONE;
}
```

2. 获取内存块

通过调用系统服务 OSMemGet() 可以从内存分区中申请内存块。OSMemGet() 有两个参数：

（1）p_mem 为指向想要的内存分区控制块的指针；

（2）p_err 为指向返回错误类型的指针。

其部分代码如下。

```
void   *OSMemGet(OS_MEM   *p_mem,
                 OS_ERR   *p_err)
{
    void      *p_blk;
    CPU_SR_ALLOC();

    .../*各种判断*/

    CPU_CRITICAL_ENTER();
    if (p_mem->NbrFree == (OS_MEM_QTY)0) { /* 查看是否有空闲的内存块 */
        CPU_CRITICAL_EXIT();
        *p_err = OS_ERR_MEM_NO_FREE_BLKS;
        return((void *)0);
    }
```

```
    p_blk    = p_mem->FreeListPtr;     /* 指向第一个空闲内存块    */
        /* 把第一个空闲内存块从从空闲链表中取出 */
    p_mem->FreeListPtr = *(void **)p_blk;
    p_mem->NbrFree--;   /* 空闲内存块数目减1    */
    CPU_CRITICAL_EXIT();
    *p_err = OS_ERR_NONE;
    return(p_blk);           /*  将内存块返回给调用者 */
}
```

从内存分区中获得一个内存块。函数返回后指向被分配内存块的基地址。

3. 收回内存控制块

当用户对内存块的使用完毕后,必须将该内存块归还给对应的内存分区。调用 OSMem-Put() 实现这个功能。OSMemPut() 有 3 个参数:

(1) p_mem 为指向内存分区控制块的指针;

(2) p_blk 为指向要回收的内存块的指针;

(3) p_err 为指向返回错误类型的指针。

其部分代码如下。

```
void   OSMemPut(OS_MEM  *p_mem,
               void    *p_blk,
               OS_ERR  *p_err)
{
    .../*各种判断*/

    CPU_CRITICAL_ENTER();
    if (p_mem->NbrFree >= p_mem->NbrMax) {
        CPU_CRITICAL_EXIT();
        *p_err = OS_ERR_MEM_FULL;
        return;
    }
    *(void **)p_blk  = p_mem->FreeListPtr;/*将要回收的内存块插入链表头
        */
    p_mem->FreeListPtr = p_blk;
    p_mem->NbrFree++;        /*空闲内存块数目加1 */
    CPU_CRITICAL_EXIT();
    *p_err          = OS_ERR_NONE;          /* 调用者的内存块被收回   */
}
```

将内存块归还给对应内存分区。需要注意的是,μC/OS III 不检测内存块是否被归还给对应内存分区。

9.6 同步与消息传递

*μ*C/OS Ⅲ 通过向任务发信号来使不同的任务相互同步或相互通信。任务间传递的信号包括对共享资源进行同步访问的控制信号，比如信号量与互斥量，也包括多个任务间传递的数据信号，比如消息队列。

9.6.1 信号量

信号量是一种用于多任务调度的协议机制。最初用于控制共享资源的访问，现在用于同步机制。信号量是如何被用于控制共享资源的呢？信号量就是加锁，加锁后才可以访问共享资源。当占用该资源的任务不再使用该资源时，就会开锁释放共享资源，这时其他任务就能够访问该共享资源。

例如，当任务要使用 I/O 端口时，它就需获得信号量而调用 OSSemPend()。在任务完成对 I/O 端口的访问后，必须调用 OSSemPost() 释放这个信号量。

使用信号量可以在任务间传递消息，实现任务与任务，任务与中断服务子例程的同步。多个任务可以同时等待同样的信号量，假设每个任务都被设置了定时期限。当该信号量被提交时，*μ*C/OS Ⅲ 会让该信号量挂起队列中优先级最高的任务就绪。然而，也可以让挂起队列中所有的任务就绪，这叫作广播信号量。广播用于多个任务间的同步。然而，若任务还需要与不在信号量挂起队列中的其他任务同步，可以同时使用信号量和事件标志组实现同步的功能。

信号量由两部分组成：一部分是信号量的计数值，计数值会记录该信号量一共被提交多少次；另一部分是等待该信号量的任务组成的等待任务队列。信号量的系统服务见表 9.2。

表 9.2 信号量的系统服务

系统服务名称	功　　能
OSSemCreate()	创建一个信号量
OSSemDel()	删除一个信号量
OSSemPend()	等待一个信号量
OSSemPendAbort()	取消等待该信号量
OSSemPost()	提交一个信号量
OSSemSet()	设置信号量计数值

9.6.2 事件标志组

当任务要与多个事件同步时，可以使用事件标志。若其中的任意一个事件发生时，任务被就绪，叫作逻辑或（OR）。若所有的事件都发生时任务才能被就绪，叫作逻辑与（AND）。

事件标志组是 *μ*C/OS Ⅲ 的内核对象，事件标志组中的位是任务所等待事件是否发生的标志，事件标志组必须在创建后使用。任务可以将在事件标志组中等待的其他任务删除，取消等待，只有任务才能让任务在事件标志组中等待。任务可以等待事件标志组中的任意个位被设置。等待也可以被设置期限，以滴答为单位。事件标志组的系统服务见表 9.3。

表 9.3　事件标志组的系统服务

系统服务名称	功　　能
OSFlagCreate()	创建一个事件标志组
OSFlagDel()	删除一个事件标志组
OSFlagPend()	在事件标志组中挂起
OSFlagPendAbort()	取消挂起
OSFlagPendGetFalgsRdy()	获得事件标志组中导致任务被就绪的位
OSFlagPost()	提交标志到事件标志组

9.6.3　消息队列

消息被发送到消息队列中，也可以直接发送给任务，μC/OS Ⅲ 中每个任务都有其内建的消息队列。如果多个任务等待这个消息时，则将该消息发送到外部的消息队列。当只有一个任务等待该消息时，可直接将消息发送给任务。

消息中包含指向数据的指针、数据的大小、时间戳变量。指向数据的指针可以指向数据区域，甚至是一个函数。当然，消息的发送方和消息的接收方都应该知道消息所包含的意义。换句话说，接收方知道能够接收到消息的含义。

消息的内容（即数据）通常保留在其作用域中，因为发送的是数据地址而不是数据。换句话说，数据不是被复制并发送给任务，而是告诉任务数据的地址，并让接收消息的任务去访问。

消息队列采用先入先出模式（FIFO）。然而，μC/OS Ⅲ 也可以将其设置为后入先出模式（LIFO）。若任务或 ISR 发送紧急消息给另一个任务时，后入先出模式是非常有用的。在这种情况下，该紧急消息可绕过消息队列中的其他消息。消息队列的长度可以在运行时设置。

消息队列中存放了等待该消息的任务。多个任务可以在消息队列中等待消息，当一个消息被发送到消息队列时，等待该消息的高优先级任务接收这个消息。消息发送者可以广播这个消息给消息队列中的所有任务。在这种情况下，如果接收到消息中有优先级高于消息发送者优先级的任务，μC/OS Ⅲ 就会切换到这个高优先级的任务。不是每个任务都需要设置等待期限，有些任务可能需要永远等待这个消息。

很少会有多个任务同时在一个消息队列中等待。因此，μC/OS Ⅲ 在任务中内建了一个消息队列，可以直接发送消息给任务而不通过外部消息队列。这个特性不仅简化了代码，还提高了效率。

两个任务可以通过两个消息队列同步，这叫作双向通信，这两个任务间可能互相发送消息给对方。任务与 ISR 间不能双向通信，因为 ISR 不能在消息队列中等待。

消息队列的系统服务见表 9.4。

表 9.4　消息队列的系统服务

系统服务名称	功　能
OSQCreate()	创建一个消息队列
OSQDel()	删除一个消息队列
OSQFlush()	清空一个消息队列
OSQPend()	任务等待消息
OSQPendAbort()	强制解除等待任务消息队列
OSQPost()	提交一个消息给消息队列

9.7　μC/OS 的移植

μC/OS Ⅲ 是用 C 和汇编语言完成的，其中绝大部分代码是用 C 语言编写的，只有极少数与处理器密切相关的部分代码用汇编语言编写。μC/OS Ⅲ 结构简洁，可读性很强。

为了移植 μC/OS Ⅲ，需要打开 Micrium 公司官方网站（http://micrium.com），根据开发板的型号下载对应的 μC/OS Ⅲ。例如，若开发板是 STM32F407 的开发板，在单击 Downloads 选项卡后，进入到下载页面，在 Brouse by MCU Manufacturer 栏目展开 STMicroelectronics，单击 View all STMicroelectronics。在下载 μC/OS Ⅲ 时，要注意开发平台的选择，若工程是基于 Keil MDK 平台开发的，则要选择该平台的 STM32F407 开发板上测试的 μC/OS Ⅲ 源代码。

μC/OS Ⅲ 的 Software 文件夹里包含的是操作系统源代码。分为 3 部分：与 CPU 相关的源码 μC-CPU、与标准库相关的源码 μC-LIB 和 μC/OS Ⅲ 的源码 μC/OS Ⅲ。在这 3 个文件夹中都有一个文件夹，与所用的平台相关的源码，若用的是 Keil MDK 平台，则只需保留 RealView 文件夹，其他文件夹可以删除。

针对某个应用修改文档的步骤如下：

1. 修改启动文件

将启动文件 startup_stm32f429_439xx.s 的 PendSV_Handler 和 SysTick_Handler 分别改为 OS_PendSV_Handler 和 OS_SysTick_Handler，并且在复位使能浮点支持。

2. 修改 bsp.h 和 bsp.c 文件

在 μC/OS Ⅲ 源码中，bsp.h 和 bsp.c 是示例所带的 STM32 开发板驱动代码，这里要修改成你的开发板的驱动代码。在 bsp.h 中添加你的驱动文件的头文件，比如在工程中添加 #include "stm32f4xx.h" 和 #include "bsp_led.h"。在 bsp.c 中删除原有的初始化 LED 灯代码，添加你的 LED 灯驱动代码。

3. 修改应用文件，检查 μC/OS Ⅲ 系统是否移植成功

修改应用文件 app_cfg.h，app.c。创建一个任务，称为起始任务，每隔 5s 切换一次 LED1 的亮灭，以检查 OS 是否移植成功。app.c 的部分代码如下：

```
int main(void)
{
    ...
    OSInit(&os_err);                      //初始化   (1)
    ...
    OSTaskCreate((OS_TCB *)&AppTaskStartTCB,  //创建开始任务(2)
            "App Task Start",
            AppTaskStart,
            0,
            APP_CFG_TASK_START_PRIO,
            &AppTaskStartStk[0],
            AppTaskStartStk[APP_CFG_TASK_START_STK_SIZE / 10u],
            APP_CFG_TASK_START_STK_SIZE,
            0u,
            0u,
            0u,
            (OS_OPT_TASK_STK_CHK | OS_OPT_TASK_STK_CLR),
            &os_err);

    OSStart(&os_err);                     //启动多任务   (3)
}
static void AppTaskStart(void *p_arg)    //(4)
{
            ...
    while (DEF_TRUE) { //任务体,一个无限循环 (5)
        ... //(6)
        OSTimeDlyHMSM( 0u, 0u, 0u, 500u,          //(7)
                        OS_OPT_TIME_HMSM_STRICT,
                        &os_err);
    }
}
```

应用程序主要包括在代码中标注的 7 部分:

(1) OSInit()——初始化 μC/OS Ⅲ, 优先于 OSStart(), 而 OSStart() 用于启动多任务;

(2) OSTaskCreate()——创建一个任务, 该任务由 μC/OS Ⅲ 管理;

(3) OSStart()——开始多任务运行, 该函数是在 OSInit() 被调用后, 从起始代码中调用;

(4) AppTaskStart——在创建任务时所要执行的任务;

(5) 一个任务必须写成无限循环, 不能有返回值;

(6) 硬件依赖的代码, 比如点亮 LED 灯;

（7）OSTimeDlyHMSM() 延迟，至少要有一个参数为非零，该任务才能被重新调用。可以在此放置一个断点以检查该任务是否是周期性地运行。

9.8 本章小结

μC/OS Ⅲ 是具有可升级、可固化、可裁剪的开源多任务实时操作系统。本章介绍了 μC/OS Ⅲ 的任务和任务管理、中断机制时钟和时钟管理、内存管理以及同步和消息传递。在最后介绍了 μC/OS Ⅲ 的可移植性问题。

9.9 习题

1. μC/OS Ⅲ 的主要特点有哪些？

2. μC/OS Ⅲ 的调度过程是怎样的？

3. μC/OS Ⅲ 任务的状态有哪些？它们是如何转换的？

4. μC/OS Ⅲ 在哪些地方可以进行任务的调度？

5. μC/OS Ⅲ 的中断是如何实现的？

6. μC/OS Ⅲ 中断是否允许嵌套？若可以，是如何实现的？

7. μC/OS Ⅲ 的时间源来自哪里？

8. μC/OS Ⅲ 是否可以直接使用 malloc() 和 free() 进行动态内存分配？若不可以，又是如何实现动态内存分配的？

9. μC/OS Ⅲ 操作系统分别提供哪些任务管理和时钟管理？

10. μC/OS Ⅲ 基于 μC/OS Ⅲ 的应用是如何开发的，在代码中应包含哪些内容？

第 10 章 嵌入式系统调试、测试与验证方法

CHAPTER 10

学习目标与要求

1. 掌握嵌入式系统调试技术。
2. 掌握嵌入式软件测试技术。
3. 熟悉嵌入式软件验证技术。
4. 熟悉相关工具。

嵌入式系统安全性失效可能会导致灾难性的后果,或者由于其大批量生产导致严重的经济损失。这就要求对嵌入式系统,包括嵌入式软硬件进行严格的测试、确认和验证。嵌入式系统是软件和硬件的综合体,其测试过程涉及多方面知识的融合,要提供软件及硬件的端到端测试服务,横跨工具/设备、实时操作系统(RTOS)、开发平台和编程语言。随着越来越多的领域使用软件和微处理器控制各种嵌入式设备,对日益复杂的嵌入式系统快速有效的测试愈加重要。本章重点分析和讨论嵌入式系统软件开发过程中的调试、测试和验证方法,使读者能够理解和掌握嵌入式软件测试和分析的基本概念与相关工具的使用方法,并切实体会嵌入式系统测试和分析的流程。

10.1 嵌入式系统调试

嵌入式系统的程序开发完成之后,程序员需要一种方法来观察程序的运行情况,以发现并排除程序中的错误。调试技术和手段可以为程序员提供这样的能力,通过某种方法控制被调试程序的执行过程,并随时查看和修改被调试程序的执行状态,使得程序员能够在被调试程序之外截取并观察程序运行过程中的信息,通过信息比对发现程序中存在的逻辑错误。

控制程序的执行过程和查看程序执行状态是软件调试工具需要提供的两个功能。控制程序执行过程的方法有单步执行和设置断点等技术手段。查看程序执行状态是数据查看的过程,主要的手段包括设置观察点、追踪点、查看堆栈以及 CPU 寄存器值等方法。通常,具有上述两类功能的软件调试工具称为调试器(Debugger)。调试器给程序员提供了一个受控的执行环境,在这个环境中,调试器可以控制程序的运行情况,也可以使被调试的程序随时停止并冻结其运行状态,调出当前运行状态查看比对。如信息无误,再使控制程序

从断点处继续运行。

在通用软件开发中，调试器的工作原理都是类似于上面所描述的。其调试机制如图 10.1 所示，表面上调试器可以直接控制被调用程序的运行，实际上调试程序是通过操作系统内核的系统调用来完成的。

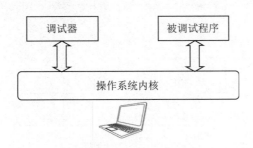

图 10.1　通用软件调试机制

嵌入式系统是资源受限的计算机系统，嵌入式系统的 CPU 速度比较慢，并且内存空间比较小，通常无法直接运行软件的调试器。此外，在嵌入式系统开发过程中，嵌入式设备往往具有小尺寸、低功耗以及低成本的特点，不具备鼠标键盘等人机交互设备，甚至没有人机交互设备，即使能运行调试器，调试器也无法进行操作和控制。

除了硬件资源限制，软件环境也存在着限制。有相当一部分嵌入式操作系统并没有完善的操作系统功能，缺少操作系统的某些功能。例如，μC/OS 以及 freeRTOS 等嵌入式操作系统只提供了基本进程管理和内存管理功能，文件系统不是默认的。但要想运行调试器，文件系统几乎是必不可少的。因此，嵌入式系统软件调试需要采用不同于通用软件的调试方法。

嵌入式软件开发通常采用宿主机目标机的方式，其调试机制如图 10.2 所示。调试器和被调试的程序分布在宿主机和目标机上，目标机和宿主机之间通过某种媒介通信，典型的媒介有串口、并口、以太网或者 JTAG。宿主机是计算能力完善的 PC，完成目标机程序代码的编译、调试、下载等功能。这些功能由在宿主机上与目标机配套的工具链完成。同时，由于目标机和宿主机在物理上是分离的，所以需要在目标机上运行一个调试代理程序，与宿主机的调试器进行通信交互，并根据调试器发出的指令控制被调试程序的运行，同时将执行状态反馈给调试器。目标机和宿主机的通信交互往往需要遵从某种通信协议，比如 GDB 调试器采用的是 RSP（Remote Serial Protocol，远程串行协议），而 ARM 公司的调试工具采用的是 ADP（Angel Debug Protocol，Angel 调试协议）。

10.1.1　嵌入式系统调试技术

断点是嵌入式软件调试技术的基本手段。断点可以控制被调试程序的整个运行状态。按照断点的实现原理，断点可以分为软件断点和硬件断点。

软件断点对应的是一种特殊类型的机器指令，称为断点指令，会被编译器提前插入到被调试程序的代码段中。当处理器执行断点指令时，处理器将触发特殊的处理程序，冻结被调试程序的执行，并将程序的控制权交给调试器，调试器可以查看和修改被调试程序当前的执行状态。

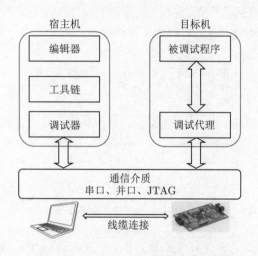

图 10.2   嵌入式系统软件调试机制

可以看出，设置软件断点需要修改程序的代码段，在需要停止执行的代码位置插入一条断点指令，使得处理器在执行到断点时跳转到断点处理程序中，把处理器的控制权交给调试器。因此，整个过程要求被调试的代码段是可写的。然而，在嵌入式环境下，对于一些存储在不可擦写的 EPROM 或者 ROM 中的程序，是不能运用软件断点技术的。因此，为了应用软件使用断点技术调试，在调试程序的时候，应将程序下载到 RAM 中调试。待程序能正常工作了，才将程序固化到不可擦写的存储器中。

硬件断点常常用来监视数据变化，是一种和数据相关联的断点，这类断点被称为数据断点。数据断点会在处理器企图改变某个特定位置的数据时触发断点，冻结被调试程序的执行。很多嵌入式系统没有内存管理单元（Memory Manage Unit，MMU），因此对数据的访问缺乏保护机制。例如，在 μC/OS 和 freeRTOS 中，系统内核和用户进程都运行在同一地址空间中，用户的错误可能导致内核空间中的数据被破坏。因此，嵌入式软件开发者需要一种手段能够检测重要数据的改动情况，当处理器改写该数据时，会触发一个异常，将处理器的执行现场保存下来，以方便查找问题所在。

硬件断点是一类通用的断点，除了可以用作数据断点，也可以用作和指令相关的断点，控制程序的执行。例如，在 Intel 的 StrongARM/XScale 系列处理器中，可以设置 4 个硬件断点，这 4 个断点可以任意设置，既可以设置为数据断点，也可以设置为指令断点。硬件断点的实现原理比较简单，数据断点和指令断点都需要地址操作。在每次地址操作之前，处理器都会将加载的地址和硬件断点寄存器中的地址进行比对。如果地址一致，则说明处理器正在尝试访问这一数据或指令，处理器会立即触发一次异常，冻结被调试程序的执行，将处理器的控制权交给调试器。和软件断点相比，硬件断点整个过程都是由硬件来完成的，不需要对程序进行改动，因此对被调试程序影响比较小。

10.1.2 调试手段

随着嵌入式系统软硬件技术的不断发展，嵌入式系统的软件调试手段也在不断变化。一方面，芯片的计算速度和体系结构的复杂度变得越来越复杂；另一方面，嵌入式系统所能承载的软件规模也越来越庞大。为了适应这一发展趋势，新的嵌入式调试手段不断涌现。总的来看，嵌入式系统的调试手段主要包括 ROM 监视器、ROM 仿真器、在线仿真（In-Circuit Emulation，ICE）、片上调试等方式。

1. ROM 监视器

ROM 监视器是嵌入式软件开发人员驻留在可擦写存储器 ROM 或者 Flash 中的一段小程序，主要负责监控目标机上被调试程序的运行，与宿主机端的调试器一起完成对目标机端程序的调试。为了实现调试的目的，ROM 监视器预先被固化到目标机的 ROM 地址空间中。在目标机上电复位后，首先执行的是 ROM 监视器程序，同时 ROM 监视器对硬件进行基本的初始化，主要包括校验存储器、设置寄存器、初始化用于信息交互的通信接口（串口/网口）等，使得系统进入运行就绪状态。

当通信接口初始化完毕之后，处理器通过该接口接收并执行用户指令，同时也可以通过该接口将用户程序代码下载到目标机存储器，进而处理器跳转到用户程序入口处执行。在程序调试阶段，用户可以通过该接口向处理器发送命令，在特定位置插入断点指令，ROM 监视器会用特定的断点指令替换原有代码的指令，使得处理器运行到该位置后转入异常服务程序，实现断点调试。利用 ROM 监视器方式作为调试手段时，目标机端应用程序的开发流程如下：

（1）目标机上的监控器掌握对目标机的控制，等待和调试器建立连接；

（2）启动调试器，并和监控器建立起通信连接；

（3）使用调试器将应用程序下载到目标机的 RAM 空间中；

（4）使用调试器进行调试，发出各种调试命令，监控器解释并执行这些命令，通过目标机上的各种异常来获取对目标机的控制，将命令执行结果回传给调试器；

（5）如果程序有问题，则在调试器的帮助下定位错误，修改之后再重新编译链接并下载程序，开始新的调试，如此反复直至程序正确运行为止。

ROM 监视器是一段固化到芯片中的代码，基本不需要专门的调试硬件支持，而且可扩展性强，成本低廉，减小了调试的难度，缩短了产品开发周期，有效地降低了开发成本。同时，ROM 监视器也面临着一些问题，例如，当 ROM 监视器占用 CPU 时，应用程序不能响应外部中断，因此，ROM 监视器不能调试带有时间特性的程序。当目标机 CPU 不支持硬件断点时，ROM 监视器无法调试 ROM 程序和设置数据断点。某些调试功能依赖于 CPU 硬件的支持（如硬件断点功能），ROM 监视器要占用目标机一定数量的资源，如 CPU、RAM、ROM 和通信设备等。

2. ROM 仿真器

ROM 仿真器是使用 RAM 器件和附加电路来仿真 ROM 硬件设备。利用这种设备，目标机可以没有 ROM 芯片，但目标机的 CPU 可以读取 ROM 仿真器设备上 ROM 芯片的内容。ROM 仿真器设备上的 ROM 芯片的地址可以实时地映射到目标机的 ROM 地址空间,从而仿真目标机的 ROM。需要注意的是,ROM 仿真器设备只是为目标机提供 ROM 芯片以及在目标机和宿主机之间建立一条高速的通信通道,因此,它需要和 ROM 监视器调试方式结合起来形成一种完备的调试方式。

3. ICE 在线仿真

与 ROM 仿真器不同的是,在线仿真器(In Circuit Emulator, ICE)主要替换物理目标机上的嵌入式处理器。在线仿真器能产生外部电路所需要的信号,同时捕获外部的所有信号,以方便用户查看处理器内部的数据或代码,并控制 CPU 的运行。

在线仿真器具有自身的处理器、RAM 和 ROM 存储器资源。一般而言,ICE 对目标机处理器的代替完全是物理上的代替。所以,在线仿真器一方面可以绕开目标系统的内存,避免目标存储器子系统由于不稳定而造成的问题;另一方面,可以代替目标系统的处理器来工作,使用在线仿真器的时候,可以禁用目标系统的处理器或者干脆拔掉它,让仿真器的 CPU 来代替目标系统的处理器。如图 10.3 所示,宿主机、ICE 和目标机之间的连接关系。通过与宿主机相连的接口,宿主机上的调试软件可以向仿真器下载程序并发送调试指令。

图 10.3　宿主机、ICE 和目标机之间的连接

在线仿真器在调试程序时,将被调试程序存储在仿真器外部的 SRAM 中,仿真器上的处理器能够执行目标机可以执行的所有指令,并且其外部仿真监控硬件(外部仿真逻辑)通过监视和控制仿真接口信号,来获取目标机处理器的状态,干预目标机处理器的运行,实现调试功能。

4. 边界扫描测试技术 JTAG

JTAG(Joint Test Action Group,联合测试行动小组)是一种国际标准测试协议,主要用于芯片内部测试,也称为"边界扫描测试"。这个标准在 1990 年发布,被命名为 IEEE 1149.1。现在,几乎所有嵌入式领域的微处理器、大规模 ASIC 芯片,可编程逻辑芯片 FPGA 等都支持 JTAG。在硬件方面,JTAG 可以用于芯片内部组件的互联测试,诊断部件的链接故障。在软件方面,JTAG 可以用于处理器程序映像的下载和程序的调试。

在 JTAG 调试中,边界扫描(Boundary-Scan)是一个很重要的概念。芯片是通过引脚与外设通信的,所有的数据都会通过引脚输入或者输出,而 JTAG 就是通过监控引脚的信号达到芯片测试的目的。

边界扫描技术的基本原理是在靠近芯片的输入/输出引脚上增加一个移位寄存器单元。因为这些移位寄存器单元都分布在芯片的边界上(周围),所以被称为边界扫描寄存器。当芯片处于调试状态的时候,这些边界扫描寄存器将芯片和外围的输入/输出隔离开来。通过这些边界扫描寄存器单元，实现对芯片输入/输出信号的观察和控制。边界扫描寄存器单元把信号（数据）加载到与之相连接的芯片的输入引脚上。对于芯片的输出，边界扫描寄存器捕获与之相连接引脚上的输出信号。在正常的运行状态下，边界扫描寄存器对芯片是透明的，正常运行不会受到任何影响。这样，边界扫描寄存器就提供了一个便捷方式观测和控制芯片。

芯片输入/输出引脚上的边界扫描（移位）寄存器单元可以相互连接起来，在芯片的周围形成一个边界扫描链，如图 10.4 所示。一般的芯片都会提供几条独立的边界扫描链，实现完整的测试功能。边界扫描链可以串行输入/输出，通过相应的时钟信号和控制信号，方便地观察和控制处在调试状态下的芯片。

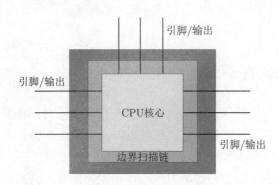

图 10.4　边界扫描链

对边界扫描链的控制主要是通过 TAP（Test Access Port）控制器来完成的。TAP 是一个通用的端口，通过 TAP 可以访问芯片提供的所有数据寄存器（DR）和指令寄存器（IR）。对整个 TAP 的控制是通过 TAP 控制器来完成的。TAP 总共包括 5 个信号接口：TCK、TMS、TDI、TDO 和 TRST。一般情况下，开发板上都有一个 JTAG 接口，有关 JTAG 接口在 7.2.4 节已经介绍，此处不再赘述。

需要注意的是，除了 TRST 信号是可选的，其他信号线都是必选的。

TAP 控制器是如何来访问边界扫描链的？如图 10.5 所示，边界扫描链由 6 个边界扫描移位寄存器单元组成，并且被连接在 TDI 和 TDO 之间。TCK 时钟信号与每个边界扫描移位寄存器单元相连。每个时钟周期驱动边界扫描链的数据由 TDI 到 TDO 的方向移动一位，这样，新的数据通过 TDI 输入一位，边界扫描链的数据通过 TDO 输出一位。经过 6 个时钟周期，更新边界扫描链里的数据，而且将边界扫描链里捕获的 6 位数据通过 TDO 全部移出。

如图 10.5 所示，TDI 和 TDO 的数据是以串行的方式传输的，每一位数据都由 TCK 时钟触发，分别经由 TDI 和 TDO 引脚传入和传出。通过 JTAG 扫描链，JTAG 完全掌握 CPU 的地址总线、数据总线和控制总线，因此扫描链输入一个伪造的指令来使能 CPU 断点，也能输入一个伪造的指令来查看 CPU 寄存器或者存储器的状态。按照这种方式，用户可在链路上加载不同的命令控制芯片运行。

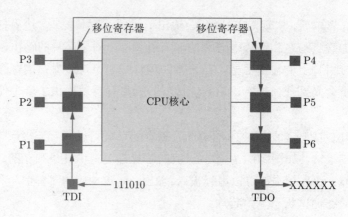

图 10.5　长度为 6 的边界扫描链

10.2　嵌入式软件测试

软件测试与分析是软件质量保证的关键环节，它代表了对软件规约、设计、编码和软件行为的最终排查和验证，尽量使所开发的软件与设计要求保持一致。软件测试是根据软件各个开发阶段的说明规约和程序代码结构而设计出一批测试用例，并运行这些测试用例，比对实际输出与预期输出之间的差异来发现程序错误，然后对其是否能满足设计要求进行评估的过程。软件测试是保证软件质量的一个重要环节，一个成功的软件测试能发现软件中的错误，最大可能地保证软件的功能和性能与设计需求相符合，并为软件的可靠性分析提供数据支持。

软件测试的目的是增强软件开发人员对软件正常运行的信心，其过程是从无穷的软件运行域中选择有穷的测试集来对程序行为进行动态验证。因此，在进行测试时，测试人员往往希望一次测试能够尽可能多地暴露隐藏错误。通过设计测试用例，花费最少的时间和最小的代价，找出不同类型的错误。因此，软件测试是一个需要认真系统规划的过程，这一过程主要包括测试设计、定义测试策略、评价测试结果并生成测试报告等阶段。

软件测试生命周期如图 10.6 所示，主要包括需求分析、测试设计、编码、测试几个阶段。在需求阶段，测试人员需要理解需求以及软件的功能要点，描述软件预期结果。同时，也应该描述不正常场景下的软件行为，保证需求文档的完整性以及软件的可测试性。在测试设计阶段，根据需求文档，针对软件的可测性进行设计，定义相关的测试设计模式、标准和框架。在编码阶段，根据测试标准对代码进行评审，配置软件测试的配套工具和框架。在软件测试阶段，执行构建测试，验证评价软件构建的可测性。

检测软件中的故障是测试的主要目的。10.1节中所讲述的调试是为了让程序不存在缺陷而针对该缺陷所采取的纠错手段，是软件测试过程重要的步骤。当软件测试在被测软件中发现错误之后，需要采用调试手段来排除错误，使得程序能够正常工作。因此，调试不是测试，如果把测试看作是发现错误的过程，那么调试可被看作是错误纠正的过程，作为测试的后续工作。调试的目的是根据测试报告中所指出的错误，定位和修复有问题的代码过程。

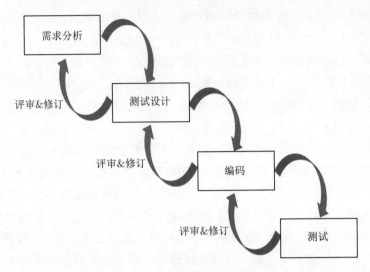

图 10.6　软件测试生命周期

与常规软件测试不同，嵌入式系统软件的测试有其独特之处。嵌入式系统是以应用为中心，软件硬件可剪裁，符合应用系统对功能、可靠性、成本、体积及功耗等严格要求的专用计算机系统。而且，嵌入式系统的专用程度较高，所以对其可靠性的要求也比较高。为了保证系统的稳定性，避免由于其可能出现的失效而导致灾难性的后果，嵌入式系统要求对包括嵌入式软件的整个系统进行严格的测试、确认和验证。嵌入式系统的软硬件功能界限模糊，其测试比 PC 上的软件测试要困难得多，嵌入式软件系统测试具有如下特点：

（1）测试软件功能依赖硬件功能，快速定位软硬件错误困难；

（2）健壮性、可测性测试很难编码实现；

（3）交叉测试平台的测试用例、测试结果上载困难；

（4）基于消息系统测试非常复杂，包括线程、任务、子系统之间的交互，并发、容错和对时间的要求；

（5）性能测试、确定性能测试是测试的瓶颈，非常困难；

（6）实施测试自动化技术困难。

大量统计资料表明，软件测试的工作量往往占软件开发总工作量的 40% 以上。在极端情况，测试安全攸关的重要行业中嵌入式软件所花费的成本，可能相当于软件工程其他开发步骤总成本的 3~5 倍。

嵌入式软件测试要提供软件及硬件的端到端测试服务，横跨工具/设备、实时操作系统（RTOS）、开发平台和编程语言。服务内容包括嵌入式软件和硬件的测试策略和代码测试，以及覆盖分析、功能测试、压力测试、代码审查、调试和代码维护。测试服务覆盖从设备驱动、中间件/协议，到系统及应用水平的测试，主要完成如通信、网络、存储、计算机硬件和外设的嵌入式系统测试。

10.2.1　嵌入式系统测试过程

嵌入式软件测试过程一般有 4 个阶段：单元测试、集成测试、系统测试、软硬件集成测试。

在单元测试阶段，与硬件无关的高层代码（比如算法等软件）大都在宿主机的开发环境中完成，主要查找高层软件中的逻辑功能、输入/输出错误等，而与硬件相关的软件测试则需要运行在目标机上。为保证完整测试效果，单元测试之后，高层代码测试最后也必须在目标机上再次测试。

在集成测试阶段，是在软件系统集成过程中所进行的测试，其主要目的是检查软件单元之间的接口是否正确。它根据测试计划，一边将模块或其他模块组成越来越大的系统，一边运行该系统，以分析所组成的系统是否正确，各个组成部分是否协调。集成测试的策略主要有自顶向下和自底向上两种。也可以理解为在软件设计单元、功能模块组装、集成为系统时，对应用系统的各个部件（软件单元、功能模块接口、链接等）进行的联合测试，以决定它们能否在一起共同工作，部件可以是代码块、独立的应用、网络上的客户端或服务器端程序等。此时软件测试过程需要将代码运行在目标机环境下。值得一提的是，为了提高测试效率，测试人员也可以在目标机的仿真环境下开展集成测试工作。同样，基于仿真的测试只能协助提高测试效率，基于仿真的测试不能完全取代目标机的测试过程，最终的测试还是要在目标机上完成。

在系统测试阶段，系统测试是基于需求说明的黑盒测试，是对已经集成好的软件系统进行彻底的测试，以验证软件系统的正确性和性能等是否满足其规约所指定的要求，检查软件的行为和输出是否正确。因此，系统测试应该按照测试计划进行，其输入、输出和其他的动态运行行为应该与软件规范进行对比。此时软件测试过程需要将代码运行在目标机环境下。软件系统测试的方法很多，主要有功能测试、性能测试、随机测试等。

前 3 个阶段适用于任何软件的测试，硬件/软件集成测试阶段是嵌入式软件所特有的，软件作为嵌入式系统的一部分，与硬件、网络、外设、支撑软件、数据以及人员结合在一起，在实际或模拟环境下对软件进行测试，目的是验证嵌入式软件与其所控制的硬件设备能否正确地交互。

10.2.2　嵌入式软件开发标准及测试指标

嵌入式软件通常采用 C 语言或汇编语言开发。在使用 C 语言开发的过程中，由于对软件安全性的严格要求，对开发语言的完备性、可靠性也提出了相应的要求。MISRA C 标准的提出就是嵌入式 C 语言编程规范。另外，程序测试的标准、软件质量的评估也是非常重要的。

1. 嵌入式软件开发规范——MISRA C 标准

C 语言是开发嵌入式应用程序最流行的编程语言，然而，C 语言并非是专门为嵌入式系统设计的，嵌入式系统较一般计算机系统对软件安全性要求更苛刻。一个成功的嵌入式软件系统，不仅要求功能正确，更重要的是软件的可靠性。可靠性对嵌入式系统非常重要，尤其在安全性要求很高的系统中，如航天航空、汽车电子和工业控制等领域中。这些系统的特点是只要运行稍有偏差，就有可能造成重大损失或者人员伤亡。一个不易出错的系统，除了要有可靠的硬件设计（如电磁兼容性），还要有很健壮或者说"很安全"的软件设计。然而，C 语言的定义并不完备，即使是国际通用的 C 语言标准，也存在着很多未定义的语义。要尽可能避开潜在的危险编程方式，最好的方法是形成针对安全性的 C 语言编程规范。

MISRA C 标准就是在这个背景下提出的，针对汽车工业软件安全性的 C 语言编程规范——《汽车专用软件的 C 语言编程指南》（Guidelines for the Use of the C Language in Vehicle Based Software，MISRA C），共有 127 条规则，称为 MISRA C：1998。MISRA C 编程规范的推出迎合了很多汽车厂商的需要，因为一旦厂商在程序设计上出现了问题，用来补救的费用将相当可观。

MISRA C 标准开始主要是针对汽车产业，不过其他产业也逐渐开始使用 MISRA C，其中包括航天、电信、国防、医疗设备、铁路等领域。

MISRA C：2004 将其 141 条规则分为 21 个类别，每一条规则对应一条编程准则。MISRA C：2004 规则分类见表 10.1。

表 10.1　MISRA C：2004 规则分类

类　别	强制规则	推荐规则	类　别	强制规则	推荐规则
开发环境	4	1	表达式	9	4
语言外延	3	1	控制表达式	6	1
注释	5	1	控制流	10	0
字符集	2	0	Switch 语句	5	0
标识符	4	3	函数	9	1
类型	4	1	指针与数组	5	1
常量	1	0	结构体联合体	4	0
声明与定义	12	0	预处理指令	13	4
初始化	3	0	标准库	12	0
数字类型转换	6	0	运行失败	1	0
指针类型转换	3	2			

一个程序能够符合 MISRA C 编程规范，不仅需要程序员按照规范编程，编译器也需要对所编译的代码进行规则检查。

2. 测试指标

对于判断一个系统是否通过了测试，系统制定测试目标所达到的程度，或者衡量系统的完整性都需要一个指标。目前，常用测试覆盖率作为了解测试状态、改进测试工作的重要手段。测试的覆盖率主要是针对白盒测试来分析的。

白盒测试是基于程序结构的逻辑正确性测试，是对程序代码的分析，因此，在白盒测试时，需要能够读取程序代码。白盒覆盖方法也是逻辑覆盖，主要分为 7 种覆盖方法：语句覆盖、判定覆盖、条件覆盖、判定条件覆盖、条件组合覆盖、路径覆盖、MC/DC 覆盖。

1）语句覆盖

语句覆盖是指程序在测试过程中，被执行到的语句与可执行的语句的比率。一般来说，设计语句覆盖测试用例时应保证每个可执行语句都能执行一次。

【例 10-1】　如图 10.7 所示，程序 1 共有两个可执行的语句"A∧ B"和"C"。若保证程序中所有可执行语句都能执行到，则测试用例条件：A ∧ B = T。

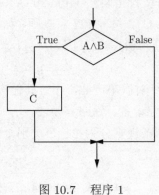

图 10.7　程序 1

2）判定覆盖

判定覆盖又称分支覆盖，指程序在测试过程中，判定语句所有判断分支（取真或者取假）被执行到的比率。一般来说，设计判定覆盖测试用例，应保证所有判定分支语句都能执行一次。

【例 10-2】　如图 10.8 所示，程序 2 共有两个可执行的分支语句"C"和"D"。若保证程序中所有判断分支语句都能执行到，则测试用例条件：A ∧ B =T 和 A ∧ B = F。

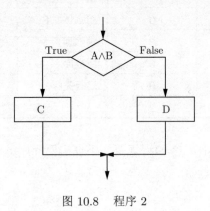

图 10.8　程序 2

3）条件覆盖

条件覆盖是指程序在测试过程中，判定语句所有条件（取真或者取假）出现过的比率。一般来说，设计条件覆盖测试用例时，应保证判定语句中所有的条件取值结果（取真或者取假）都能执行一次，而不考虑判断语句的计算结果。

【例 10-3】   如图 10.9 所示，程序 3 判断语句条件为"A"和"B"，若保证程序中判定语句所有的条件取值结果都能执行到，则测试用例条件：A = T、A = F、B = T 和 B = F。

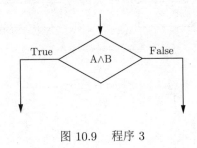

图 10.9   程序 3

4）判定条件覆盖

判定条件覆盖又称分支条件覆盖，实际上就是判定覆盖和条件覆盖的组合。一般来说，设计判定条件覆盖测试用例时，应保证所有判定语句中每个条件可能的取值结果都能执行一次，判定语句本身的所有取值结果也能执行一次。

【例 10-4】   如图 10.9 所示，程序 3 判断语句条件为"A"和"B"，判定语句为"A ∧ B"。若保证程序中判定语句中所有的条件取值结果以及所有判断语句本身的取值结果都能执行到，则测试用例条件：A ∧ B = T、A ∧ B = F、A = T、A = F、B = T 和 B = F。

5）条件组合覆盖

条件组合覆盖是指程序在测试过程中，程序中判定语句所有条件可能组合出现的比率。一般来说，设计条件组合覆盖测试用例时，应保证判定语句中每个条件取值的可能组合都能执行一次。

【例 10-5】   如图 10.9 所示，程序 3 判断语句条件为"A"和"B"。若保证程序中判定语句中所有的条件取值的可能组合都能执行到，则测试用例条件：A = T 且 B = T、A = T 且 B = F、A = F 且 B = T、A = F 且 B=F。

6）路径覆盖

路径覆盖是指程序在测试过程中，程序中所有可能路径被执行的比率。一般来说，设计路径覆盖测试用例时，应保证每条程序路径都能执行一次。

【例 10-6】   如图 10.10 所示，程序 4 中可能经过的路径为"a""b""c""d""e"。若保证程序中判定语句可能路径都能执行到，则测试用例条件应保证 a − c − e、a − b − d、a − b − e 和 a − c − d 4 条路径的测试。

7）MC/DC 覆盖

改进条件/判定范围（Modified Condition/Decision Coverage，MC/DC）是指程序中的每个入口点和出口点至少被调用一次。判定中每个条件的所有取值至少出现一次，每个判定的所有可能结果至少出现一次，每个条件都能独立地影响判定的结果，即在其他所有条件不变的情况下改变该条件的值，使得判定结果改变。

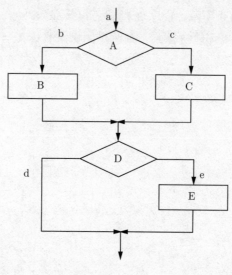

图 10.10　程序 4

MC/DC 是条件组合覆盖的子集。条件组合覆盖要求覆盖判定中所有条件取值的所有可能组合，需要大量的测试用例，实用性较差。MC/DC 具有条件组合覆盖的优势，同时大幅减少用例数。满足 MC/DC 的测试用例数下界为条件数 +1，上界为条件数的两倍。

【例 10-7】　判定中有 3 个条件，条件组合覆盖需要 8 个用例，而 MC/DC 需要的用例数为 4~6 个。

如果判定中条件很多，用例数的差别将非常大。

【例 10-8】　判定中有 10 个条件，条件组合覆盖需要 1024 个用例，而 MC/DC 只需要 11~20 个用例。

【例 10-9】　如图 10.9 所示，程序 3 判断语句条件为 "A" 和 "B"，在 A = F 时会独立影响判定的结果，而不受 "B" 的影响，这样，测试用例条件：A = T 且 B = T、A = T 且 B = F 和 A = F 且 B = T。

10.2.3　测试方法

1. 白盒测试

白盒测试是在软件开发早期检测错误的一种重要方法，是在了解软件内部逻辑结构的基础上执行的测试。其主要目标是关注内部程序结构，这些结构包括程序语句和分支，各种类型程序路径、程序内部逻辑和数据结构、程序内部行为和结构，并在此基础上提供一组测试用例，保证程序中的每条语句都至少被执行一次，同时还要提供测试用例，使得决策点的每个分支至少执行一次，以此为基础发现所有程序内部错误。

白盒测试以软件结构，特别是程序的设计架构以及编程机制的封闭检查为基础，允许测试人员看到被测试构建的内部机制，并基于代码的实现来产生测试用例。因此，白盒测试是一种比较强的测试技术，通过提供针对执行指令序列、条件或者循环结构的测试用例，测试软件的逻辑执行路径。根据各个位置点的程序检查状态，比较实际状态是否与预期状态一致来判断程序的错误。为了执行白盒测试，一般需要输入以下几个部分：

（1）白盒测试模型和测试准则；

（2）白盒测试设计和生成方法；

（3）程序源代码。

要得到上面几个输入部分，测试人员需要深入理解待测试代码，并清楚应该创建什么样的测试用例才能对每一个可见的代码路径进行测试。

白盒测试需要看到被检测对象的内部，并在测试过程中使用这些信息，它依赖于程序的结构。因此，需要定义一种程序的表达方式来精确地表达程序结构和逻辑流。在白盒测试中，通常采用数据/控制流图（CDFG）来描述程序的内部结构。CDFG 在 6.6.1 节已经介绍过。

基于对程序全面、深入的源代码分析，白盒测试包含了一系列的测试技术，主要包括基本路径测试、数据流测试、条件判定覆盖测试、循环测试等。每一个测试技术用于针对源代码中特定结构的代码进行测试，也用于特定测试用例生成的依据。白盒测试技术作为一种常用的测试方法，优点体现在：

（1）由于具有内部代码信息，白盒测试可以检测到代码中的每条分支和路径；

（2）基于实现细节来分析源代码，使得测试人员能够更快地发现编程错误；

（3）有助于优化代码，删除多余代码，减少缺陷隐患；

（4）能够揭露隐藏在代码中的错误。

2. 黑盒测试

白盒测试关注于被测软件的内部结构，测试人员使用该技术时需要知道被测软件的内部结构。黑盒测试把软件看作是一个黑盒，测试人员的测试目标完全与软件内部结构无关，测试人员关注的是软件行为和功能，因此，黑盒测试也称为功能性测试。与白盒测试不同，黑盒测试没有任何关于被测软件内部如何工作的知识，测试人员只知道有效输入和预期输出的对应关系。

黑盒测试过程好比将一个嵌入式电子系统置于一个黑盒子里面，外部只有指示灯、开关和刻度盘，在对电子系统进行测试时不能打开盒子。如果要验证该系统是否正常工作，只能按下开关（输入），然后看指示灯和刻度盘的结果（输出）是否正确。因此，黑盒测试只需要按照规格说明进行测试，测试者并不知道被测对象的内部结构，只基于所知的系统需求来实施测试。

黑盒测试技术完全基于产品和软件的需求和功能，在测试过程中，测试人员和代码开发人员相互独立，保证测试可以从用户的角度出发，发现软件缺陷。黑盒测试主要可以发现以下几类错误：

（1）不正确或者遗漏的功能；

（2）接口错误；

（3）数据结构与外部数据库访问错误；

（4）初始化或者终止错误。

黑盒测试的优点主要包括：

（1）对于大规模代码单元，黑盒测试比白盒测试更加高效；

（2）在运行时测试软件，测试结果直观简单；

（3）不需要测试人员对于系统功能有详细的理解。

黑盒测试在设计测试用例时，只对输入和输出进行考虑。然而，对所有可能的输入进行穷尽测试是不现实的。因此需要测试人员在有限的资源下生成测试用例，找到尽可能多的错误。黑盒测试技术包括等价类划分法、边界值分析法、有穷状态测试等方法。

3. 静态测试

在程序进行执行之前，需要进行设计评审和代码检查，检查这些代码设计是否符合某些标准，以将错误排除在测试之前，这一步骤通常称为静态测试。对嵌入式软件进行静态测试涉及多方面的技术和内容，主要包括嵌入式软件编程规范检查、嵌入式软件错误检测以及基于源代码的静态测试。

1）嵌入式软件编程规范检查

在嵌入式系统软件开发领域，C语言已经成为了嵌入式软件开发的主流开发语言。但由于C语言是一种弱类型的语言，用C语言编写的程序很难保证可靠性。在C语言标准中，未定义行为、未指明行为、实现定义行为等不安全的用法是普遍存在的。在10.2.2节提到的MISRA C就是为了提高嵌入式软件的可靠性而提出的一种标准。嵌入式软件编程规范检查就是要检查嵌入式软件代码是否严格遵守了编程规范的一种静态检查方法。

2）嵌入式软件错误检测

嵌入式软件错误检测使用算法技术检查源代码中的错误，并标明问题区域，以便编程人员做更详细的检查。编译器只能识别出语法规则上的错误，而错误检测需要检测的错误内容更广泛，主要包括：

（1）模块接口一致性；

（2）错误的逻辑结构；

（3）不可达的程序段；

（4）多线程中未保护数据的访问冲突；

（5）变量错误的影响范围分析。

一般而言，错误发现得越晚，修正的成本就越高。因此，在静态测试中发现并修正错误，有很大的必要性。

3）基于源代码的静态测试

基于源代码的静态测试是指不用执行源代码的测试，它基于源代码，采取代码走查、技术评审、代码审查等方法对软件产品进行测试。

4. 插桩技术

一般对程序进行动态测试时，可以使用程序插桩来进行测试。程序插桩使被测试程序在保持原有逻辑完整性的基础上在程序中插入一些探针函数，即插桩语句，探针函数是一个子过程调用，调用的子过程能在运行到插桩点时记录下有关的运行情况。基于这些运行情况的分析，可以获得程序执行过程中变量值的变化情况，也可以用来检测程序的控制流和数据流信息，以此来实现测试的目的。通过探针的执行，输出程序的运行特征数据，基于对这些特征数据的分析，揭示程序的内部行为和特征。

插桩的关键技术包括要探测哪些信息、在程序中什么部位设置探针、如何设计探针以及探针函数捕获数据的编码和解码。

10.3　嵌入式软件自动验证技术——模型检测

随着嵌入式软件规模越来越大，使得人工验证软件变得越来越困难，而且人工验证本身是否可靠也是一个很大的问题。模型检测（model checking）技术的应用，提高了程序自动化验证的能力，也越来越多地应用到嵌入式软件的验证中。

模型检测是程序模型执行过程中证明性质正确性的算法。它源于逻辑和定理证明，这两者都给出了基础问题形式化的基本概念，并提供了分析逻辑问题的算法流程。最早由 Clarke 和 Emerson 以及 Quielle 和 Sifakis 在 1981 年分别提出的，通过显式状态搜索或隐式不动点计算来验证有穷状态并发系统的时态逻辑性质。由于模型检测可以自动执行，并能在系统不满足性质时提供反例路径，因此在工业界比定理证明更受推崇。尽管限制在有穷状态系统上是一个缺点，但模型检查应用于许多非常重要的系统，如硬件控制器和通信协议等有穷状态系统。很多情况下，可以把模型检测和各种抽象与归纳原理结合起来验证非有穷状态系统（如实时系统）。

模型检测是一种采用高效算法以自动化方式进行检测的技术，其基本思想是用典型的状态迁移系统 S，通常为自动机，建立系统模型以描述系统的行为，用时态逻辑公式 F 描述系统的性质。在系统验证时，模型检测技术将"系统是否具有所期望的性质"转化为数学问题："状态迁移系统 S 是否是公式 F 的一个模型？"，并利用计算机来证明"系统是否具有所期望的性质"，用公式 $S \models F$ 表示。

对有穷状态系统，这个问题是可判定的，即计算机程序在有限时间内自动确定。模型检测有两个显著的特点：一是可以自动进行，无须人工干预；二是在系统不满足所要求的性质时，可以生成反例，准确地指出错误的位置。这两个特点对模型检测在实际中的成功应用起到了至关重要的作用。

模型检测已被应用于计算机硬件、通信协议、控制系统、安全认证协议等方面的分析与验证中，取得了令人瞩目的成果，并从学术界辐射到了产业界。早期的模型检测侧重于对硬件设计的验证，随着研究的进展，模型检测的应用范围逐步扩大，涵盖了通信协议、安全协议、控制系统和一部分软件。模型检测主要应用于以下几方面。

1. 电子线路设计方面

其验证的例子如先进先出存储器，其验证的性质包括输入和输出的关系；浮点运算部件的验证，验证的性质包括计算过程所需满足的不变式等。

2. 复杂协议的验证

其验证过程主要基于抽象和简化的模型。验证的例子主要包括：合同协议的验证，验证的性质包括公平和滥用的可能性；缓存协议的验证，验证的性质包括数据的一致性和读写的活性。

3. 复杂软件的验证

由于软件相对比较复杂，并且软件运行中可能到达的状态个数通常没有实质上的限制，所以验证通常局限于软件的某些重要组成部分，并尽可能通过模型抽象技术简化建模过程。软件验证的例子包括飞行系统软件的验证，验证的性质包括系统所处的状态和可执行动作之间的关系；铁路信号系统软件的验证，验证的性质包括控制信号与控制装置状态的关系。

10.3.1　模型检验过程

模型检验过程包括系统建模、性质规约描述、系统验证 3 方面，如图 10.11 所示。

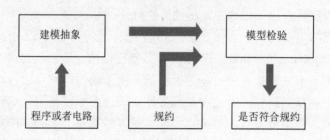

图 10.11　模型检测过程

1. 系统建模

对系统建模首先选用一种形式化描述方法，将待验证的系统设计转化为工具所能接受的模型，比如状态迁移图。通常建模中采用抽象的方法去除不重要或不相关的细节，用尽可能少的状态来刻画系统的行为，以避免引入过多的细节而导致状态爆炸。

2. 性质规约描述

系统所要验证的性质通常是采用逻辑公式来描述，比如时态逻辑。它能够描述系统随着时间变化而引起的行为变化。模型检测提供了许多描述性质和验证性质的方法，但这并不能保证这些性质包含所有系统应满足的性质。因此要求设计人员在性质描述时保证性质的完整性。

3. 系统验证

通过模型检测算法对系统的状态空间进行穷尽搜索。验证结束后，如果未发现违反性质描述的状态，则表明该模型满足期望的性质；如果规约没有被满足，那么模型检验能够给出反例，通过分析反例找出软件错误所在。

10.3.2　状态爆炸问题

在模型建立阶段，系统的状态和状态间的迁移都是采用状态图或者自动机来描述的。当状态数量较少时，模型检测算法是非常实用的。但是随着系统状态数目的增加，模型状态空间也随之以指数规律增长，因此呈现搜索状态空间爆炸问题。状态爆炸是模型检验中的一个大问题，因为对现在的复杂系统来说，其状态数都是天文数字。例如，n 个相互异步的进程，如果每个进程有 m 个状态，那么其状态数为 m^n 个。为了解决这个问题，研究人员提出了一些解决的方法和思路。

1. 有序的二叉判决图（ordered Binary Decision Diagram，OBDD）

OBDD 提供了处理大系统进行符号模型检验的可能性。OBDD 是压缩的布尔公式的范式及其上的许多有效的操作算法，所以符号模型检测可用来验证状态数更多的系统。

2. 可满足性问题和可满足性模块理论

可满足性问题（Satisfiability，SAT）和可满足性模块理论（Satisfiability Modulo Theories，SMT）的应用，提出了有界模型检验（Bounded Model Cheeking，BMC）技术，对硬件设计验证特别有效。其主要思想从系统的初始状态出发，以深度优先的方式枚举长度小于或等于 K 的所有路径。在路径枚举的过程中，算法根据系统的形式化模型设定路径中各个事件的发生时间必须满足的约束，并通过 SAT 或 SMT 求解器来判断这些约束是否可解。如果可解，则表明该路径是可行的；如果无解，则表明该路径因为时间约束而导致不可行。当前路径可行时，算法就会判断当前路径是否违反了系统的规约。如果当前路径违反了系统规约，那么算法会根据当前路径和它的时间约束生成相应的反例，并报告给用户。

3. 偏序化简方法

偏序化简方法是简化状态空间的大小，在并发转移系统的执行中，发现某些转移的顺序是可以交互的，也就是当系统按照不同的转移顺序执行时，它们会到达相同的状态。该化简技术特别适合于异步系统。

偏序化简技术就是构造一个化简的状态迁移图，这个化简的状态迁移图的行为与原状态迁移图相比，并没有增加信息。更确切地说，针对要检查的性质，原系统模型的行为与化简后系统模型的行为是等价的。在化简的系统模型中验证的性质满足，那么在原系统模型中也一定满足。

4. 抽象映射

抽象映射是简化模型状态的另一种方法，把多个状态映射到一个状态。原来的系统称为具体系统，而简化了的系统称为抽象系统。抽象系统能够保持具体系统的许多性质，当然，也会丢失某些性质。

10.3.3　模型检测工具

要将模型检测技术成功地应用于实际工程，离不开许多成熟的模型检测工具的支持。这些工具解决并实现了模型检测过程中一些关键问题和技术，可以帮助开发人员对软硬件进行验证。本节将简要介绍几种成熟的模型检测工具，仅供读者参考。

1. SPIN（Simple Promela Interpreter）

SPIN 是美国贝尔实验室开发的模型检测工具，用来检测一个有限状态系统是否满足 PLTL 公式。其系统描述语言为 Promela，其语法基于进程描述，有类似 C 语言的结构。SPIN 的典型应用领域包括协议验证。它的建模方式是以进程为单位，进程异步组合。进程描述的基本要素包括赋值语句、条件语句、通信语句、非确定性选择和循环语句。其模型检测的基本方法是以自动机表示各进程和 PLTL 公式，计算这些自动机的组合可接受的语言是否为空的方法检测进程模型是否满足给定的性质。

2. Uppaal（Uppsala University & Aalborg University）

UPPAAL 是由丹麦的 Uppsala 大学和 Aalborg 大学联合开发的模型验证工具集。UPPAAL 集成了时间自动机建模与验证环境，并提供了一个编辑器、两个模拟器和一个验证器，可以用来对实时系统进行时间自动机网络模型的建模、模拟和验证。UPPAAL 对传统的时间自动机进行了一些扩展，在位置和通道上都对时间自动机进行了改进。由于它使用方便、运作高效，已经被广泛应用于算法分析和协议验证方面。

3. SMV（Symbolic Model Verifier，符号模型检测工具）

SMV 是美国卡耐基梅隆大学开发的模型检测工具，用来检测一个有限状态系统是否满足 CTL 公式。其系统描述语言为 CSML，这是一种基于状态转换关系的描述并发状态转换的语言。SMV 的典型应用领域包括电子电路的验证。它的建模方式是以模块为单位，模块可以同步或异步（interleaving）组合。模块描述的基本要素包括非确定性选择、状态转换和并行赋值语句。其模型检测的基本方法是以 OBDD 表示状态转换关系，以计算不动点的方法检测状态的可达性及其所满足的性质。

10.4 本章小结

本章主要介绍了嵌入式系统中软件的调试、测试与验证技术。嵌入式系统是资源受限的计算机系统，通常无法直接运行软件的调试。主要采用的方法是宿主机目标机的调试方法。嵌入式系统软件的测试有其独特之处。嵌入式软件采用各种测试方法，如白盒测试、黑盒测试等进行严格的测试、确认和验证。模型检测是程序模型执行过程中证明性质正确性的算法，模型检测是自动化验证系统是否满足性质的技术，由于其自动化程度高，目前在硬件开发、通信协议分析、软件分析等方面得到了很好的应用。

10.5 习题

1. 试列举出嵌入式软件中常见的需要调试的问题。
2. 试分析嵌入式软件测试和嵌入式软件调试的区别。
3. 嵌入式软件调试有哪些技术难点？
4. 试列举出不同的嵌入式系统调试技术并比较其特点及优劣。
5. 一般来说，硬件断点数量有限，一般来说只能设置 4 个，试分析其原因。

6. 试列举嵌入式软件测试生存周期及其模型。

7. 试简述嵌入式软件测试与普通软件测试异同。

8. 嵌入式系统软件测试的目的是什么？

9. 某情报机构密码由 3 部分组成，分别是：前缀（空白或 3 位大写英文字母）、中间（非 0 或 1 开头的 3 位数字或英文字母）和后缀（4 位数字）。假定被测程序能接受一切符合上述规定的密码，拒绝所有不符合规定的密码。请选择适当的黑盒测试方法，写出选择该方法的原因，并使用该方法的步骤，给出测试用例表。

10. 试设计下面的程序段有效的白盒测试用例。

```
if (x>0 and y>0)
        z=z/x;
if (x>1 or z>1)
        z=z+1;
z=y+z;
```

11. 试分析百盒测试有哪些测试指标。

12. 请按照下列测试指标分析程序需要的测试用例。

（1）语句覆盖

（2）判定覆盖

（3）条件覆盖

（4）判定条件覆盖

（5）条件组合覆盖

（6）路径覆盖

（7）MC/DC 覆盖

程序 1：

```
if (a>0)
        x=5;
else{
        if (b<0)
                x=7;
}
```

程序 2：

```
if (a==b){
        if (c>d)
                x=1;
        else
                x=2;
        x=x+1;
}
```

13. 试比较黑盒测试和白盒测试的优缺点。

14. 试分析在没有产品说明书和需求文档的情况下进行黑盒测试的可行性。

15. 可以通过削减状态空间的方法处理状态空间爆炸问题，试列举几种主要的方法。

16. 除教材方法外，还可以通过一些并行化算法和硬件加速来对模型状态空间进行求解，试列举几种主要方法。

17. 试分析测试用例和测试脚本的区别。

18. 试列举主要的测试用例设计方法。

19. 试列举目前主要应用的模型检测工具并比较其特点及优劣。

20. Time() 函数包括 3 个时间变量：hour、minute、second，函数的输出为输入时间的十分钟后，要求输入变量：hour、minute、second 均为整数值，并且满足：$0 \leqslant hour \leqslant 23$，$0 \leqslant minute \leqslant 59$、$0 \leqslant second \leqslant 59$。试设计测试用例。

21. 三角形三边长分别为 A、B、C。当三边不可能构成三角形时返回"错误"；可构成三角形时返回"三角形"；若构成三角形为等腰三角形时返回"等腰三角形"；若构成三角形为等边三角形时返回"等边三角形"。试设计测试用例。

第 11 章

CHAPTER 11

多核嵌入式微处理器

学习目标与要求

1. 掌握多核嵌入式系统的定义。
2. 熟悉 ARM 多核处理器。
3. 了解多核处理器应用程序的开发。

自从 20 世纪 70 年代微处理器诞生以来，以英特尔为代表的微处理器制造商一直致力于改进微处理器的性能。从微处理器诞生起到 21 世纪初，主要是通过提高工作主频来加快微处理器的运行速度。但随着晶体管密度增加，严重的发热问题导致主频受限，单核微处理器性能的提高走到了尽头。21 世纪以来，将多个处理单元集成在一起形成多核高性能处理器已经成为提高处理器性能的主要途径。ARM 公司 2001 年发布的 ARM-V6 版本支持 2~4 个核的处理器架构。英特尔公司于 2005 年发布了双核安腾处理器。2019 年，华为公司发布了 8 核移动处理器麒麟 990。

多核处理器技术为用户带来更强大的计算性能，同时满足了多任务处理和多任务计算环境的要求。

11.1 多核嵌入式系统

采用多核处理器的嵌入式系统称为多核嵌入式系统。为了能够发挥多核处理器的性能，多核嵌入式系统采用了支持多核处理器的软件运行和开发环境。

11.1.1 多核处理器

多核处理器由两个或两个以上的独立运行处理器核组成，多个处理器核共享存储和外设资源。

英特尔 Core 2 Duo 是一款具有代表性的双核处理器，如图 11.1 所示为英特尔 Core 2 Duo 内部结构，其中芯片内部布局图见图 11.1(a)，内部结构示意图见图 11.1(b)。在 Core 2 Duo 中，CPU 核采用两级高速缓存模型，处理器核 1 和处理器核 2 分别独立拥有 L1 级高速缓存，并通过总线共享 L2 级高速缓存。

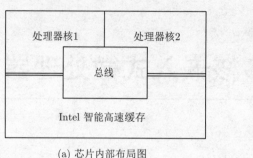
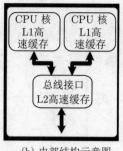

(a) 芯片内部布局图   (b) 内部结构示意图

图 11.1 　Intel Core 2 Duo 内部结构

不同于英特尔 Core 2 Duo，AMD Athlon 双核处理器则采用每个处理器核独立拥有一级和二级高速缓存的方案。

如果多核处理器中的所有处理器核都完全相同，则称为同构（或对称）多核处理器，如英特尔 Core 2 Duo 是同构双核处理器；如果处理器中包含两种（或两种以上）不同的处理器核，则称为异构（非对称）多核处理器，如图 11.2 所示的 TI OMAP 35XX 结构的处理器就是异构处理器核。OMAP 35XX 包含一个 Cortex-A8 核和一个 C64+ 核。不同于同构多核处理器，异构多核处理器中不同种类的核在系统中承担的角色也不同。例如，在 OMAP 3530 中 Cortex-A8 核用于系统和 I/O 管理，而 C64+ 核则用于数据处理和分析。有些多核处理器中有不同种类的核，而且每一类有多个核，组成了混合结构的多核处理器。例如，华为的麒麟 980 包含 4 个 Cortex-A76 核和 4 个 Cortex-A55 核。

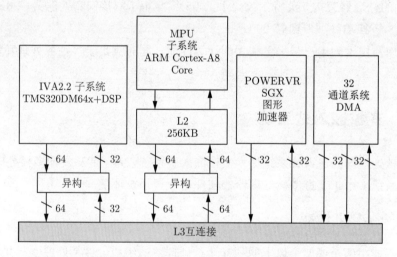

图 11.2 　TI OMAP 35XX 结构图

11.1.2　多核软件环境

除了包括多核处理器，多核计算机系统还包括支持多核的软件环境。如图 11.3 所示为多核计算系统示意图，其软件环境通常包括支持多核的启动程序（bootloader）、支持多核的操作系统和面向多核开发的应用程序。

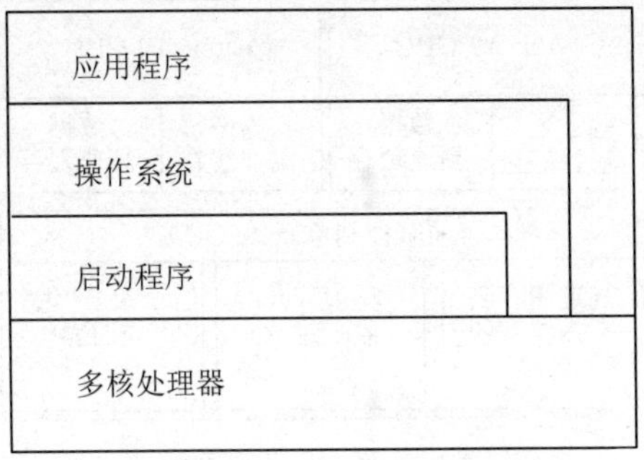

图 11.3　多核计算系统示意图

在传统单核处理器系统启动程序功能的基础上，多核处理器系统的启动程序增加了多内核配置、内核之间任务调度等功能。同构多核处理器和异构多核处理器的启动过程和程序加载方式不同，其对应的启动程序也有所区别。

为了充分发挥多核处理器的性能，多个处理器核负载需要均衡。传统操作系统是在单核处理器上进行任务调度。为了实现多核处理器之间的任务调度，操作系统需要支持多核处理器。目前，Windows、iOS、Linux 和 Android 都能够支持多核处理器，并且 VxWork 等实时嵌入式操作系统也支持多核处理器。

如果仅有支持多核处理器的操作系统，但应用程序无法并行化，只能在一个处理器核上串行执行，那么也无法发挥多核的作用。因此，并行化应用程序对于发挥多核处理器的性能是不可缺少的。在应用程序的设计和开发过程中必须考虑程序并行化问题。

11.2　ARM 多核处理器

作为嵌入式领域，特别是在移动设备中最为成功的处理器架构，ARM 于 2005 年发布了 ARM11 MPcore 多核处理器架构，并于 2008 年发布了 Cortex-A 系列内核中第一款多核处理器架构 Cortex-A9 MPcore。目前，ARM-V8 支持 4 核处理器架构。

11.2.1　ARM MPcore 多处理器结构

如图 11.4 所示为 Cortex-A9 多核处理器结构示意图，其多核处理器最多包含 4 个 Cortex-A9 核，每一个处理器核包括一个 Cortex-A9 CPU、一个跟踪调试模块 TRACE、一个单指令多数据 SIMD 加速引擎 NEON 以及可选的浮点处理单元 FPU。每一个 Cortex-A9 CPU 还拥有独立的一级指令和数据高速缓存，4 个 Cortex-A9 处理器核共享 L2 高速缓存。

监听控制单元（Snoop Control Unit，SCU）通过高级可扩展接口（Advanced eXtensible Interface，AXI）实现 Cortex-A9 CPU 之间、其与 L2 高速缓存之间、与外部存储系统之间的数据交换。监听控制单元保证多个 CPU 内核中 L1 高速缓存中数据的一致性。

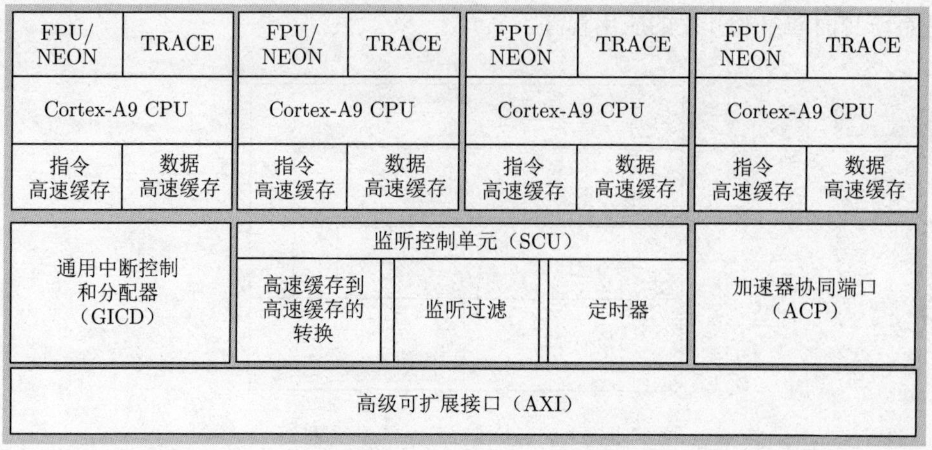

图 11.4　Cortex-A9 多核处理器结构示意图

加速器协同端口（Accelerator Coherence Port，ACP）连接 AXI 周边设备，可以共享并存取 L1/L2 高速缓存中的数据，以便在不增加系统功耗的情况下提高系统的性能。

处理器内部的通用中断控制和分配器（Generalized Interrupt Control and Distribution，GICD）管理处理器中所有的外部和内部中断，并将共享中断分配给指定的 CPU 内核。

Cortex-A9 MPCore 处理器内部的事件监测器（Event Monitor）收集和统计监听控制单元的操作信息。

11.2.2　ARM 多核处理器中断管理

Cortex-A9 多核处理器有 16 个软件中断、5 个专用设备中断和 224 个共享设备中断。每个处理器核通过写入特殊寄存器产生软件中断。专用中断源自特定处理器核专用的外设，而共享设备中断由共享的外部输入事件触发。

在 ARM 多核处理器架构中，通过中断分配器（Interrupt Distributor）统一管理处理器上的中断源，并且依据中断优先级分配给指定的处理器。每个中断源都可以设定优先级，中断发生时，一次只能有一个 CPU 内核响应。

如图 11.5 所示为中断分配器示意图，其中优先级和选择（Prioritization and Selection）功能单元找出当前最高优先级待响应（Pending）中断请求（其中 0x00 为最高优先级，0x0f 为最低优先级），并使该中断请求触发 CPU。

中断分配器为每个 CPU 维护一个活动中断列表，并选择最高优先级的中断发给对应的处理器。在中断优先级相同情况下，选择最低编号（ID0~ID223）的中断源进行触发。中断列表包括优先级和中断触发目标处理器信息。

中断分配器支持 1-N 和 N-N 两种中断模式。1-N 模式下所触发的中断可以被任何 CPU 内核清除，且其他 CPU 内核中该中断的未处理状态也被清除；N-N 模式下每个 CPU 对中断的处理各自独立，个别 CPU 对某中断的清除不会影响其他 CPU 中该中断的状态。

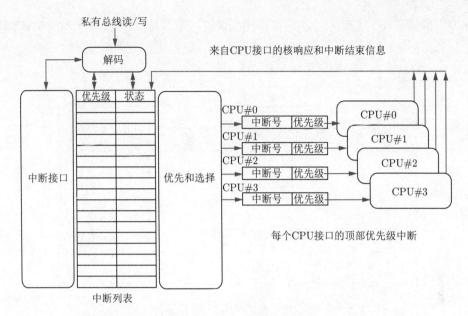

图 11.5　中断分配器示意图

当收到 CPU 发出中断结束信息（End of Interrupt Information，EOI），确认对应中断已被 CPU 处理完毕后，中断分配器改变所维护的中断列表中相应的状态。

11.2.3　big.LITTLE 技术

随着智能手机等移动设备的不断演变，对计算性能的需求以惊人的速度增长。高性能需要快速 CPU，移动设备的电源容量以及系统散热能力限制了 CPU 效率的提升。因此，涌现出许多降低系统能耗的解决方案。big.LITTLE 技术就是其中一种由 ARM 公司提出的实用解决方案。

big.LITTLE 技术可以将性能和功耗不同的两种类型处理器核集成在一起。"LITTLE"表示性能较低、功耗小的处理器核；"big"表示计算性能高、功耗大的处理器核。两种类型的处理器核的指令集（ISA）相互兼容。使用 big.LITTLE 技术，可以根据该任务的瞬时性能要求，将任务动态地分配给"big"核或"LITTLE"核。big.LITTLE 能够使系统在性能和能耗之间实现较好的平衡。结合动态调整时钟和动态电压频率调整（Dynamic Voltage and Frequency Scaling，DVFS）技术，big.LITTLE 技术实现了更低的系统能耗。

2011 年 10 月，ARM 发布了第一款 big.LITTLE 处理器。如图 11.6 所示为典型 big.LITTLE 架构，该处理器由两个 ARM Cortex-A15 核和两个 Cortex-A7 核组成。两类处理器核都支持 ARMv7-A 指令集。两类处理器核的内部差异使它们具有不同的性能和功耗。

Cortex-A15 内核具有超线程、超标量流水线，可实现高性能。Cortex-A7 内核的流水线相对简单、功耗低。

在典型的 big.LITTLE 处理器系统中，大多数简单任务通过 Cortex-A7 核完成。如果任务所要求的性能高于 Cortex-A7 内核所能提供的，则启动一个或多个 Cortex-A15 核，将任务迁移到 Cortex-A15 核上。当性能要求降低时，可以将任务重新分配给 Cortex-A7 核，关闭 Cortex-A15 核，从而降低系统功耗。

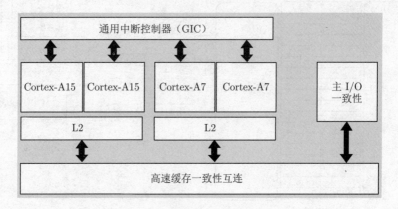

图 11.6　典型 big.LITTLE 架构

硬件一致性是使 big.LITTLE 技术成为可能的关键因素，它保证了软件运行时大型和小型处理器之间进行透明和高性能的数据传输。

11.2.4　多核处理器启动过程

通常将多核处理器系统中的处理器核分为两类：引导处理器（Bootstrap Processor，BSP）和应用处理器（Application Processor，AP）。多核处理器中各个核按照怎样的顺序启动？

异构多核处理器系统中，通常确定一种架构的 CPU 核为 BSP，并由此引导 AP。例如，TI 公司 OMAP 3530 系列处理器由 ARM Cortex-A8 和 64+DSP 核组成，其中 Cortex-A8 核是引导处理器，而 64+ DSP 核是应用处理器。

同构多核处理器系统中，确定一个核为 BSP，其他核则为应用处理器。但不同处理器确定 BSP 的方式不一样，有固定 BSP 和随机 BSP 两种方式。

英特尔多核处理器采用随机 BSP 方式。多核处理器系统上电或复位之后，系统硬件随机选择系统中一个处理器核为 BSP，其余处理器核定为 AP。作为 BSP 选择机制的一部分，将选定处理器核中特定寄存器中 BSP 标志位置 1，指示它是 BSP，将所有其他处理器核的该标志位置 0。

ARM 多核处理器采用固定 BSP 方式。在 ARM 多核处理器架构中，不同处理器核有不同标识码（ID），ID 号为 0 的处理器核为 BSP。如图 11.7 所示为 ARM Cortex-A9 多核处理器启动过程，包括 BSP 处理器核启动步骤和操作系统内核启动过程；其左半部分是 CPU0 的启动步骤，右半部分是其他内核（次级 CPU）的启动过程。

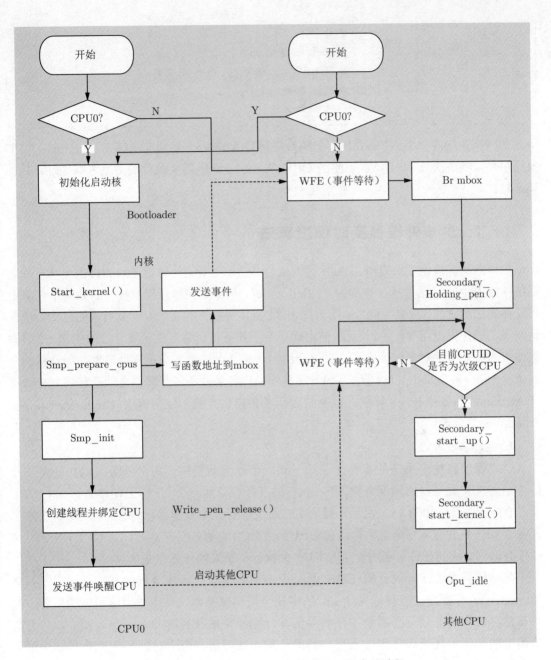

图 11.7　ARM Cortex-A9 多核处理器启动过程

在 BSP 处理器启动引导程序阶段，首先判断当前执行的处理器核是否为 CPU0，如果不是，则执行 WFE（事件等待），等待 CPU0 发出事件唤醒。如果是 CPU0，则继续进行初始化工作。具体代码如下。

```
1    mrs   x4,mpidr_el1    //读取状态寄存器
2    tst    x4,#15          //是 CPU0?
3    b.eq 2f                //如果是，跳转到2，系统初始化
```

```
4    1:    wfe                    //等待时间
5          ldr  x4, mbox          //读取地址的值mbox
6          cbz  x4, 1b            //如果 x4==0 跳到1，进入死循环
7          br   x4                //否则，跳到 x4
8    2:    …                      //系统初始化
```

在操作系统内核中，将需要执行的函数地址写入 mbox，然后向次级（secondary）CPU发送事件，唤醒次级 CPU。被唤醒的 CPU 从 mbox 获取需要执行的函数入口地址，执行该函数。

11.3 多核处理器实时调度算法

在早期的多核调度研究中，Dhall 等人认为"任务在不同处理器之间的自由迁移会降低系统性能"，因此，这种情况被称为"Dhall 现象"。早期的多核调度算法一直致力于任务不可迁移算法的研究，后来 Phillips 等人指出"Dhall 现象"主要是由于高负载的任务被错误地赋予了低优先级而导致的。此后，便出现了关于任务可迁移多核调度算法的研究。本节根据任务的可迁移性对多核调度算法进行介绍，一类是允许任务在不同处理器之间迁移的全局调度（Global Scheduling）算法，另一类是不允许任务在不同处理器之间迁移的划分调度（Partitioned Scheduling）算法，以及结合两者各自优点的半划分调度（Semi-Partitioned Scheduling）算法。

1. 全局调度算法

全局调度将整个系统的所有任务统一到一个任务队列中，每个任务可以在任意一个CPU 上执行，并且根据调度需要，正在执行的任务可以从一个 CPU 上转移到另一个 CPU上。全局调度算法如图 11.8 所示，假设实时系统包括 3 个处理器，到达的任务 4、任务 2、任务 6 和任务 3 进入任务队列，目前 CPU2、CPU3 都有任务在运行，而 CPU1 空闲，这时任务队列队头的任务 4 被分配到 CPU1 去执行，新来的任务 7 进入队尾。

在单核调度中性能优良的 EDF 调度和 RMS 调度在多核全局调度中无法保证其性能。Baruah 等提出了一种称为 Pfair 的多核全局调度策略，可用于调度周期性任务。其原理是将每个任务划分为多个子任务并为其分配相应的执行时间片。在调度中，所有等待调度的子任务按照优先级进入全局调度队列，处理器在每个时钟周期检查等待序列并选择优先级最高的任务进行执行。通过划分子任务，进行全局调度，从而提高了系统的利用率。

全局调度算法相对比较复杂。由于全局调度需要在不同的 CPU 之间进行任务切换，使得 CPU 上下文切换的开销、运行开销以及缓存开销相对较大。但是全局调度具有更好的负载平衡性，系统资源利用率相对较高。

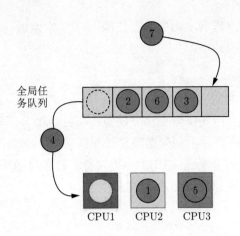

图 11.8　全局调度算法

2. 划分调度

划分调度首先将任务划分到特定的 CPU 上执行，每个 CPU 有自己独立的任务队列，该队列中的任务只能在被划分的 CPU 上执行而不允许迁移到其他的 CPU 上。划分调度算法如图 11.9 所示，队列 1 中的任务 1、任务 3、任务 6 和任务 2 被分配到 CPU1 中执行，不允许转移到其他 CPU 上，队列 2 中的任务 4、任务 8、任务 10 和任务 7 只能在 CPU2 中执行。而队列 3 中的任务 11、任务 9 和任务 5 只能在 CPU3 中执行。

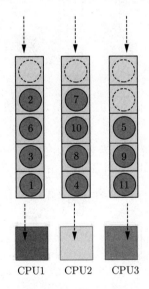

图 11.9　划分调度算法

目前比较优良的划分策略包括首次适应降序（First Fit Decreasing，FFD）、最差适应降序（Worst Fit Decreasing，WFD）等。Fisher 和 Baruah 提出了一种 FBB-FFD 算法，它基于首次适应降序的划分调度算法，其原理是将任务按照相应的截止时间进行递减排序，然后将处理器按照编号顺序排列，寻找第一个可以满足其调度条件的处理器执行。

划分调度不需要共享进程调度器的数据结构，CPU 以及缓存的开销相对较小，同时分析的问题和算法实现难度也较小。

3. 半划分调度

半划分调度是对前两者的改进，首先根据划分任务的原理，将大部分任务预先分配在一个固定的 CPU 上执行，但是保留小部分任务，将这小部分任务根据全局调度的原理在不同 CPU 之间进行迁移执行。半划分调度算法如图 11.10 所示，任务 2 一部分被分配到CPU1 中执行，另一部分被分配到 CPU2 中去执行，任务 4 和任务 8 的一部分被分配到CPU2 中执行，另一部分被分配到 CPU3 中去执行。

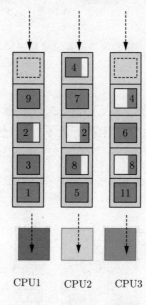

图 11.10　半划分调度算法

具有代表性的是 Kato 等人提出的半划分调度算法 RMDP 和 DMPM。其原理是首先基于任务的截止时间划分调度，对于一些由于 CPU 空间不足而无法被分配执行的高负载任务，让其在各个处理器之间迁移，利用各个 CPU 空闲的时间来提高单一划分调度的系统利用率以及可调度性。

半划分调度在保留划分调度的优点之外，还改善了系统的负载平衡性，提高了系统的资源利用率。

11.4　多核处理器应用程序开发

多核处理器虽然提高了程序执行速度，但对软件开发提出了新的挑战。对于异构多核处理器，由于不同架构内核的指令不兼容，通常需要为每一类架构的处理器独立开发应用程序。对于同构多核处理器，需要编写并行的应用程序。

11.4.1 同构多核处理器程序开发

并行化是同构多核处理器应用程序开发的关键。如图 11.11 所示的并行程序开发和运行环境，给出了开发并行程序的方法以及并行程序执行环境。采用并行编程语言以及用并行编译器对传统顺序程序并行化是常用的并行化方法。

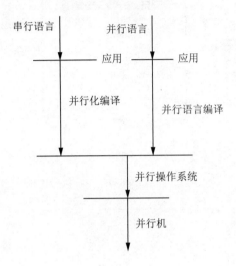

图 11.11 并行程序开发和运行环境

并行程序的开发需要用并行程序开发工具和环境。常用的并行程序开发环境有 MPI、Pthread、OpenMP 以及 HPF 等，其中 OpenMP 采用处理器核之间通过共享内存方式交互数据。

OpenMP 提供对并行描述的高层抽象，降低了并行编程的难度和复杂度，具有很好的灵活性，可以适应不同的并行系统配置。

OpenMP 是一个基于共享内存模式的跨平台多线程并行编程接口。如图 11.12 所示为 OpenMP 并行执行过程，其中主线程生成一系列的子线程，并将任务映射到子线程执行，这些子线程并行执行，由运行时环境将线程分配给不同的处理器核。默认情况下，各个线程独立执行并行区域的代码。

OpenMP 环境配置过程比较简单，一些主流的编译环境集成了 OpenMP 库，通过设置项目属性可实现对 OpenMP 库支持，开发支持多核处理器并行程序。

OpenMP 编程模型以线程为基础，通过编译指导、API 函数和环境变量 3 种编程要素实现并行化控制。编译指导指令以 #pragma omp 开始，后边跟具体的功能指令；API 函数用于控制并发线程的某些行为；OpenMP 定义了一些环境变量，通过这些环境变量控制 OpenMP 程序的行为。

下面是一个简单的 OpenMP 程序，其中 omp.h 是 OpenMP 宏定义文件，"#pragma omp parallel for num_threads（6）"是编译指导指令，omp_get_thread_num() 是 OpenMP API 函数。

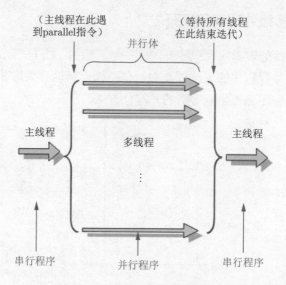

图 11.12   OpenMP 并行执行过程

```cpp
#include<iostream>
#include "omp.h"
using namespace std;
void main()
{
    #pragma omp parallel for num_threads(6)
    for (int i = 0; i < 12; i++)
    {
    printf("OpenMP Test，线程编号为：%d\n", omp_get_thread_num());
    }
        system("pause");
}
```

上述代码的执行结果如图 11.13 所示。

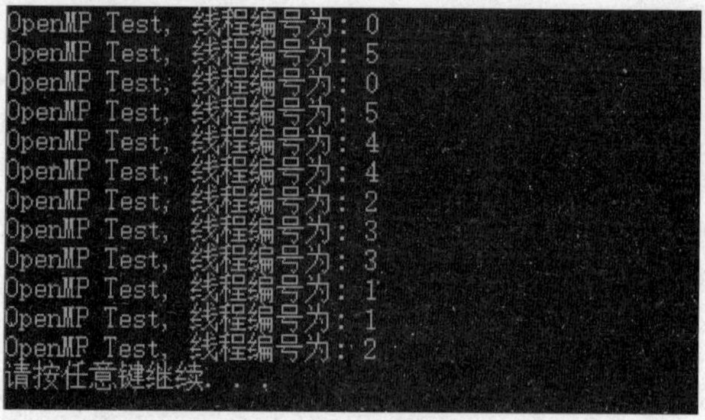

```
OpenMP Test，线程编号为：0
OpenMP Test，线程编号为：5
OpenMP Test，线程编号为：0
OpenMP Test，线程编号为：5
OpenMP Test，线程编号为：4
OpenMP Test，线程编号为：4
OpenMP Test，线程编号为：2
OpenMP Test，线程编号为：3
OpenMP Test，线程编号为：3
OpenMP Test，线程编号为：1
OpenMP Test，线程编号为：1
OpenMP Test，线程编号为：2
请按任意键继续. . .
```

图 11.13   线程执行结果

11.4.2 异构多核处理器程序开发

由于不同种类核的结构和指令集不同，所以需要用不同的编译器，甚至是不同的软件开发平台。开发异构多核处理器程序有两种方式：一种方式是每种处理器采用独立的编译器分别生成程序，再分别进行调试；另一种方式是采用统一的编译器，统一的编程语言生成不同核的执行代码，并进行一体化调试。

异构处理器 OMAP 3530 包括 ARM Cortex-A8 和 TMS320C64+ 核。如表 11.1 所示的 OMAP 3530 系统环境是其典型的应用场景。在 Cortex-A8 上运行 Linux 操作系统，应用程序在 Linux 平台运行，用 GCC 工具链进行开发；DSP 核上运行 BIOS/DSP 实时操作系统，在其上执行数据分析和处理算法程序，算法应用程序则用 TI 公司的 CCS 环境开发。

表 11.1 OpenMP 并行执行过程

应　　　用	算　　　法
Linux	BIOS/DSP
Cortex-A8	C64+

近来，GPU（Graphic Processing Unit，图形处理器）被广泛用于大量数据计算的加速，在主机中扩展 GPU 加速卡是常用的方式。而 GPU 与主机平台 CPU 的结构完全不同，GPU 程序开发难度大。为主机 CPU 开发的程序无法在 GPU 上运行，传统的软件开发环境也无法直接用于开发 GPU 程序。

为了简化 GPU 程序开发，GPU 厂商开发了一体化开发环境。例如，英伟达（NIVIDA）公司为 GPU 编程提供了开发环境 CUDA。采用该环境，可以将 CPU 和 GPU 的源码混合编写，编译器分别编译 GPU 和 CPU 代码，运行时 CPU 将 GPU 代码和数据下载到GPU，启动 GPU 执行。

下列是 CUDA 程序示例。该例中，main() 在 CPU 上运行，而 MatAdd() 在 GPU 上运行。

```
// 核函数定义
__global__ void MatAdd(float A[N][N], float B[N][N],
                       float C[N][N])
{
    int i = threadIdx.x;
    int j = threadIdx.y;
    C[i][j] = A[i][j] + B[i][j];
}
int main()
{
    ...
    //线程块包括N×N个线程
```

```
    int  numBlocks = 1;
    dim3  threadsPerBlock(N, N);...

    MatAdd<<<numBlocks, threadsPerBlock >>>(A, B, C);
    ...
}
```

其中，通过添加关键字"__global__"声明的函数 MatAdd() 是在 GPU 计算单元上执行的线程，编译后生成在 GPU 上运行的二进制程序；而 main() 中的代码则在主机 CPU 上运行；主机通过"MatAdd<<<numBlocks, threadsPerBlock>>>()"将 MatAdd() 调度到 GPU 上的处理单元运行，每个处理单元执行一个线程。

11.5 本章小结

本章介绍了多核处理器的结构特点，重点介绍了 ARM 多核处理器 Cortex-A9 MPcore、big.LITTLE 技术和启动过程。最后简单介绍了多核处理器程序开发方法。

11.6 习题

1. 如何理解"多核是高性能处理器发展的必然趋势"？
2. 请介绍一款你了解的嵌入式多核处理器。
3. 多核实时调度技术难点在哪些方面？堆积内核数量是否会无上限地提高计算机性能，为什么？
4. 假设在一个实时操作系统中有一个任务集包含 5 个周期性任务 A、B、C、D、E，该系统有 3 个处理器 P_1、P_2、P_3。其中 A、B、C 的周期均为 2 且执行时间为 1。C 和 D 的周期为 8 且执行时间为 6，所有任务相对截止时间等于其周期。假设系统从 0 时刻开始且所有任务从 0 时刻开始派发第一个实例。如果该任务集可以被系统采用多核划分算法调度，如何安排调度？请给出其调度示意图。
5. 请比较同构多核处理器与异构多核处理器。
6. 如何开发并行程序？
7. 所有应用程序都可以通过多核处理器加速吗？为什么？
8. 简述 ARM A9 的中断机制。
9. 简述 big.LITTLE 技术是如何降低能耗的。
10. 简述多核处理器的启动过程。
11. OpenMP 是如何支持并行程序开发的？

部 分 代 码

A.1　stm32fxx.h 文件

```
///*******************************************/
//文件名：stm32f4xx.h
//文件功能：对GPIO寄存器地址宏定义
///*******************************************/
#define PERIPH_BASE ((unsigned int)0x40000000)
#define AHB1PERIPH_BASE(PERIPH_BASE + 0x00020000)
#define GPIOB_BASE (AHB1PERIPH_BASE + 0x0400)
#define GPIOB_MODER *(unsigned int *)(GPIOB_BASE+0x00)
#define GPIOB_OTYPER *(unsigned int *)(GPIOB_BASE+0x04)
#define GPIOB_OSPEEDR *(unsigned int *)(GPIOB_BASE+0x08)
#define GPIOB_PUPDR *(unsigned int *)(GPIOB_BASE+0x0C)
#define GPIOB_IDR *(unsigned int *)(GPIOB_BASE+0x10)
#define GPIOB_ODR *(unsigned int *)(GPIOB_BASE+0x14)
#define GPIOB_BSRR *(unsigned int *)(GPIOB_BASE+0x18)
#define GPIOB_LCKR *(unsigned int *)(GPIOB_BASE+0x1C)
#define GPIOB_AFRL *(unsigned int *)(GPIOB_BASE+0x20)
#define GPIOB_AFRH *(unsigned int *)(GPIOB_BASE+0x24)
#define RCC_BASE (AHB1PERIPH_BASE + 0x3800)
#define RCC_AHB1ENR *(unsigned int *)(RCC_BASE+0x30)
```

A.2　引脚为输出的 main.c 文件

```
///*******************************************/
//名文件：main.c
//文件功能：实现用户层的逻辑：点亮LED灯
///*******************************************/
#include "stm32f4xx.h"
void DelayNS(int ns) //延迟函数
```

```
{
        int  i;
        for(;ns>0;ns--)
                for(i=0;i<50000;i++);
}
//主函数
int  main(void)
{
        //启动时钟
        RCC_AHB1ENR  |=  (1<<1);
        //LED端口PB12初始化
        GPIOB_MODER  &=  ~(0x03<<  (2*12));
        GPIOB_MODER  |=  (1<<2*12);
        GPIOB_OTYPER  &=  ~(1<<1*12);
        GPIOB_OTYPER  |=  (0<<1*12);
        GPIOB_OSPEEDR  &=  ~(0x03<<2*12);
        GPIOB_OSPEEDR  |=  (0<<2*12);
        GPIOB_PUPDR  &=  ~(0x03<<2*12);
        GPIOB_PUPDR  |=  (1<<2*12);
        while(1)
        {
                GPIOB_BSRR  |=  (1<<16<<12);
                DelayNS(15);
                GPIOB_BSRR  |=  (1<<12);
                DelayNS(15);
        }
}
```

A.3   usart.h 文件

```
///*********************************************/
//文件名：usart.h
//文件功能：定义USART1相关声明
///*********************************************/
 //USART寄存器相关宏定义
#define  USARTx    USART1
#define  USARTx_CLK    RCC_APB2Periph_USART1
#define  USARTx_CLOCKCMD    RCC_APB2PeriphClockCmd
#define  USARTx_BAUDRATE  115200
#define  USARTx_RX_GPIO_PORT  GPIOA
#define  USARTx_RX_GPIO_CLK  RCC_AHB1Periph_GPIOA
#define  USARTx_RX_PIN          GPIO_Pin_10
#define  USARTx_RX_AF          GPIO_AF_USART1
```

```
#define USARTx_RX_SOURCE GPIO_PinSource10
#define USARTx_TX_GPIO_PORT GPIOA
#define USARTx_TX_GPIO_CLK RCC_AHB1Periph_GPIOA
#define USARTx_TX_PIN   GPIO_Pin_9
#define USARTx_TX_AF     GPIO_AF_USART1
#define USARTx_TX_SOURCE GPIO_PinSource9
#define USARTx_IRQn   USART1_IRQn
  //中断服务子例程重命名
#define USARTx_IRQHandler USART1_IRQHandler
  //声明USART配置函数
void usartx_Config(void);
  //发送一个字符函数
void send_bit(USART_TypeDef *BUSARTx, char ch);
  //发送多个字符串函数
void send_bit_constant(USART_TypeDef *SUSARTx,char *p,uint8_t len);
  //发送一个字符串函数
void send_string(USART_TypeDef *SUSARTx,char *p,uint8_t flag);
```

A.4　usart.c 文件

```
///*********************************************/
//文件名：usart.c
//文件功能：配置USART1相关寄存器、中断等
///*********************************************/
//USART中断设置
void NVIC_Config(void)
{
        NVIC_InitTypeDef NVIC_InitStructure;
        //设置中断优先级组
        NVIC_PriorityGroupConfig(NVIC_PriorityGroup_2);
        //USART1中断通道
        NVIC_InitStructure.NVIC_IRQChannel = USARTx_IRQn;
        //抢占优先级别2
        NVIC_InitStructure.NVIC_IRQChannelPreemptionPriority=2;
        NVIC_InitStructure.NVIC_IRQChannelSubPriority=2;//子优先级2
        NVIC_InitStructure.NVIC_IRQChannelCmd=ENABLE;//通道使能
        NVIC_Init(&NVIC_InitStructure);//根据以上参数调用库函数初始化
}
//配置USART
void usartx_Config(void)
{
        //定义初始化结构体变量
        GPIO_InitTypeDef GPIO_InitStructure;
```

```
        USART_InitTypeDef USART_InitStructure;
        //应该设置GPIOA的时钟
        RCC_AHB1PeriphClockCmd(USARTx_RX_GPIO_CLK|USARTx_TX_GPIO_CLK,
            ENABLE);
        USARTx_CLOCKCMD(USARTx_CLK, ENABLE);
        //上电后需要进行端口复用设置
        GPIO_PinAFConfig(USARTx_RX_GPIO_PORT,USARTx_RX_SOURCE,
            USARTx_RX_AF);
        GPIO_PinAFConfig(USARTx_TX_GPIO_PORT,USARTx_TX_SOURCE,
            USARTx_TX_AF);
        //I/O口初始化
        GPIO_InitStructure.GPIO_Mode = GPIO_Mode_AF;      //复用功能模式
        GPIO_InitStructure.GPIO_Speed = GPIO_Speed_50MHz; //时钟50MHz
        GPIO_InitStructure.GPIO_OType = GPIO_OType_PP;     //推挽模式
        GPIO_InitStructure.GPIO_PuPd = GPIO_PuPd_UP;       //上拉
        GPIO_InitStructure.GPIO_Pin = USARTx_TX_PIN;
        GPIO_Init(USARTx_TX_GPIO_PORT, &GPIO_InitStructure);
        GPIO_InitStructure.GPIO_Pin = USARTx_RX_PIN;
        GPIO_Init(USARTx_RX_GPIO_PORT, &GPIO_InitStructure);
        //USAR1波特率设置
        USART_InitStructure.USART_BaudRate = USARTx_BAUDRATE;
        //8位字长
        USART_InitStructure.USART_WordLength=USART_WordLength_8b;
        //一个停止位
        USART_InitStructure.USART_StopBits = USART_StopBits_1;
        //无奇偶校验
        USART_InitStructure.USART_Parity = USART_Parity_No;
        //无硬件流控制
        USART_InitStructure.USART_HardwareFlowControl=
            USART_HardwareFlowControl_None;
        //收发全双工模式
        USART_InitStructure.USART_Mode=USART_Mode_Rx|USART_Mode_Tx;
        //用以上参数调用库函数初始化
        USART_Init(USARTx, &USART_InitStructure);
        //使能串口中断
        USART_ITConfig(USARTx, USART_IT_RXNE, ENABLE);
        USART_Cmd(USARTx, ENABLE);//开启串口
}
void send_bit(USART_TypeDef *BUSARTx, char ch)
{
        USART_SendData(BUSARTx, ch);
        while(USART_GetFlagStatus(BUSARTx,USART_FLAG_TC)!=SET);
        //等待USARTx发送完毕，通过判断串口发送完毕标志位实现
}
int fputc(int ch, FILE *f)
```

```
{
        USART_SendData(USARTx, (uint8_t) ch);
        while(USART_GetFlagStatus(USARTx,USART_FLAG_TXE) == RESET);
        return (ch);
}
```

A.5　stm32f4xx_it.c 文件

```
///**********************************************/
// 文件名: stm32f4xx_it.c
// 文件功能: 实现串口中断处理函数
///**********************************************/
void USARTx_IRQHandler(void)
{
        static u8 i=0;//记录当前中断接收的是完整字符串的第几个字节
        //判断是否接收到了一个字节
        if(USART_GetITStatus(USART2, USART_IT_RXNE)!=RESET)
        {
                if(count==0)
                {
                        //如果buffer没有有效数据，则将接收到的字节存入
                        //  buffer
                        buffer[i]=USART_ReceiveData(USART2);
                        if(buffer[i]=='\n')//检查是否接收到PC发过来的结
                        //  束标志
                        {
                                //若接收到结束标志，则count标记接收的字
                                //符串有多少字符
                                count=i+1;
                                i=0;
                        }
                        else
                                i++;
                }
        }
}
```

A.6　USART 工程的 main.c 文件

```
///**********************************************/
// 文件名: main.c
// 文件功能: 实现用户层的逻辑: 实现USART串口功能
```

```c
///*********************************************/
void main(void)
{
        usartx_Config();
        printf("receive the string\r\n");
        send_string(USARTx,"uart test\r\n");
        send_bit_constant(USARTx,"USART TEST",10);
        while(1)
        {
                if(count)
                {
                        //当接收到完整字符串后全部发回PC
                        send_bit_constant(buffer,count);
                        count=0;
                }
        }
}
```

A.7 循环缓冲区的 main.c 文件

```c
///*********************************************/
// 文件名: main.c
// 文件功能: 实现用户层的逻辑: 循环缓冲区的实现
///*********************************************/
// 定义缓冲区具体内存和读、写指针
unsigned char Buffer[BUFSIZE];
unsigned int write;
unsigned int read;
// 初始化缓冲区为一个空状态
void init_Buf()
{
        unsigned char*sp = Buffer;
        unsigned int n = BUFSIZE;
        while (n--)
        {
                *sp++ = '\0';
        }
        write = read =0;
}
// 判断缓冲区为空
int Buf_Empty()
{
        if(write==read)
        return 1;
```

```
        else
        return 0;
}
//判断缓冲区为满
int  Buf_Full()
{
        if((write+1) % BUFSIZE==read)
        return 1;
        else
        return 0;
}
//写入一个有效字符的函数
unsigned char write_Char(unsigned char ch )
{
        if(ch=='\0' || Buf_Full())
                return 0;
        else
        {
                Buffer[write]=ch;
                write = (write+1) % BUFSIZE;
                return ch;
        }
}
//读出一个有效字符的函数
unsigned char read_Char()
{
        unsigned char ch;
        if(Buf_Empty())
        return 0;
        else
        {
                ch = Buffer[read];
                read = (read+1) % BUFSIZE;
                return ch;
        }
}
//检查缓冲区剩余空间的函数
unsigned int num_blankBuf()
{
        return(read + BUFSIZE - write - 1) % BUFSIZE;
}
//缓冲区当前已使用空间如下
unsigned int num_usedBuf()
{
        return(write + BUFSIZE - read) % BUFSIZE;
```

```c
}
//查看缓冲区内容函数
void printBuf()
{
        int i;
        char ch;
        if(write>=read)
        {
                for(i=0; i<BUFSIZE; i++)
                {
                        if((i>=read)&&(i<write))
                                ch = Buffer[i];
                        else
                                ch = '*';
                        printf("%c",ch);
                }
        }
        else
        {
                for(i=0; i<BUFSIZE; i++)
                {
                        if((i>=read)||(i<write))
                                ch = Buffer[i];
                        else
                                ch = '*';
                        printf(" %c ",ch);
                }
        }
        printf("The write piont is %d\n read point is %d,\n used buffer
            number is%d,\n unused buffer number is %d \n", startPt,
            endPt, num_usedBuf(), num_blankBuf());
}
```

参考文献
REFERENCE

[1] 夏靖波. 嵌入式系统原理与开发 [M]. 3 版. 西安：西安电子科技大学出版社，2017.

[2] 张凯龙. 嵌入式系统体系、原理与设计 [M]. 北京：清华大学出版社，2017.

[3] 王勇. 嵌入式系统原理与设计 [M]. 杭州：浙江大学出版社，2013.

[4] 许大琴, 万福, 谢佑波. 嵌入式系统设计大学教程 [M]. 2 版. 北京：人民邮电出版社，2015.

[5] 沈建华, 等. 嵌入式系统原理与实践 [M]. 北京：清华大学出版社，2018.

[6] Marilyn Wolf. 嵌入式计算系统设计原理 [M]. 4 版. 宫晓利, 等译. 北京：机械工业出版社，2018.

[7] 李悦城, 等. μC/OS III 源码分析笔记 [M]. 北京：机械工业出版社，2016.

[8] 杨永杰, 等. 嵌入式系统原理与应用 [M]. 北京：北京理工大学出版社，2018.

[9] 王剑，等. 嵌入式系统设计与应用 [M]. 北京：清华大学出版社，2018.

[10] Xiaocong Fan. 实时嵌入式系统设计原理与工程实践 [M]. 林赐, 译. 北京：清华大学出版社，2017.

[11] Raj Kamal. 嵌入式系统体系结构、编程和设计[M]. 3 版. 郭俊凤, 译. 北京：清华大学出版社，2017.

[12] 卢有亮. 基于 STM32 的嵌入式系统原理与设计 [M]. 北京：机械工业出版社，2018.

[13] 苏曙光, 等. 嵌入式系统原理与设计 [M]. 武汉：华中科技大学出版社，2014.

[14] 丁男. 嵌入式系统设计教程 [M]. 3 版. 北京：电子工业出版社，2016.

[15] Patterson D A, Séquin C H. RISC I: a reduced instruction set VLSI computer[C]// 25 Years of the International Symposia on Computer Architecture. ACM, 1981.

[16] Tendler J M , Dodson J S , Fields J S , et al. POWER4 system microarchitecture[J]. Ibm Journal of Research & Development, 2010, 46(1):5-25.

[17] Jean J. Labrosse. 嵌入式实时操作系统 μC/OS-III [M]. 宫辉, 等译. 北京：北京航空航天大学出版社，2012.

[18] Kato S, Yamasaki N. Semi-partitioned fixed-priority scheduling on multiprocessors[C]//2009 15th IEEE Real-Time and Embedded Technology and Applications Symposium. IEEE, 2009: 23-32.

[19] Kato S , Yamasaki N . Portioned static-priority scheduling on multiprocessors[C]// IEEE International Symposium on Parallel & Distributed Processing. IEEE, 2008.

[20] 周筱羽, 顾斌, 赵建华, 等. 中断驱动控制系统的有界模型检验技术 [J]. 软件学报, 2015, 26(10): 2485-2503.

[21] Chen Y A, Clarke E, Ho P H, et al. Verification of all circuits in a floating-point unit using word-level model checking[C]//International Conference on Formal Methods in Computer-Aided Design. Springer, Berlin, Heidelberg, 1996: 19-33.

[22] Lowe G. Breaking and fixing the Needham-Schroeder public-key protocol using FDR[C]//International Workshop on Tools and Algorithms for the Construction and Analysis of Systems. Springer,

Berlin, Heidelberg, 1996: 147-166.

[23] Mitchell J C, Shmatikov V, Stern U. Finite-State Analysis of SSL 3.0[C]//USENIX Security Symposium. 1998: 201-216.

[24] Clarke E M, Grumberg O, Hiraishi H, et al. Verification of the Futurebus+ cache coherence protocol[J]. Formal Methods in System Design, 1995, 6(2): 217-232.

[25] Cimatti A, Giunchiglia F, Mongardi G, et al. Model checking safety critical software with SPIN: an application to a railway interlocking system[C]//International Conference on Computer Safety, Reliability, and Security. Springer, Berlin, Heidelberg, 1998: 284-293.

[26] Sreemani T, Atlee J M. Feasibility of model checking software requirements: a case study[C]// Computer Assurance, 1996. COMPASS '96, 'Systems Integrity. Software Safety. Process Security'. Proceedings of the Eleventh Annual Conference on. IEEE, 1996:77-88.

[27] Curnow H J, Wichmann B A. A Synthetic Benchmark[J]. Computer Journal, 1976(1):43-49.

[28] Weicker R P. Dhrystone: a synthetic systems programming benchmark[J]. Communications of the ACM, 1984, 27(10): 1013-1030.

[29] Weiderman N. Hartstone: synthetic benchmark requirements for hard real-time applications[J]. ACM SIGAda Ada Letters, 1990, 10(3): 126-136.

[30] Kar R P. Implementing the rhealstone real-time benchmark[J]. Dr. Dobb's Journal, 1990, 15(4): 46-55.

[31] Microsoft POSIX subsystem [EB/OL].(2008-9-3)[2021-02-21].https://en.wikipedia.org/wiki/Microsoft_POSIX_subsystem.

[32] Jane W.S.Liu. 实时系统 [M]. 北京：高等教育出版社, 2002.

[33] Liu C L, Layland J W. Scheduling algorithms for multiprogramming in a hard-real-time environment[J]. Journal of the ACM (JACM), 1973, 20(1): 46-61.

[34] 汤小丹. 计算机操作系统 [M]. 西安：西安电子科技大学出版社, 2007.

[35] Liu C L . Scheduling algorithms for multiprograming in a hard real time environment[J]. J. Assoc. Comput. Mach, 1973, 20.

[36] Phillips C A , Stein C , Wein E T . Optimal Time-Critical Scheduling via Resource Augmentation[J]. Algorithmica, 2002, 32(2):163-200.

[37] Baruah S K , Cohen N K , Plaxton C G , et al. Proportionate progress: A notion of fairness in resource allocation[J]. Algorithmica, 1996, 15(6):600-625.

[38] Kelly O R, Aydin H, Zhao B. On partitioned scheduling of fixed-priority mixed-criticality task sets[C]//2011IEEE 10th International Conference on Trust, Security and Privacy in Computing and Communications. IEEE, 2011: 1051-1059.

[39] Fisher N, Baruah S, Baker T P. The partitioned scheduling of sporadic tasks according to static-priorities[C]//18th Euromicro Conference on Real-Time Systems (ECRTS'06). IEEE, 2006: 118-127.

[40] Kato S, Yamasaki N. Semi-partitioned fixed-priority scheduling on multiprocessors[C]//2009 15th IEEE Real-Time and Embedded Technology and Applications Symposium. IEEE, 2009: 23-32.

[41] Kato S, Yamasaki N. Portioned static-priority scheduling on multiprocessors[C]//2008 IEEE International Symposium on Parallel and Distributed Processing. IEEE, 2008: 1-12.

图书资源支持

感谢您一直以来对清华大学出版社图书的支持和爱护。为了配合本书的使用，本书提供配套的资源，有需求的读者请扫描下方的"书圈"微信公众号二维码，在图书专区下载，也可以拨打电话或发送电子邮件咨询。

如果您在使用本书的过程中遇到了什么问题，或者有相关图书出版计划，也请您发邮件告诉我们，以便我们更好地为您服务。

我们的联系方式：

教学资源·教学样书·新书信息

地　　址：北京市海淀区双清路学研大厦 A 座 714

邮　　编：100084

人工智能科学与技术
人工智能|电子通信|自动控制

电　　话：010-83470236　010-83470237

资料下载·样书申请

资源下载：http://www.tup.com.cn

客服邮箱：tupjsj@vip.163.com

QQ：2301891038（请写明您的单位和姓名）

书圈

用微信扫一扫右边的二维码，即可关注清华大学出版社公众号。